필수 개념 연계 문항들로 빠르게 끝내는 **단기 완성서**

풍산자 라이트

미적분

구성과 특징

쉽고 가벼운
단기 개념 완성서

· · · · · · · · · ·

필수 개념 연계 문제와
기출 문제를 한번에 잡는
개념 완성 비법서

· · · · · · · · · ·

기본 개념의
문제 적용력 **up!!**
실전 문제 해결력 **up!!**

1

필수 개념과 연계 문제 학습

· 미적분을 학습하는 데 꼭 필요한 개념을 선별하고 문제 풀이에 도움이 되는 내용을 **참고**로 제시

· 필수 개념과 연계한 문제를 소개하고, 문제 풀이에 좀 더 쉽게 다가가기 위한 TIP 제공

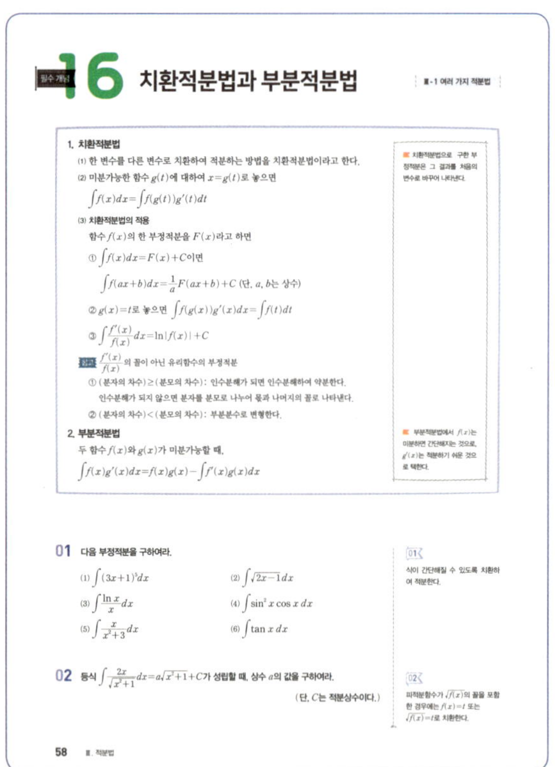

풍산자 라이트

미적분

깔끔한 개념 정리와

2점, 쉬운 3점의 확인 문제로

빠르게 실력을 점검하는

〈풍산자 라이트〉입니다.

이 세상의 이치는 수학 지식 없이 알아낼 수가 없다

- 로저 베이컨 -

2

실력 확인 문제

- 잘 나오는 내신 유형 , 잘 틀리는 내신 유형 을 표시하여 내신을 대비할 수 있는 문제를 수록

- 잘 나오는 수능 유형 , 잘 틀리는 수능 유형 을 표시하여 학력평가, 평가원, 수능 기출 문제를 연습

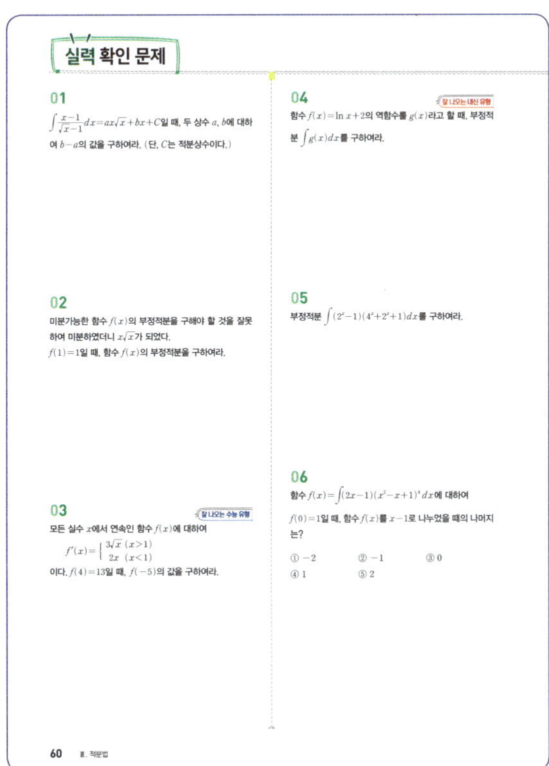

3

정답과 풀이

- 다른 풀이 , 참고 를 제시하여 다양한 방법으로 문제 풀이에 접근

- 풀이를 단계별로 나누어 체계적으로 과정을 사고

차례

01 수열의 극한

---

1. 수열의 수렴과 발산

수열 $\{a_n\}$이

(1) **수렴**: $\displaystyle\lim_{n\to\infty} a_n = \alpha$ (α는 일정한 값)

(2) **발산**: $\begin{cases} \displaystyle\lim_{n\to\infty} a_n = \infty & \text{(양의 무한대로 발산)} \\ \displaystyle\lim_{n\to\infty} a_n = -\infty & \text{(음의 무한대로 발산)} \\ \text{진동하면서 발산} \end{cases}$

2. 수열의 극한값의 계산

두 수열 $\{a_n\}$, $\{b_n\}$이 수렴하고, $\displaystyle\lim_{n\to\infty} a_n = \alpha$, $\displaystyle\lim_{n\to\infty} b_n = \beta$ (α, β는 실수)일 때

(1) **수열의 극한에 대한 기본 성질**

① $\displaystyle\lim_{n\to\infty} ka_n = k\lim_{n\to\infty} a_n = k\alpha$ (단, k는 상수이다.)

② $\displaystyle\lim_{n\to\infty} (a_n \pm b_n) = \lim_{n\to\infty} a_n \pm \lim_{n\to\infty} b_n = \alpha \pm \beta$ (복호동순)

③ $\displaystyle\lim_{n\to\infty} a_n b_n = \lim_{n\to\infty} a_n \lim_{n\to\infty} b_n = \alpha\beta$

④ $\displaystyle\lim_{n\to\infty} \frac{a_n}{b_n} = \frac{\lim\limits_{n\to\infty} a_n}{\lim\limits_{n\to\infty} b_n} = \frac{\alpha}{\beta}$ (단, $b_n \neq 0$, $\beta \neq 0$)

(2) **수열의 극한의 대소 관계**

① 모든 자연수 n에 대하여 $a_n \leq b_n$이면 $\alpha \leq \beta$

② 수열 $\{c_n\}$이 모든 자연수 n에 대하여 $a_n \leq c_n \leq b_n$이고 $\alpha = \beta$이면
$$\lim_{n\to\infty} c_n = \alpha$$

▶ 수열의 극한값 구하기

(1) $\dfrac{\infty}{\infty}$의 꼴

분모의 최고차항으로 분모, 분자를 각각 나눈다.

① (분모의 차수)
= (분자의 차수)
⇨ 극한값은 최고차항의 계수의 비

② (분모의 차수)
> (분자의 차수)
⇨ 극한값은 0

③ (분모의 차수)
< (분자의 차수)
⇨ ∞ 또는 $-\infty$로 발산

(2) $\infty - \infty$의 꼴

무리식은 유리화하고, 다항식은 최고차항으로 묶는다.

---

01 수렴하는 수열인 것만을 |보기|에서 있는 대로 고른 것은?

|보기|

ㄱ. $\left\{ 3 + \dfrac{1}{n} \right\}$　　　　　　　ㄴ. $\{ 2n - 1 \}$

ㄷ. $\left\{ \left(\dfrac{1}{2} \right)^{n-1} \right\}$　　　　　ㄹ. $\{ (-1)^n \}$

① ㄱ, ㄴ　　　　② ㄱ, ㄷ　　　　③ ㄴ, ㄷ

④ ㄴ, ㄹ　　　　⑤ ㄱ, ㄷ, ㄹ

01

n이 한없이 커질 때, 일정한 값이 가까워지는 수열을 찾는다.

02 두 수열 $\{a_n\}$, $\{b_n\}$에 대하여 $\displaystyle\lim_{n\to\infty} a_n = 2$, $\displaystyle\lim_{n\to\infty} b_n = -1$일 때, $\displaystyle\lim_{n\to\infty} (2a_n + b_n)$의 값을 구하여라.

02

두 수열 $\{a_n\}$, $\{b_n\}$이 모두 수렴하는 경우에만 수열의 극한에 대한 성질이 성립한다.

03 수렴하는 수열 $\{a_n\}$이

$$a_1=1,\ a_{n+1}=2a_n-1\ (n=1,\ 2,\ 3,\ \cdots)$$

과 같이 정의될 때, $\lim\limits_{n\to\infty} a_n$의 값을 구하여라.

04 $\lim\limits_{n\to\infty}\dfrac{2n}{n+1}-\lim\limits_{n\to\infty}\left(\dfrac{6}{n}+3\right)$의 값은?

① -2 　　　② -1　　　③ 0

④ 1 　　　⑤ 2

05 $\lim\limits_{n\to\infty}\dfrac{an^2+bn+1}{n-1}=2$가 성립하도록 하는 두 상수 a, b에 대하여 $a+b$의 값은?

① 2 　　　② 3　　　③ 4

④ 5 　　　⑤ 6

06 $\lim\limits_{n\to\infty}(\sqrt{n^2+n}-n)$의 값을 구하여라.

07 수열 $\{a_n\}$이 모든 자연수 n에 대하여 $\dfrac{3n-1}{n+1}<a_n<\dfrac{3n+4}{n+1}$를 만족시킬 때, $\lim\limits_{n\to\infty} a_n$의 값은?

① -3 　　　② $-\dfrac{1}{3}$　　　③ $\dfrac{1}{3}$

④ 2 　　　⑤ 3

02 등비수열의 극한

1. 등비수열 $\{r^n\}$의 수렴과 발산

(1) $r > 1$일 때, $\displaystyle\lim_{n \to \infty} r^n = \infty$ (발산)

(2) $r = 1$일 때, $\displaystyle\lim_{n \to \infty} r^n = 1$ (수렴)

(3) $|r| < 1$일 때, $\displaystyle\lim_{n \to \infty} r^n = 0$ (수렴)

(4) $r \leq -1$일 때, 수열 $\{r^n\}$은 진동한다. (발산)

2. 등비수열의 수렴 조건

(1) 수열 $\{r^n\}$이 수렴하기 위한 조건 $\Rightarrow -1 < r \leq 1$

(2) 수열 $\{ar^{n-1}\}$이 수렴하기 위한 조건 $\Rightarrow a = 0$ 또는 $-1 < r \leq 1$

> ◀ 등비수열
>
> 첫째항이 a, 공비가 r인 등비수열의 일반항 a_n은
> $$a_n = ar^{n-1} \ (n = 1, 2, 3, \cdots)$$

---

01 다음 등비수열의 수렴과 발산을 조사하여라.

(1) $1, \ 2, \ 4, \ 8, \ 16, \ \cdots$

(2) $-3, \ 1, \ -\dfrac{1}{3}, \ \dfrac{1}{9}, \ -\dfrac{1}{27}, \ \cdots$

> **01**
> 등비수열의 공비의 범위를 조사한다.

02 수렴하는 수열인 것만을 |보기|에서 있는 대로 골라라.

| 보기 |

ㄱ. $\{4 \times (-1)^n\}$ 　　　　ㄴ. $\{(1+0.2)^n\}$

ㄷ. $\left\{\left(-\dfrac{\sqrt{3}}{2}\right)^n\right\}$ 　　　　ㄹ. $\left\{\dfrac{3^n}{2^{2n}}\right\}$

> **02**
> $-1 < (공비) \leq 1$인 것을 찾는다.

03 첫째항이 5, 공비가 $\dfrac{1}{2}$인 등비수열의 일반항을 a_n이라고 할 때, $\displaystyle\lim_{n \to \infty} a_n$의 값은?

① 0 　　　　② $\dfrac{1}{2}$ 　　　　③ 1

④ $\dfrac{5}{2}$ 　　　　⑤ 5

> **03**
> $-1 < \dfrac{1}{2} < 1$이므로
> $$\lim_{n \to \infty} \left(\dfrac{1}{2}\right)^n = 0$$

04 다음 극한을 조사하여라.

(1) $\lim\limits_{n \to \infty} \dfrac{3^n - 5^n}{2^n + 5^n}$

(2) $\lim\limits_{n \to \infty} (5^n - 2^n)$

(3) $\lim\limits_{n \to \infty} \dfrac{6^n}{(2^n + 1)(3^n + 1)}$

(4) $\lim\limits_{n \to \infty} \dfrac{2^{n+1} + 3^n}{2^n + 3^{n+1}}$

04

⑵ 밑의 절댓값이 가장 큰 항으로 묶는다.

05 등비수열 $\left\{\left(\dfrac{x+1}{2}\right)^n\right\}$ 이 수렴하도록 하는 x의 값의 범위를 구하여라.

05

수열 $\{r^n\}$이 수렴하기 위한 조건은
$-1 < r \leq 1$

06 수열 $x,\ x(x-1),\ x(x-1)^2,\ \cdots$이 수렴하도록 하는 정수 x의 개수는?

① 1　　　　　② 2　　　　　③ 3

④ 4　　　　　⑤ 5

06

수열 $\{ar^{n-1}\}$이 수렴하기 위한 조건은
$a=0$ 또는 $-1 < r \leq 1$

07 두 등비수열 $\{(x-2)^n\}$, $\left\{\left(\dfrac{x}{2}\right)^n\right\}$이 동시에 수렴하기 위한 x의 값의 범위가 $\alpha < x \leq \beta$ 일 때, $\alpha + \beta$의 값은?

① 0　　　　　② 1　　　　　③ 2

④ 3　　　　　⑤ 4

07

두 등비수열에서 각각 x의 값의 범위를 구하여 공통 범위를 찾는다.

08 $\lim\limits_{n \to \infty} \dfrac{r^n}{r^n + 1}$ 의 값은 $|r| < 1$이면 a이고, $|r| > 1$이면 b이다. 이때 두 상수 a, b에 대하여 $b - a$의 값을 구하여라.

08

$r > 1$이면 $\lim\limits_{n \to \infty} r^n = \infty$

$-1 < r < 1$이면 $\lim\limits_{n \to \infty} r^n = 0$

$r < -1$이면 $\lim\limits_{n \to \infty} |r^n| = \infty$

01

다음 수열 중에서 수렴하는 것은?

① $\{\sqrt{n}\}$ ② $\{1-3n\}$ ③ $\{\sin 2n\pi\}$
④ $\{2n^2-5\}$ ⑤ $\{1+(-1)^n\}$

02

두 수열 $\{a_n\}$, $\{b_n\}$에 대하여 $\lim\limits_{n\to\infty} a_n=4$, $\lim\limits_{n\to\infty} b_n=-3$
일 때, 다음 중 극한값이 옳지 <u>않은</u> 것은?

① $\lim\limits_{n\to\infty}(a_n+2b_n)=-2$ ② $\lim\limits_{n\to\infty}a_nb_n=-12$

③ $\lim\limits_{n\to\infty}(3b_n-a_n)=-13$ ④ $\lim\limits_{n\to\infty}\dfrac{3a_n}{b_n}=4$

⑤ $\lim\limits_{n\to\infty}\dfrac{a_n+b_n}{a_n}=\dfrac{1}{4}$

03

수렴하는 두 수열 $\{a_n\}$, $\{b_n\}$에 대하여
$$\lim_{n\to\infty}(a_n+b_n)=4,\ \lim_{n\to\infty}a_nb_n=-1$$
일 때, $\lim\limits_{n\to\infty}(a_n{}^2+b_n{}^2)$의 값은?

① 10 ② 12 ③ 14
④ 16 ⑤ 18

04

수렴하는 수열 $\{a_n\}$에 대하여 $\lim\limits_{n\to\infty}\dfrac{3a_n-4}{a_n+2}=\dfrac{4}{3}$일 때,
$\lim\limits_{n\to\infty}a_n$의 값은?

① 1 ② 2 ③ 3
④ 4 ⑤ 5

05

$\lim\limits_{n\to\infty}\dfrac{3n}{2n-1}+\lim\limits_{n\to\infty}\dfrac{n(n-3)}{4n^2+1}=\dfrac{q}{p}$일 때, $p+q$의 값을 구
하여라. (단, p, q는 서로소인 자연수이다.)

06

$\lim\limits_{n\to\infty}\dfrac{1}{n^2}(1+2+3+\cdots+n)$의 값은?

① $\dfrac{1}{2}$ ② $\dfrac{2}{3}$ ③ $\dfrac{3}{4}$
④ $\dfrac{4}{3}$ ⑤ 2

07

다음 극한값은?

$$\lim_{n\to\infty}\{\log_3(3n+1)+\log_3(3n-1)-2\log_3(n+2)\}$$

① 1 　　② 2 　　③ 3

④ 4 　　⑤ 5

08

등식 $\displaystyle\lim_{n\to\infty}\frac{an^2+bn-3}{5n+1}=-1$이 성립하도록 하는 두 상수 a, b에 대하여 $a+b$의 값은?

① -10 　　② -5 　　③ 0

④ 5 　　⑤ 10

09

자연수 n에 대하여 곡선 $f(x)=2x^2-x$ 위의 두 점 $\mathrm{P}(n,\,f(n))$, $\mathrm{Q}(n+1,\,f(n+1))$ 사이의 거리를 a_n이라고 할 때, $\displaystyle\lim_{n\to\infty}\frac{a_n}{n}$의 값을 구하여라.

10

자연수 n에 대하여 직선 $y=3nx$ 위의 점 $\mathrm{P}(n,\,3n^2)$을 지나고 이 직선과 수직인 직선이 x축과 만나는 점을 Q라고 할 때, 선분 OQ의 길이를 l_n이라고 하자. $\displaystyle\lim_{n\to\infty}\frac{l_n}{n^3}$의 값을 구하여라. (단, O는 원점이다.)

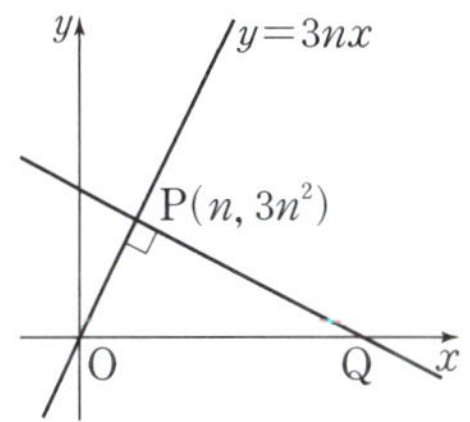

11

수열 $\{a_n\}$에 대하여 $\displaystyle\lim_{n\to\infty}(n+1)a_n=3$일 때, $\displaystyle\lim_{n\to\infty}(4n-1)a_n$의 값은?

① 6 　　② 9 　　③ 12

④ 15 　　⑤ 18

12

잘 나오는 내신 유형

자연수 n에 대하여 x에 대한 이차방정식 $x^2+2nx-3n=0$의 양의 실근을 a_n이라고 하자. 이때 $\displaystyle\lim_{n\to\infty}a_n$의 값은?

① 1 　　② $\dfrac{3}{2}$ 　　③ 2

④ $\dfrac{5}{2}$ 　　⑤ 3

13

$\displaystyle\lim_{n\to\infty}\dfrac{\sqrt{n}-\sqrt{n+1}}{\sqrt{n}-\sqrt{n-1}}$ 의 값을 구하여라.

14

$\displaystyle\lim_{n\to\infty}(\sqrt{n^2+an}-n)=2$일 때, 상수 a의 값을 구하여라.

15

자연수 n에 대하여 $\sqrt{n^2+2n}$의 소수 부분을 a_n이라고 할 때, $\displaystyle\lim_{n\to\infty}a_n$의 값은?

① -2 ② -1 ③ 0

④ 1 ⑤ 2

16

수열 $\{a_n\}$이 모든 자연수 n에 대하여

$$4n-1<(n+2)a_n<4n+3$$

을 만족시킬 때, $\displaystyle\lim_{n\to\infty}a_n$의 값은?

① -4 ② -2 ③ 0

④ 2 ⑤ 4

17

수열 $\{a_n\}$에 대하여 곡선 $y=x^2-(n+1)x+a_n$은 x축과 만나고, 곡선 $y=x^2-nx+a_n$은 x축과 만나지 않는다.

$\displaystyle\lim_{n\to\infty}\dfrac{a_n}{n^2}$의 값은?

① $\dfrac{1}{20}$ ② $\dfrac{1}{10}$ ③ $\dfrac{3}{20}$

④ $\dfrac{1}{5}$ ⑤ $\dfrac{1}{4}$

18

두 수열 $\{a_n\}$, $\{b_n\}$에 대하여 옳은 것만을 |보기|에서 있는 대로 고른 것은?

|보기|

ㄱ. $\displaystyle\lim_{n\to\infty}\dfrac{b_n}{a_n}=1$이면 $\displaystyle\lim_{n\to\infty}\dfrac{a_n}{b_n}=1$이다.

ㄴ. $\displaystyle\lim_{n\to\infty}a_nb_n=0$이면 $\displaystyle\lim_{n\to\infty}a_n=0$ 또는 $\displaystyle\lim_{n\to\infty}b_n=0$이다.

ㄷ. 모든 자연수 n에 대하여 $a_n<b_n$이면 $\displaystyle\lim_{n\to\infty}a_n<\lim_{n\to\infty}b_n$이다.

① ㄱ   ② ㄴ   ③ ㄷ

④ ㄱ, ㄷ   ⑤ ㄱ, ㄴ, ㄷ

19

$\lim\limits_{n \to \infty} \left(3+\dfrac{1}{2^n}\right)\left(a+\dfrac{1}{3^n}\right)=-6$일 때, 상수 a의 값은?

① -2 　　② -1 　　③ 0

④ 1 　　⑤ 2

20

첫째항이 2, 공비가 5인 등비수열 $\{a_n\}$에 대하여

$\lim\limits_{n \to \infty} \dfrac{5^{n+1}-3}{a_n}$의 값을 구하여라.

21

공비가 2인 등비수열 $\{a_n\}$의 첫째항부터 제n항까지의 합을 S_n이라고 하면 $\lim\limits_{n \to \infty} \dfrac{S_n}{2^n}=-3$이다. 이때 수열 $\{a_n\}$의 첫째항은?

① -3 　　② -1 　　③ 1

④ 3 　　⑤ 5

22

등비수열 $\left\{\left(\dfrac{2^x-5}{3}\right)^n\right\}$이 수렴하도록 하는 실수 x의 값의 범위가 $\alpha < x \le \beta$일 때, $\beta-\alpha$의 값은?

① $\dfrac{2}{3}$ 　　② 1 　　③ $\dfrac{4}{3}$

④ $\dfrac{5}{3}$ 　　⑤ 2

23

잘 틀리는 내신 유형

등비수열 $\{(\log x-1)^n\}$이 수렴하도록 하는 정수 x의 개수를 구하여라.

24

$a>2$일 때, $\lim\limits_{n \to \infty} \dfrac{2a^{n+1}-3\times 2^n}{a^n-2^{n-1}}=10$을 만족시키는 상수 a의 값을 구하여라.

03 급수의 수렴과 발산

1. 급수와 부분합

(1) **급수**: 수열 $\{a_n\}$의 각 항을 차례로 덧셈 기호 $+$로 연결한 식

$$a_1+a_2+a_3+\cdots+a_n+\cdots=\sum_{n=1}^{\infty}a_n$$

(2) **부분합**: 급수 $\sum\limits_{n=1}^{\infty}a_n$에서 첫째항부터 제$n$항까지의 합 S_n

$$S_n=a_1+a_2+a_3+\cdots+a_n=\sum_{k=1}^{n}a_k$$

2. 급수의 수렴과 발산

급수 $\sum\limits_{n=1}^{\infty}a_n$의 부분합으로 이루어진 수열 $\{S_n\}$에 대하여

(1) 수열 $\{S_n\}$이 일정한 값 S에 수렴할 때, 급수 $\sum\limits_{n=1}^{\infty}a_n$은 S에 수렴한다.

이때 S를 급수의 합이라고 한다.

$$\lim_{n\to\infty}S_n=S\Longleftrightarrow\sum_{n=1}^{\infty}a_n=S$$

(2) 수열 $\{S_n\}$이 발산할 때, 급수 $\sum\limits_{n=1}^{\infty}a_n$은 발산한다고 한다.

3. 수열의 극한과 급수 사이의 관계

(1) 급수 $\sum\limits_{n=1}^{\infty}a_n$이 수렴하면 $\lim\limits_{n\to\infty}a_n=0$이다. (역은 성립하지 않는다.)

(2) $\lim\limits_{n\to\infty}a_n\neq0$이면 급수 $\sum\limits_{n=1}^{\infty}a_n$은 발산한다. ⇐ (1)의 대우

4. 급수의 성질

두 급수 $\sum\limits_{n=1}^{\infty}a_n$, $\sum\limits_{n=1}^{\infty}b_n$이 각각 수렴하면

(1) $\sum\limits_{n=1}^{\infty}ka_n=k\sum\limits_{n=1}^{\infty}a_n$ (단, k는 상수이다.)

(2) $\sum\limits_{n=1}^{\infty}(a_n\pm b_n)=\sum\limits_{n=1}^{\infty}a_n\pm\sum\limits_{n=1}^{\infty}b_n$ (복호동순)

■ 수열 $\{a_n\}$의 수렴, 발산은 $\lim\limits_{n\to\infty}a_n$으로 판별하고, 급수 $\sum\limits_{n=1}^{\infty}a_n$의 수렴, 발산은 $\lim\limits_{n\to\infty}S_n$으로 판별한다.

■ 급수가 발산하면 급수의 합은 생각하지 않는다.

■ 급수의 성질은 수렴하는 급수에 대해서만 성립한다.

---

01 다음 급수의 수렴과 발산을 조사하고, 수렴하면 그 합을 구하여라.

(1) $1+3+5+\cdots+(2n-1)+\cdots$

(2) $\dfrac{2}{3}+\left(\dfrac{2}{3}\right)^2+\left(\dfrac{2}{3}\right)^3+\cdots+\left(\dfrac{2}{3}\right)^n+\cdots$

02 수열 $\{a_n\}$의 첫째항부터 제 n항까지의 합 S_n이 $S_n=\dfrac{12n}{3n+1}$일 때, 급수 $\sum\limits_{n=1}^{\infty}a_n$의 합을 구하여라.

01

급수의 합은 다음의 순서로 구한다.
① 제n항까지의 부분합 S_n을 구한다.
② $\lim\limits_{n\to\infty}S_n$의 값을 구한다.

02

수열 $\{a_n\}$의 첫째항부터 제n항까지의 부분합을 S_n이라고 하면

$$\sum_{n=1}^{\infty}a_n=\lim_{n\to\infty}S_n$$

---

03 급수 $\dfrac{1}{1\times 2}+\dfrac{1}{2\times 3}+\dfrac{1}{3\times 4}+\cdots$ 에 대하여 다음 물음에 답하여라.

(1) 이 급수의 제n항을 a_n이라고 할 때, a_n을 구하여라.
(2) 첫째항부터 제n항까지의 부분합 S_n을 구하여라.
(3) $\displaystyle\lim_{n\to\infty} S_n$을 구하여라.

03

부분분수의 변형
두 수 A, B에 대하여
$$\dfrac{1}{AB}=\dfrac{1}{B-A}\left(\dfrac{1}{A}-\dfrac{1}{B}\right)$$
$$(\text{단, } A\neq B)$$

04 수열 $\{a_n\}$에 대하여 $\displaystyle\sum_{n=1}^{\infty}(2a_n-1)=3$일 때, $\displaystyle\lim_{n\to\infty} a_n$의 값은?

① -1 ② 0 ③ $\dfrac{1}{2}$

④ 1 ⑤ 2

04

급수 $\displaystyle\sum_{n=1}^{\infty} a_n$이 수렴하면
$$\lim_{n\to\infty} a_n=0$$

05 급수 $\displaystyle\sum_{n=1}^{\infty} \dfrac{1}{\sqrt{n+1}+\sqrt{n}}$의 수렴과 발산을 조사하여라.

05

급수 $\displaystyle\sum_{n=1}^{\infty} a_n$이 수렴하면
$\displaystyle\lim_{n\to\infty} a_n=0$이지만, 그 역은 성립하
지 않는다.

06 $\displaystyle\sum_{n=1}^{\infty} a_n=2$, $\displaystyle\sum_{n=1}^{\infty} b_n=-1$일 때, $\displaystyle\sum_{n=1}^{\infty}(3a_n+4b_n)$의 합은?

① -2 ② -1 ③ 0

④ 1 ⑤ 2

06

$\displaystyle\sum_{n=1}^{\infty} a_n=\alpha$, $\displaystyle\sum_{n=1}^{\infty} b_n=\beta$ (α, β는 실수)
이면 실수 p, q에 대하여
$$\sum_{n=1}^{\infty}(pa_n+qb_n)=p\alpha+q\beta$$

07 두 급수 $\displaystyle\sum_{n=1}^{\infty} a_n$, $\displaystyle\sum_{n=1}^{\infty} b_n$이 모두 수렴하고
$$\sum_{n=1}^{\infty}(a_n+b_n)=7, \quad \sum_{n=1}^{\infty}(a_n-b_n)=1$$
일 때, 급수 $\displaystyle\sum_{n=1}^{\infty} a_n$의 합과 급수 $\displaystyle\sum_{n=1}^{\infty} b_n$의 합을 각각 구하여라.

07

두 급수 $\displaystyle\sum_{n=1}^{\infty} a_n$, $\displaystyle\sum_{n=1}^{\infty} b_n$이 모두 수렴
하므로 급수의 성질을 이용할 수
있다.

 등비급수

1. 등비급수

첫째항이 $a\,(a\neq 0)$, 공비가 r인 등비수열 $\{ar^{n-1}\}$의 각 항의 합으로 이루어진 급수, 즉

$$\sum_{n=1}^{\infty} ar^{n-1}=a+ar+ar^2+\cdots+ar^{n-1}+\cdots$$

2. 등비급수의 수렴과 발산

등비급수 $\displaystyle\sum_{n=1}^{\infty} ar^{n-1}\,(a\neq 0)$은

(1) $|r|<1$일 때 수렴하고, 그 합은 $\dfrac{a}{1-r}$이다.

(2) $|r|\geq 1$일 때 발산한다.

3. 등비급수의 수렴 조건

(1) 등비급수 $\displaystyle\sum_{n=1}^{\infty} r^{n}$이 수렴하기 위한 조건 $\ \Rightarrow\ -1<r<1$

(2) 등비급수 $\displaystyle\sum_{n=1}^{\infty} ar^{n-1}$이 수렴하기 위한 조건 $\Rightarrow a=0$ 또는 $-1<r<1$

■ 등비급수 $\displaystyle\sum_{n=1}^{\infty} ar^{n-1}$에서 $a=0$이면 부분합 $S_n=0$이므로 r의 값에 관계없이 $\displaystyle\sum_{n=1}^{\infty} ar^{n-1}=0$

---

01 다음 등비급수의 수렴과 발산을 조사하고, 수렴하면 그 합을 구하여라.

(1) $\dfrac{1}{2}+\dfrac{1}{4}+\dfrac{1}{8}+\dfrac{1}{16}+\cdots$

(2) $1-\dfrac{1}{5}+\dfrac{1}{25}-\dfrac{1}{125}+\cdots$

(3) $1+\sqrt{2}+2+2\sqrt{2}+\cdots$

> **01**
> 등비급수 $\displaystyle\sum_{n=1}^{\infty} ar^{n-1}$은
> $|r|<1$이면 수렴,
> $|r|\geq 1$이면 발산

02 급수 $\displaystyle\sum_{n=1}^{\infty}\left(\dfrac{3}{2^n}-\dfrac{1}{3^n}\right)$의 합을 구하여라.

> **02**
> 두 급수 $\displaystyle\sum_{n=1}^{\infty}\dfrac{3}{2^n}$, $\displaystyle\sum_{n=1}^{\infty}\dfrac{1}{3^n}$이 각각 수렴하므로 급수의 성질을 이용할 수 있다.

03 급수 $1+2x+4x^2+8x^3+\cdots$ 이 수렴하도록 하는 정수 x의 개수는?

① 0　　　　　② 1　　　　　③ 2

④ 3　　　　　⑤ 4

> **03**
> 주어진 급수의 공비가
> $-1<($공비$)<1$
> 을 만족시켜야 한다.

04 첫째항이 3인 등비급수 $\sum\limits_{n=1}^{\infty} a_n$의 합이 2일 때, 등비수열 $\{a_n\}$의 공비를 구하여라.

04

공비를 r라 하고 등비급수의 합의 공식을 이용한다.

05 두 급수 $\sum\limits_{n=1}^{\infty}(x-2)^n$, $\sum\limits_{n=1}^{\infty}(x-2)(x-3)^n$이 동시에 수렴하도록 하는 실수 x의 값의 범위는?

① $2 \le x < 3$ ② $2 < x \le 3$ ③ $2 \le x \le 3$
④ $2 < x < 4$ ⑤ $2 < x \le 4$

05

두 등비급수에서 각각 수렴하는 x의 값의 범위를 구하여 공통 범위를 찾는다.

06 등비급수 $\sum\limits_{n=1}^{\infty} r^n$이 수렴할 때, 항상 수렴하는 급수인 것만을 |보기|에서 있는 대로 골라라.

|보기|

ㄱ. $\sum\limits_{n=1}^{\infty}(-r)^n$ ㄴ. $\sum\limits_{n=1}^{\infty} r^{2n}$ ㄷ. $\sum\limits_{n=1}^{\infty}\left(\dfrac{r+1}{2}\right)^n$

06

$-1 < r < 1$이므로 각 경우에서 $-1 <$ (공비) < 1인지 확인한다.

07 다음은 등비급수를 이용하여 순환소수 $0.\dot{3}\dot{4}$를 분수로 나타내는 과정이다. (개), (내), (대)에 알맞은 것을 써넣어라.

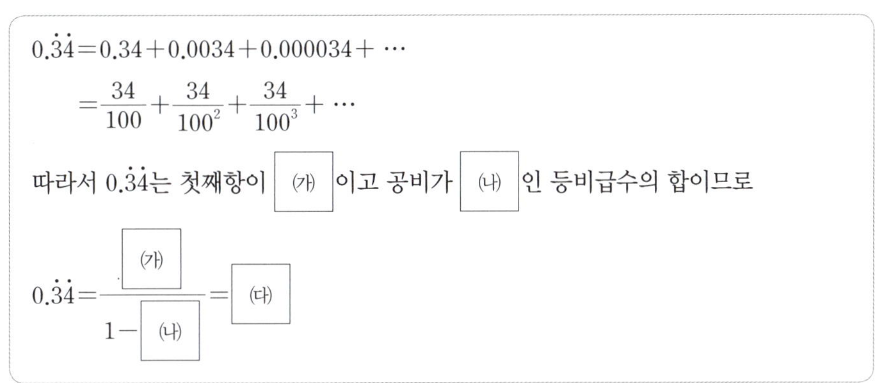

$$0.\dot{3}\dot{4} = 0.34 + 0.0034 + 0.000034 + \cdots$$

$$= \frac{34}{100} + \frac{34}{100^2} + \frac{34}{100^3} + \cdots$$

따라서 $0.\dot{3}\dot{4}$는 첫째항이 $\boxed{\text{(개)}}$ 이고 공비가 $\boxed{\text{(내)}}$ 인 등비급수의 합이므로

$$0.\dot{3}\dot{4} = \frac{\boxed{\text{(개)}}}{1 - \boxed{\text{(내)}}} = \boxed{\text{(대)}}$$

07

순환소수를 등비급수의 합으로 나타내면 첫째항과 공비를 찾을 수 있다.

01

다음 급수 중 수렴하는 것은?

① $1+2+4+8+\cdots+2^{n-1}+\cdots$

② $2+4+6+8+\cdots+2n+\cdots$

③ $-1+1-1+1-1+\cdots+(-1)^n+\cdots$

④ $1+\left(\dfrac{1}{2}\right)+0+\left(-\dfrac{1}{2}\right)+\cdots+\left(\dfrac{-n+3}{2}\right)+\cdots$

⑤ $\dfrac{2}{2\times3}+\dfrac{2}{3\times4}+\dfrac{2}{4\times5}+\cdots+\dfrac{2}{(n+1)(n+2)}+\cdots$

02

|보기|의 급수 중 수렴하는 것만을 있는 대로 고른 것은?

|보기|

ㄱ. $1-2+3-4+5-6+\cdots$

ㄴ. $(1-1)+(1-1)+(1-1)+\cdots$

ㄷ. $(1-2)+(2-1)+(1-2)+(2-1)$
$+(1-2)+\cdots$

① ㄱ   ② ㄴ   ③ ㄷ

④ ㄱ, ㄷ   ⑤ ㄴ, ㄷ

03

두 급수 $\displaystyle\sum_{n=1}^{\infty} a_n$, $\displaystyle\sum_{n=1}^{\infty} b_n$에 대하여

$$\sum_{n=1}^{\infty} b_n=6,\ \sum_{n=1}^{\infty}(2a_n+3b_n)=10$$

일 때, $\displaystyle\sum_{n=1}^{\infty} a_n$의 합은?

① -4 ② -2 ③ 0

④ 2 ⑤ 4

04

두 급수 $\displaystyle\sum_{n=1}^{\infty} a_n$, $\displaystyle\sum_{n=1}^{\infty} b_n$이 모두 수렴하고

$$\sum_{n=1}^{\infty}(a_n-3b_n)=10,\ \sum_{n=1}^{\infty}(3a_n-2b_n)=9$$

일 때, $\displaystyle\sum_{n=1}^{\infty}(a_n+b_n)$의 합은?

① -2 ② -1 ③ 0

④ 1 ⑤ 2

05

$\dfrac{2}{3^2-1}+\dfrac{2}{5^2-1}+\dfrac{2}{7^2-1}+\dfrac{2}{9^2-1}+\cdots$ 의 합은?

① $\dfrac{1}{8}$ ② $\dfrac{1}{4}$ ③ $\dfrac{1}{2}$

④ 1 ⑤ 2

06

수열 $\{a_n\}$의 첫째항부터 제n항까지의 합 S_n이 $S_n=n^2+n$

일 때, 급수 $\displaystyle\sum_{n=1}^{\infty}\dfrac{1}{a_n a_{n+1}}$의 합은?

① $\dfrac{1}{6}$ ② $\dfrac{1}{4}$ ③ $\dfrac{1}{3}$

④ $\dfrac{1}{2}$ ⑤ $\dfrac{2}{3}$

07

급수 $\displaystyle\sum_{n=2}^{\infty} \log_2 \frac{n^2}{(n-1)(n+1)}$ 의 합은?

① -1 ② 0 ③ $\dfrac{1}{2}$

④ 1 ⑤ 2

08

수열 $\{a_n\}$에 대하여 급수
$$(a_1-7)+(a_2-7)+(a_3-7)+\cdots$$
이 수렴할 때, $\displaystyle\lim_{n\to\infty} a_n$의 값을 구하여라.

09

자연수 n에 대하여 직선 $(2n+1)x+(2n-1)y=1$과 x축 및 y축으로 둘러싸인 도형의 넓이를 a_n이라고 할 때, 급수 $\displaystyle\sum_{n=1}^{\infty} a_n$의 합은?

① $\dfrac{1}{6}$ ② $\dfrac{1}{4}$ ③ $\dfrac{1}{3}$

④ $\dfrac{1}{2}$ ⑤ $\dfrac{2}{3}$

10

급수
$$x+\frac{x(x-1)}{2}+\frac{x(x-1)^2}{2^2}+\frac{x(x-1)^3}{2^3}+\cdots$$
이 수렴하도록 하는 정수 x의 개수를 구하여라.

11

수열 $\{a_n\}$에 대하여 급수 $\displaystyle\sum_{n=1}^{\infty} \frac{a_n}{n}$이 수렴할 때, $\displaystyle\lim_{n\to\infty} \frac{a_n+9n}{n}$ 의 값을 구하여라.

12

수열 $\{(x-1)(3x-1)^n\}$과 급수 $\displaystyle\sum_{n=1}^{\infty}(x^2-x+1)^n$이 모두 수렴하도록 하는 실수 x의 값의 범위를 구하여라.

13

공비가 $\frac{1}{4}$인 등비수열 $\{a_n\}$에 대하여 $\sum\limits_{n=1}^{\infty} a_n = 16$일 때, 수열 $\{a_n\}$의 첫째항은?

① 1 ② 3 ③ 6
④ 9 ⑤ 12

14

등비수열 $\{a_n\}$에 대하여 $\sum\limits_{n=1}^{\infty} a_n = -6$, $\sum\limits_{n=1}^{\infty} a_n^{\,2} = 72$일 때, a_4의 값을 구하여라.

15

수열 $\{a_n\}$이
$$a_1 = 3, \quad 2a_{n+1} = a_n + 4 \quad (n=1, 2, 3, \cdots)$$
로 정의될 때, 급수 $\sum\limits_{n=1}^{\infty}(4 - a_n)$의 합을 구하여라.

16

수열 $\{a_n\}$의 첫째항부터 제n항까지의 합 S_n이
$\log_3(S_n + 1) = n$을 만족시킬 때, 급수 $\sum\limits_{n=1}^{\infty} \frac{1}{a_n}$의 합은?

① $\frac{1}{4}$ ② $\frac{1}{2}$ ③ $\frac{3}{4}$
④ 1 ⑤ $\frac{5}{4}$

17

급수
$$\log_3 \sqrt{9} + \log_3 \sqrt{\sqrt{9}} + \log_3 \sqrt{\sqrt{\sqrt{9}}} + \cdots$$
의 합은?

① 1 ② 2 ③ 3
④ 9 ⑤ 18

18

두 등비급수 $\sum\limits_{n=1}^{\infty} a_n$, $\sum\limits_{n=1}^{\infty} b_n$에 대한 설명으로 옳은 것만을 |보기|에서 있는 대로 고른 것은?

> |보기|
>
> ㄱ. $\lim\limits_{n\to\infty} a_n = 0$이면 등비급수 $\sum\limits_{n=1}^{\infty} a_n$은 수렴한다.
>
> ㄴ. $\sum\limits_{n=1}^{\infty} a_n$, $\sum\limits_{n=1}^{\infty} b_n$이 모두 발산하면 $\lim\limits_{n\to\infty}(a_n + b_n) \neq 0$이다.
>
> ㄷ. $\sum\limits_{n=1}^{\infty} a_n$, $\sum\limits_{n=1}^{\infty} b_n$이 수렴하면 등비급수 $\sum\limits_{n=1}^{\infty} a_n b_n$도 수렴한다.

① ㄱ ② ㄷ ③ ㄱ, ㄴ
④ ㄴ, ㄷ ⑤ ㄱ, ㄴ, ㄷ

19

자연수 n에 대하여 $2^n \times 3^{n+1}$의 모든 양의 약수의 개수를 a_n이라고 할 때, $\sum\limits_{n=1}^{\infty} \dfrac{1}{a_n}$의 합을 구하여라.

20

자연수 n에 대하여 x^n을 $4x+3$으로 나누었을 때의 나머지를 a_n이라고 할 때, 급수 $\sum\limits_{n=1}^{\infty} a_n$의 합은?

① $-\dfrac{4}{7}$　　② $-\dfrac{3}{7}$　　③ $-\dfrac{3}{4}$

④ $\dfrac{7}{4}$　　⑤ $\dfrac{7}{3}$

21

모든 항이 양수이고 첫째항이 $0.\dot{3}$, 제3항이 $0.01\dot{3}$인 등비급수의 합은?

① $\dfrac{1}{4}$　　② $\dfrac{5}{12}$　　③ $\dfrac{7}{12}$

④ $\dfrac{3}{4}$　　⑤ $\dfrac{11}{12}$

22

분수 $\dfrac{5}{11}$를 소수로 나타낼 때 소수점 아래 제 n번째 자리의 수를 a_n이라고 하자. $\sum\limits_{n=1}^{\infty} \dfrac{a_n}{2^n} = \dfrac{q}{p}$일 때, $p+q$의 값을 구하여라. (단, p, q는 서로소인 자연수이다.)

23

오른쪽 그림과 같이 한 변의 길이가 1인 정사각형이 있다. 이 정사각형을 합동인 두 직사각형으로 나누는 선분을 그리고, 한 직사각형을 다시 합동인 두 정사각형으로 나누는 선분을 그린다. 이와 같은 과정을 한없이 반복할 때, 그려진 선분의 길이의 합은?

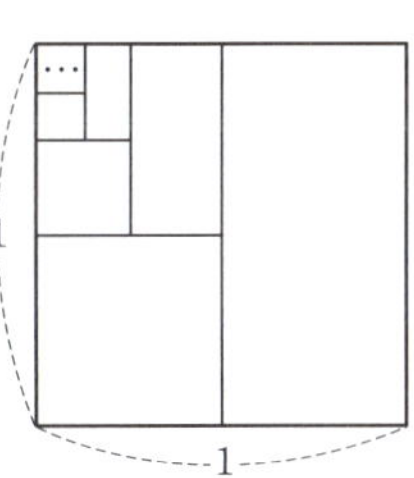

① 2　　② 3　　③ 4

④ 5　　⑤ 6

24

오른쪽 그림과 같이 한 변의 길이가 2인 정삼각형 ABC의 각 변의 중점을 연결하여 만든 정삼각형 $A_1B_1C_1$의 넓이를 S_1, 정삼각형 $A_1B_1C_1$의 각 변의 중점을 연결하여 만든 정삼각형 $A_2B_2C_2$의 넓이를 S_2라고 하자.

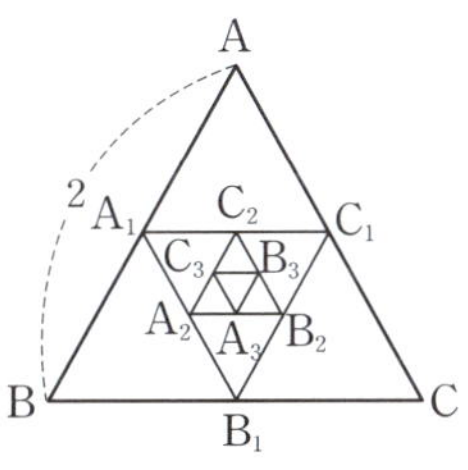

이와 같은 과정을 계속하여 n번째 얻은 정삼각형 $A_nB_nC_n$의 넓이를 S_n이라고 할 때, $\sum\limits_{n=1}^{\infty} S_n$의 값을 구하여라.

필수 개념 05 지수함수와 로그함수의 미분

1. 지수함수와 로그함수의 극한

(1) **지수함수의 극한**

① $a>1$일 때, $\displaystyle\lim_{x\to\infty}a^x=\infty$, $\displaystyle\lim_{x\to-\infty}a^x=0$

② $0<a<1$일 때, $\displaystyle\lim_{x\to\infty}a^x=0$, $\displaystyle\lim_{x\to-\infty}a^x=\infty$

(2) **로그함수의 극한**

① $a>1$일 때, $\displaystyle\lim_{x\to 0+}\log_a x=-\infty$, $\displaystyle\lim_{x\to\infty}\log_a x=\infty$

② $0<a<1$일 때, $\displaystyle\lim_{x\to 0+}\log_a x=\infty$, $\displaystyle\lim_{x\to\infty}\log_a x=-\infty$

2. 무리수 e와 자연로그

(1) **무리수 e**: x의 값이 0에 한없이 가까워질 때, $(1+x)^{\frac{1}{x}}$의 값은 일정한 값에 수렴하며 그 값을 e라고 한다.

① $\displaystyle\lim_{x\to 0}(1+x)^{\frac{1}{x}}=e$ ② $\displaystyle\lim_{x\to\infty}\left(1+\frac{1}{x}\right)^x=e$

(2) **자연로그**: 무리수 e를 밑으로 하는 로그 $\log_e x$를 자연로그라고 하며, 기호 $\ln x$로 나타낸다. 즉, $\log_e x=\ln x$

3. 지수함수와 로그함수의 극한

$a>0$, $a\neq 1$일 때, 다음이 성립한다.

① $\displaystyle\lim_{x\to 0}\frac{e^x-1}{x}=1$ ② $\displaystyle\lim_{x\to 0}\frac{\ln(1+x)}{x}=1$

③ $\displaystyle\lim_{x\to 0}\frac{a^x-1}{x}=\ln a$ ④ $\displaystyle\lim_{x\to 0}\frac{\log_a(1+x)}{x}=\frac{1}{\ln a}$

4. 지수함수와 로그함수의 도함수

(1) **지수함수의 도함수**

① $y=e^x \Rightarrow y'=e^x$ ② $y=a^x \Rightarrow y'=a^x\ln a$ (단, $a>0$, $a\neq 1$)

(2) **로그함수의 도함수**

① $y=\ln x \Rightarrow y'=\dfrac{1}{x}$ ② $y=\log_a x \Rightarrow y'=\dfrac{1}{x\ln a}$ (단, $a>0$, $a\neq 1$)

■ e는 무리수이며 그 값은 $2.7182818\cdots$임이 알려져 있다.

■ 자연로그는 로그의 특수한 경우이므로 로그의 성질이 그대로 성립한다.

즉, $x>0$, $y>0$일 때

① $\ln 1=0$, $\ln e=1$

② $\ln xy=\ln x+\ln y$

③ $\ln\dfrac{x}{y}=\ln x-\ln y$

④ $\ln x^n=n\ln x$
  (단, n은 실수이다.)

■ 지수함수와 로그함수의 극한에 의하여

① $\displaystyle\lim_{x\to 0}\frac{e^{bx}-1}{ax}=\frac{b}{a}$

② $\displaystyle\lim_{x\to 0}\frac{\ln(1+bx)}{ax}=\frac{b}{a}$

---

01 다음 극한을 조사하여라.

(1) $\displaystyle\lim_{x\to\infty}\frac{3^x-1}{3^x}$ (2) $\displaystyle\lim_{x\to\infty}(7^x-5^x)$

(3) $\displaystyle\lim_{x\to-\infty}\frac{2^x-2^{-x}}{2^x+2^{-x}}$ (4) $\displaystyle\lim_{x\to 0+}\log x$

(5) $\displaystyle\lim_{x\to\infty}\{\log_3 9x-\log_3(x+3)\}$ (6) $\displaystyle\lim_{x\to 4+}\{\log(x^2-16)-\log(x-4)\}$

01◁

$\dfrac{\infty}{\infty}$의 꼴: 분모에서 밑이 가장 큰 항으로 분모, 분자를 각각 나눈다.

$\infty-\infty$의 꼴: 밑이 가장 큰 항으로 묶는다.

02 $\lim\limits_{x \to 0}(1+2x)^{\frac{3}{x}}=e^a$일 때, 상수 a의 값을 구하여라.

03 $\lim\limits_{x \to 0}\dfrac{e^x+b}{\ln(1+ax)}=1$을 만족시키는 두 상수 a, b의 값을 각각 구하여라.

04 $\lim\limits_{x \to 0}\dfrac{\ln(1+6x)}{x}=a$, $\lim\limits_{x \to 0}\dfrac{e^{2x}-1}{3x}=b$일 때, ab의 값을 구하여라.

05 다음 함수를 미분하여라.

(1) $y=x^2 e^x$ (2) $y=2^{x+1}$ (3) $y=3^{2x-1}$

(4) $y=\ln x^4$ (5) $y=\log_2 5x$ (6) $y=x \ln 7x$

06 함수 $f(x)=(x^2+2)e^{x-1}$에 대하여 $f'(2)$의 값을 구하여라.

07 함수 $f(x)=\ln x^2+3x$에 대하여 $\lim\limits_{h \to 0}\dfrac{f(1+h)-f(1)}{h}$의 값을 구하여라.

06 삼각함수의 덧셈정리

1. 코시컨트함수, 시컨트함수, 코탄젠트함수

반지름의 길이가 r인 원 위의 점 $P(x, y)$에 대하여 동경 OP가 나타내는 일반각의 크기를 θ라고 할 때

$$\csc \theta = \frac{r}{y} = \frac{1}{\sin \theta}\ (y \neq 0),\quad \sec \theta = \frac{r}{x} = \frac{1}{\cos \theta}\ (x \neq 0),$$

$$\cot \theta = \frac{x}{y} = \frac{1}{\tan \theta}\ (y \neq 0)$$

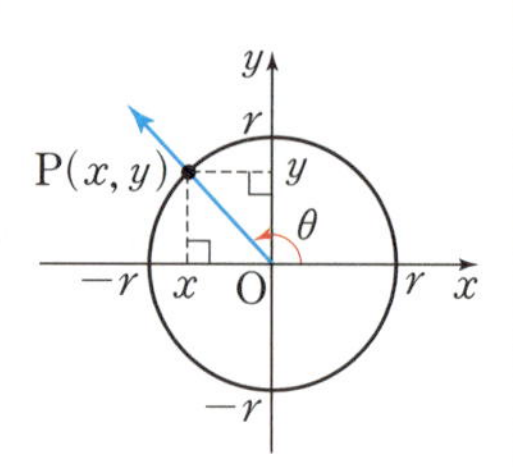

2. 삼각함수 사이의 관계

① $\sin^2 \theta + \cos^2 \theta = 1$ ② $1 + \tan^2 \theta = \sec^2 \theta$ ③ $1 + \cot^2 \theta = \csc^2 \theta$

3. 삼각함수의 덧셈정리

(1) **삼각함수의 덧셈정리**

① $\sin(\alpha + \beta) = \sin \alpha \cos \beta + \cos \alpha \sin \beta$

    $\sin(\alpha - \beta) = \sin \alpha \cos \beta - \cos \alpha \sin \beta$

② $\cos(\alpha + \beta) = \cos \alpha \cos \beta - \sin \alpha \sin \beta$

    $\cos(\alpha - \beta) = \cos \alpha \cos \beta + \sin \alpha \sin \beta$

③ $\tan(\alpha + \beta) = \dfrac{\tan \alpha + \tan \beta}{1 - \tan \alpha \tan \beta}$, $\tan(\alpha - \beta) = \dfrac{\tan \alpha - \tan \beta}{1 + \tan \alpha \tan \beta}$

(2) **배각의 공식**

① $\sin 2\alpha = 2 \sin \alpha \cos \alpha$

② $\cos 2\alpha = \cos^2 \alpha - \sin^2 \alpha = 2 \cos^2 \alpha - 1 = 1 - 2 \sin^2 \alpha$

③ $\tan 2\alpha = \dfrac{2 \tan \alpha}{1 - \tan^2 \alpha}$

(3) **반각의 공식**

① $\sin^2 \dfrac{\alpha}{2} = \dfrac{1 - \cos \alpha}{2}$ ② $\cos^2 \dfrac{\alpha}{2} = \dfrac{1 + \cos \alpha}{2}$ ③ $\tan^2 \dfrac{\alpha}{2} = \dfrac{1 - \cos \alpha}{1 + \cos \alpha}$

4. 삼각함수의 합성

(1) $a \sin \theta + b \cos \theta = \sqrt{a^2 + b^2} \sin(\theta + \alpha)$

$$\left(단,\ \sin \alpha = \frac{b}{\sqrt{a^2 + b^2}},\ \cos \alpha = \frac{a}{\sqrt{a^2 + b^2}} \right)$$

(2) $a \sin \theta + b \cos \theta = \sqrt{a^2 + b^2} \cos(\theta - \beta)$

$$\left(단,\ \sin \beta = \frac{a}{\sqrt{a^2 + b^2}},\ \cos \beta = \frac{b}{\sqrt{a^2 + b^2}} \right)$$

◀ $\tan \theta = \dfrac{\sin \theta}{\cos \theta}$

◀ **특수각의 삼각함수의 값**

	$\sin \theta$	$\cos \theta$	$\tan \theta$
0	0	1	0
$\dfrac{\pi}{6}$	$\dfrac{1}{2}$	$\dfrac{\sqrt{3}}{2}$	$\dfrac{\sqrt{3}}{3}$
$\dfrac{\pi}{4}$	$\dfrac{\sqrt{2}}{2}$	$\dfrac{\sqrt{2}}{2}$	1
$\dfrac{\pi}{3}$	$\dfrac{\sqrt{3}}{2}$	$\dfrac{1}{2}$	$\sqrt{3}$
$\dfrac{\pi}{2}$	1	0	

◀ 삼각함수의 덧셈정리에 β 대신 α를 각각 대입하면 배각의 공식을 얻을 수 있다.

◀ 삼각함수
$a \sin \theta + b \cos \theta$
$\qquad (a \neq 0,\ b \neq 0)$
의 주기와 최댓값, 최솟값은 다음과 같다.
① 주기: 2π
② 최댓값: $\sqrt{a^2 + b^2}$
③ 최솟값: $-\sqrt{a^2 + b^2}$

---

01 원점 O와 점 $P(3, 4)$에 대하여 동경 OP가 나타내는 일반각의 크기를 θ라고 할 때, $\csc \theta$, $\sec \theta$, $\cot \theta$의 값을 각각 구하여라.

01

$\csc \theta = \dfrac{1}{\sin \theta}$, $\sec \theta = \dfrac{1}{\cos \theta}$,

$\cot \theta = \dfrac{1}{\tan \theta}$

02 다음은 $\dfrac{\tan\theta}{\sec\theta-1}-\dfrac{\tan\theta}{\sec\theta+1}$를 $\cot\theta$에 대한 함수로 나타내는 과정이다. (가), (나), (다)에 알맞은 것을 써넣어라.

$$\dfrac{\tan\theta}{\sec\theta-1}-\dfrac{\tan\theta}{\sec\theta+1}=\dfrac{\tan\theta(\sec\theta+1)-\tan\theta(\sec\theta-1)}{(\sec\theta-1)(\sec\theta+1)}$$

$$=\dfrac{\boxed{\text{(가)}}}{\sec^2\theta-1}=\boxed{\text{(나)}}=\boxed{\text{(다)}}$$

03 다음 삼각함수의 값을 구하여라.

(1) $\sin 75°$　　　　(2) $\cos 15°$　　　　(3) $\tan 105°$

(4) $\sin 60°\cos 15°-\cos 60°\sin 15°$

(5) $\cos 55°\cos 35°-\sin 55°\sin 35°$

(6) $\dfrac{\tan 70°-\tan 10°}{1+\tan 70°\tan 10°}$

04 $0<\theta<\dfrac{\pi}{2}$이고 $\sin\theta=\dfrac{2}{3}$일 때, $\sin 2\theta+\cos 2\theta$의 값을 구하여라.

05 $\sin\theta+\cos\theta=\dfrac{1}{3}$일 때, $\sin 2\theta$의 값을 구하여라.

06 $\cos^2 22.5°-\sin^2 22.5°$의 값을 구하여라.

07 $\sin\theta+\sqrt{3}\cos\theta=r\sin(\theta+\alpha)$일 때, 두 상수 r, α의 값을 각각 구하여라.

07 삼각함수의 미분

1. 삼각함수의 극한

(1) **삼각함수의 극한**: 임의의 실수 a에 대하여

① $\displaystyle\lim_{x \to a} \sin x = \sin a$　　　　② $\displaystyle\lim_{x \to a} \cos x = \cos a$

③ $\displaystyle\lim_{x \to a} \tan x = \tan a \left(\text{단, } a \neq n\pi + \dfrac{\pi}{2},\ n\text{은 정수} \right)$

(2) $\dfrac{\sin x}{x}$, $\dfrac{\tan x}{x}$**의 극한**: x의 단위가 라디안일 때, 다음이 성립한다.

① $\displaystyle\lim_{x \to 0} \dfrac{\sin x}{x} = 1$　　　　② $\displaystyle\lim_{x \to 0} \dfrac{x}{\sin x} = 1$

③ $\displaystyle\lim_{x \to 0} \dfrac{\tan x}{x} = 1$　　　　④ $\displaystyle\lim_{x \to 0} \dfrac{x}{\tan x} = 1$

2. 삼각함수의 도함수

삼각함수 $y = \sin x$, $y = \cos x$의 도함수는 다음과 같다.

① $y = \sin x \Rightarrow y' = \cos x$

② $y = \cos x \Rightarrow y' = -\sin x$

■ $\displaystyle\lim_{x \to \infty} \sin x$, $\displaystyle\lim_{x \to \infty} \cos x$, $\displaystyle\lim_{x \to \frac{\pi}{2}} \tan x$, $\displaystyle\lim_{x \to -\infty} \sin x$, $\displaystyle\lim_{x \to -\infty} \cos x$, $\displaystyle\lim_{x \to \frac{\pi}{2}} \tan x$
의 값은 존재하지 않는다.

■ $a \neq 0$, $b \neq 0$일 때

① $\displaystyle\lim_{x \to 0} \dfrac{\sin ax}{bx} = \dfrac{a}{b}$

② $\displaystyle\lim_{x \to 0} \dfrac{\tan ax}{bx} = \dfrac{a}{b}$

③ $\displaystyle\lim_{x \to 0} \dfrac{bx}{\sin ax} = \dfrac{b}{a}$

④ $\displaystyle\lim_{x \to 0} \dfrac{bx}{\tan ax} = \dfrac{b}{a}$

■ 함수 $y = \sin x$, $y = \cos x$는 모든 실수 x에서 미분가능하다.

---

01 다음 극한값을 구하여라.

(1) $\displaystyle\lim_{x \to \frac{\pi}{6}} \sin x$　　　　(2) $\displaystyle\lim_{x \to \frac{\pi}{4}} \cos x$

(3) $\displaystyle\lim_{x \to \frac{\pi}{3}} \tan x$　　　　(4) $\displaystyle\lim_{x \to 0} \dfrac{\cos 2x - \tan x}{1 + \sin x}$

(5) $\displaystyle\lim_{x \to 0} \dfrac{\sin^2 x}{1 - \cos x}$　　　　(6) $\displaystyle\lim_{x \to \frac{\pi}{2}} \dfrac{\cos^2 x}{1 - \sin x}$

02 $\displaystyle\lim_{x \to 0} \dfrac{\sin x}{x} + \lim_{x \to 0} \dfrac{\tan 2x}{x}$의 값을 구하여라.

03 $\displaystyle\lim_{x \to 0} \dfrac{\sin(\sin 2x)}{\sin 5x} = \dfrac{q}{p}$일 때, $p+q$의 값을 구하여라.

(단, p, q는 서로소인 자연수이다.)

01

(5), (6) $\sin^2 x + \cos^2 x = 1$임을 이용하여 주어진 식을 인수분해한 후 약분한다.

02

$\displaystyle\lim_{☆ \to 0} \dfrac{\sin ☆}{☆} = 1$,
$\displaystyle\lim_{○ \to 0} \dfrac{\tan ○}{○} = 1$

03

$x \to 0$이면 $\sin 2x \to 0$이므로
$\displaystyle\lim_{x \to 0} \dfrac{\sin(\sin 2x)}{\sin 2x} = 1$이다.

04 $\displaystyle\lim_{x \to 0} \frac{1-\cos x}{x^2}$ 의 값을 구하여라.

04

$1-\cos x$가 있는 꼴은 분모, 분자에 각각 $1+\cos x$를 곱하여 $1-\cos^2 x=\sin^2 x$임을 이용한다.

05 $\displaystyle\lim_{x \to 0} \frac{\tan bx}{e^x+a}=2$를 만족시키는 두 상수 a, b에 대하여 ab의 값을 구하여라.

05

두 함수 $f(x)$, $g(x)$에 대하여 $\displaystyle\lim_{x \to a} \frac{f(x)}{g(x)}=\alpha$ (α는 0이 아닌 실수)일 때, $\displaystyle\lim_{x \to a} f(x)=0$이면 $\displaystyle\lim_{x \to a} g(x)=0$이다.

06 다음 함수를 미분하여라.

(1) $y=2x+\sin x$

(2) $y=\cos x-3e^x$

(3) $y=\sin^2 x$

(4) $y=\sin x \cos x$

06

(3) $y=\sin^2 x$
$\quad=\sin x \times \sin x$

07 함수 $f(x)=x\cos x$에 대하여 $\displaystyle\lim_{h \to 0} \frac{f(\pi+h)-f(\pi)}{h}$ 의 값을 구하여라.

07

$f'(a)=\displaystyle\lim_{h \to 0} \frac{f(a+h)-f(a)}{h}$

08 함수 $f(x)=\begin{cases} 2x+a & (x<0) \\ b\sin x & (x \geq 0) \end{cases}$ 가 $x=0$에서 미분가능할 때, 두 상수 a, b에 대하여 a^2+b^2의 값을 구하여라.

08

함수 $f(x)$가 $x=a$에서 미분가능하면
(i) $x=a$에서 연속이다.
(ii) $f'(a)$의 값이 존재한다.

01

$\displaystyle\lim_{x\to\infty}(5^x+3^x)^{\frac{1}{x}}$의 값을 구하여라.

02

$\displaystyle\lim_{x\to\infty}\left\{\left(1+\frac{1}{3x}\right)\left(1+\frac{1}{5x}\right)\right\}^{15x}$의 값은?

① e^3 ② e^5 ③ e^8
④ e^{12} ⑤ e^{15}

03

$\displaystyle\lim_{x\to\infty}x\{\ln(x+3)-\ln x\}$의 값을 구하여라.

04

$\displaystyle\lim_{x\to0}\frac{e^{3x}-1}{e^x-1}$의 값은?

① 1 ② $\dfrac{3}{2}$ ③ 2
④ 3 ⑤ 6

05

$\displaystyle\lim_{x\to0}\frac{e^{5x}-e^{3x}-e^{2x}+1}{x^2}$의 값은?

① 2 ② 3 ③ 4
④ 6 ⑤ 8

06

$\displaystyle\lim_{x\to0}\frac{(a+12)^x-a^x}{x}=2\ln 2$가 성립하도록 하는 양수 a의 값은?

① 2 ② 3 ③ 4
④ 5 ⑤ 6

07

함수 $f(x)=(x^3+1)e^x$의 그래프 위의 점 $(1,\ 2e)$에서의 접선의 기울기를 구하여라.

10

함수 $f(x)=\begin{cases} \ln ax & (0<x<1) \\ be^x & (x\geq 1) \end{cases}$ 이 모든 양수 x에 대하여

미분가능할 때, 두 상수 $a,\ b$에 대하여 ab의 값을 구하여라.

08

함수 $f(x)=x\ln x^2$의 도함수 $f'(x)$에 대하여 $f'(a)=8$을 만족시키는 양수 a의 값은?

① 2   ② 3   ③ $3e$

④ e^2 ⑤ e^3

11

함수 $f(x)$가 $x>-1$인 모든 실수 x에 대하여 부등식

$$\ln(1+x)\leq f(x)\leq \frac{1}{2}(e^{2x}-1)$$

을 만족시킬 때, $\lim\limits_{x\to 0}\dfrac{f(3x)}{x}$의 값은?

① 1   ② e ③ 3

④ 4   ⑤ $2e$

09

함수 $f(x)=x^2+x\ln x$에 대하여

$\lim\limits_{h\to 0}\dfrac{f(1+2h)-f(1-h)}{h}$의 값을 구하여라.

12

$\tan\theta+\cot\theta=\dfrac{3}{2}$일 때, $\csc^2\theta+\sec^2\theta$의 값은?

① $\dfrac{3}{2}$ ② $\dfrac{7}{4}$ ③ 2

④ $\dfrac{9}{4}$ ⑤ $\dfrac{5}{2}$

13

$\sin\alpha+\cos\beta=\dfrac{1}{2}$, $\cos\alpha+\sin\beta=\dfrac{\sqrt{2}}{2}$일 때, $\sin(\alpha+\beta)$의 값을 구하여라.

14

이차방정식 $2x^2+ax+1=0$의 두 근이 $\tan\alpha$, $\tan\beta$이고 $\tan(\alpha+\beta)=3$일 때, 상수 a의 값을 구하여라.

15

예각 θ에 대하여 $\tan\theta=\sqrt{2}$일 때, $\sin\theta\tan 2\theta$의 값을 구하여라.

16

두 직선 $y=-x+2$, $y=2x+1$이 이루는 예각의 크기를 θ라 할 때, $\tan\theta$의 값은?

① $\dfrac{1}{\sqrt{3}}$ ② 2 ③ $\sqrt{2}$

④ $\sqrt{3}$ ⑤ 3

17

함수 $y=a\sin x$의 그래프를 x축의 방향으로 b만큼 평행이동하였더니 함수 $y=\sqrt{3}\sin x+\cos x$의 그래프와 일치하였다. 두 상수 a, b에 대하여 ab의 값을 구하여라.

$$\left(\text{단, } a>0,\ -\frac{\pi}{2}<b<0\right)$$

18

함수 $f(x)=a\sin x+3\cos x$의 최댓값이 5일 때, 양수 a의 값은?

① 1 ② 2 ③ 3

④ 4 ⑤ 5

19

$\displaystyle\lim_{x \to 0} \frac{\tan x + \tan 2x + \tan 3x}{6x}$ 의 값은?

① $\dfrac{1}{6}$ ② $\dfrac{1}{3}$ ③ $\dfrac{1}{2}$

④ 1 ⑤ 2

20

$\displaystyle\lim_{x \to 0} \frac{\sin 2x}{\sqrt{ax+b}-2} = 4$를 만족시키는 두 상수 a, b에 대하여 $a+b$의 값을 구하여라.

21

다음 그림과 같이 $\angle ABC = \theta$, $\angle ACB = 3\theta$인 삼각형 ABC가 있다. 점 A에서 변 BC에 내린 수선의 발을 H라고 할 때, $\displaystyle\lim_{\theta \to 0} \frac{\overline{BH}}{\overline{CH}}$의 값은?

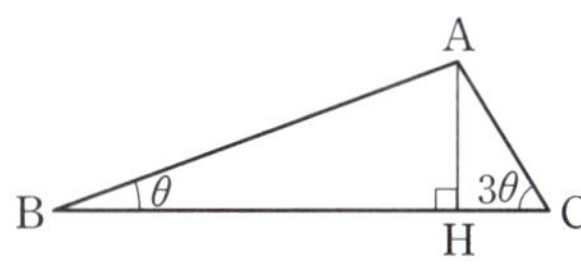

① 0 ② 1 ③ 2

④ 3 ⑤ 4

22

함수 $f(x) = \sin x - \sqrt{3}\cos x - x$에 대하여 $f'(a) = \sqrt{2} - 1$을 만족시키는 상수 a의 값을 구하여라. $\left(\text{단}, \ 0 \leq a \leq \dfrac{\pi}{2}\right)$

23

함수 $f(x) = \sin x - 4x$에 대하여 $\displaystyle\lim_{h \to 0} \frac{f(h)}{h}$의 값을 구하여라.

24

함수 $f(x) = \sin x + \cos x$에 대하여 닫힌구간 $[0, 2\pi]$에서 평균값 정리를 만족시키는 모든 실수 c의 값의 합을 구하여라.

 08 함수의 몫의 미분과 합성함수의 미분

1. 함수의 몫의 미분법

두 함수 $f(x)$, $g(x)$ $(g(x) \neq 0)$가 미분가능할 때

① $y = \dfrac{f(x)}{g(x)} \Rightarrow y' = \dfrac{f'(x)g(x) - f(x)g'(x)}{\{g(x)\}^2}$

② $y = \dfrac{1}{g(x)} \Rightarrow y' = -\dfrac{g'(x)}{\{g(x)\}^2}$

2. 삼각함수의 도함수

① $y = \sin x \Rightarrow y' = \cos x$　　② $y = \cos x \Rightarrow y' = -\sin x$

③ $y = \tan x \Rightarrow y' = \sec^2 x$　　④ $y = \csc x \Rightarrow y' = -\csc x \cot x$

⑤ $y = \sec x \Rightarrow y' = \sec x \tan x$　　⑥ $y = \cot x \Rightarrow y' = -\csc^2 x$

3. 합성함수의 미분법

두 함수 $y = f(u)$, $u = g(x)$가 미분가능할 때, 합성함수 $y = f(g(x))$의 도함수는

$\dfrac{dy}{dx} = \dfrac{dy}{du} \times \dfrac{du}{dx}$ 또는 $y' = f'(g(x))g'(x)$

4. 지수함수와 로그함수의 도함수

(1) 지수함수의 도함수

$a > 0$, $a \neq 1$이고 함수 $f(x)$가 미분가능할 때

① $y = e^x \Rightarrow y' = e^x$　　② $y = a^x \Rightarrow y' = a^x \ln x$

③ $y = e^{f(x)} \Rightarrow y' = e^{f(x)}f'(x)$　　④ $y = a^{f(x)} \Rightarrow y' = a^{f(x)}f'(x)\ln a$

(2) 로그함수의 도함수

$a > 0$, $a \neq 1$이고 함수 $f(x)$가 미분가능하며 $f(x) \neq 0$일 때

① $y = \ln|x| \Rightarrow y' = \dfrac{1}{x}$　　② $y = \log_a|x| \Rightarrow y' = \dfrac{1}{x \ln a}$

③ $y = \ln|f(x)| \Rightarrow y' = \dfrac{f'(x)}{f(x)}$　　④ $y = \log_a|f(x)| \Rightarrow y' = \dfrac{f'(x)}{f(x)\ln a}$

(3) $y = x^r$ (r는 실수)의 도함수

r가 실수일 때, $y = x^r \Rightarrow y' = rx^{r-1}$

▶ 합성함수의 미분법에 의하여 함수 $y = \{f(x)\}^n$의 도함수는
$$y' = n\{f(x)\}^{n-1}f'(x)$$

▶ **로그미분법**

함수 $y = f(x)$에서 $f(x)$가 밑과 지수에 모두 변수가 포함되거나 복잡한 분수의 꼴이면 $y = f(x)$의 도함수는 다음과 같은 순서로 구하는 것이 편리하다.

(i) $y = f(x)$의 양변에 절댓값을 취한다.
$$\Rightarrow |y| = |f(x)|$$

(ii) (i)의 양변에 자연로그를 취한다.
$$\Rightarrow \ln|y| = \ln|f(x)|$$

(iii) (ii)의 양변을 x에 대하여 미분한다.
$$\Rightarrow \dfrac{y'}{y} = \dfrac{f'(x)}{f(x)}$$

(iv) (iii)을 $y' = ☆$의 꼴로 정리하여 도함수를 구한다.

---

01 다음 함수를 미분하여라.

(1) $y = \dfrac{x}{x^2 + x + 1}$　　(2) $y = \dfrac{1}{x^2 + 1}$

(3) $y = \dfrac{x-3}{e^x}$　　(4) $y = \dfrac{\ln x}{x}$

01

(3), (4) 함수의 몫의 미분법과 $(e^x)' = e^x$, $(\ln x)' = \dfrac{1}{x}$임을 이용한다.

02 함수 $f(x)=\dfrac{1}{x^2+ax-2}$에 대하여 $f'(0)=-1$일 때, 상수 a의 값을 구하여라.

03 함수 $f(x)=\cos x+\tan x$에 대하여 $f'\left(\dfrac{\pi}{4}\right)$의 값을 구하여라.

03

삼각함수의 도함수도 미분법의 성질을 모두 만족시킨다.

04 함수 $y=(2x+1)^3$의 $x=1$에서의 미분계수를 구하여라.

04

함수 $y=(ax+b)^n$의 도함수는
$y'=n(ax+b)^{n-1}(ax+b)'$

05 다음 함수를 미분하여라.

(1) $y=e^{x^2-1}$ 　　　　　　　(2) $y=2^{3x+1}$

(3) $y=\ln|7x-3|$ 　　　　　(4) $y=\log_3|x^2-2x|$

05

함수 $y=e^{f(x)}$은 두 함수
$y=e^u$, $u=f(x)$의 합성함수이고,
함수 $y=a^{f(x)}$은 두 함수
$y=a^u$, $u=f(x)$의 합성함수이다.

06 다음은 함수 $y=x^x\,(x>0)$을 미분하는 과정이다. 빈칸에 알맞은 것을 써넣어라.

> $y=x^x$의 양변에 자연로그를 취하면 $\ln y=\ln x^x$
>
> $\therefore \ln y=\boxed{}\ln x$
>
> 양변을 x에 대하여 미분하면 $\dfrac{y'}{y}=\boxed{}$
>
> $\therefore y'=y\times\boxed{}=\boxed{}$

06

함수 $y=f(x)$에서 $f(x)$가 밑과 지수가 모두 변수가 포함되거나 복잡한 분수의 꼴이면 로그미분법을 이용한다.

07 함수 $y=\dfrac{1}{\sqrt[4]{x}}$의 $x=1$에서의 미분계수를 a, 함수 $y=\sqrt[3]{4x+1}$의 $x=0$에서의 미분계수를 b라고 할 때, $a+b$의 값을 구하여라.

07

함수 $y=\sqrt[m]{\{f(x)\}^n}$ (m, n은 자연수, $m>1$)은 $y=\{f(x)\}^{\frac{n}{m}}$의 꼴로 바꾸어 미분한다.

필수 개념 09 여러 가지 미분법

---

1. 매개변수로 나타낸 함수의 미분법

(1) **매개변수**

두 변수 x와 y 사이의 관계를 변수 t를 매개로 하여

$$x=f(t),\ y=g(t) \qquad\qquad \cdots\cdots \text{㉠}$$

의 꼴로 나타낼 때 변수 t를 매개변수라 하고, ㉠을 매개변수로 나타낸 함수라고 한다.

(2) **매개변수로 나타낸 함수의 미분법**

매개변수로 나타낸 함수 $x=f(t)$, $y=g(t)$가 t에 대하여 미분가능하고 $f'(t)\neq 0$이면

$$\frac{dy}{dx}=\frac{\dfrac{dy}{dt}}{\dfrac{dx}{dt}}=\frac{g'(t)}{f'(t)}$$

2. 음함수의 미분법

(1) **음함수**

x의 함수 y가 $y=f(x)$의 꼴로 주어졌을 때 y를 x의 양함수라 하고, $f(x,\ y)=0$의 꼴로 주어졌을 때 y를 x의 음함수라고 한다.

(2) **음함수의 미분법**

x의 함수 y가 음함수 $f(x,\ y)=0$의 꼴로 주어질 때에는 y를 x의 함수로 보고 각 항을 x에 대하여 미분하여 $\dfrac{dy}{dx}$를 구한다.

3. 역함수의 미분법

미분가능한 함수 $f(x)$의 역함수 $f^{-1}(x)$가 존재하고 미분가능할 때, $y=f^{-1}(x)$의 도함수는

$$\frac{dy}{dx}=\frac{1}{\dfrac{dx}{dy}}\ \text{또는}\ (f^{-1})'(x)=\frac{1}{f'(y)}\ \left(\text{단},\ \frac{dx}{dy}\neq 0,\ f'(y)\neq 0\right)$$

4. 이계도함수

함수 $f(x)$의 도함수 $f'(x)$가 미분가능할 때, $f'(x)$의 도함수

$$\lim_{\varDelta x \to 0}\frac{f'(x+\varDelta x)-f'(x)}{\varDelta x}$$

를 함수 $f(x)$의 이계도함수라 하고, $f''(x)$, y'', $\dfrac{d^2y}{dx^2}$, $\dfrac{d^2}{dx^2}f(x)$로 나타낸다.

▪ 음함수의 미분법은 y를 x에 대한 식으로 나타내기 어려울 때 이용하면 편리하다.

▪ 함수가 일대일대응일 때에만 역함수가 존재한다.

▪ 양의 정수 n에 대하여 함수 $y=f(x)$를 n번 미분하여 얻은 함수를 $y=f(x)$의 n계도함수라 하고, $f^{(n)}(x)$, $y^{(n)}$, $\dfrac{d^n y}{dx^n}$, $\dfrac{d^n}{dx^n}f(x)$로 나타낸다.

---

01 매개변수로 나타낸 함수 $x=t+1$, $y=-t^2+2t$에서 $\dfrac{dy}{dx}$를 구하여라.

01▶ x와 y 사이의 관계가 t로 나타내어진 식은 매개변수로 나타낸 함수의 미분법을 이용한다.

02 매개변수로 나타낸 함수 $x=\sin\theta$, $y=2\cos\theta$에 대하여 $\theta=\dfrac{\pi}{3}$일 때, $\dfrac{dy}{dx}$의 값을 구하여라.

02 매개변수로 나타낸 함수의 미분계수는 $\dfrac{dy}{dx}$를 구한 다음, $\theta=\dfrac{\pi}{3}$를 대입한다.

03 다음은 음함수 $x^2+y^2=16$에서 $\dfrac{dy}{dx}$를 구하는 과정이다. 빈칸에 알맞은 것을 써넣어라.

> $x^2+y^2=16$의 양변을 x에 대하여 미분하면
> $$\frac{d}{dx}(x^2)+\frac{d}{dx}(y^2)=\frac{d}{dx}(16)$$
> $$2x+\boxed{}=0$$
> $$\therefore \frac{dy}{dx}=\boxed{}\quad(\text{단, } y\neq 0)$$

03 음함수의 미분법에서 $\dfrac{d}{dx}y^n=ny^{n-1}\dfrac{dy}{dx}$

04 함수 $x=y^3$에 대하여 $y=\dfrac{1}{3}$일 때, $\dfrac{dy}{dx}$의 값을 구하여라.

04 역함수의 미분법을 이용하여 $\dfrac{dy}{dx}$를 y에 대한 식으로 나타낸다.

05 함수 $f(x)=2x^3-3$의 역함수를 $f^{-1}(x)$라고 할 때, $(f^{-1})'(-1)$의 값을 구하여라.

05 함수 $f(x)$의 역함수를 $f^{-1}(x)$라고 하면 $f^{-1}(a)=b \Longleftrightarrow f(b)=a$

06 다음 함수의 이계도함수를 구하여라.

(1) $y=x^4-x^3$ (2) $y=\sin x$

(3) $y=e^{-3x}$ (4) $y=\ln x$

07 함수 $f(x)=\dfrac{1}{x^2+ax+b}$에 대하여 $f'(0)=0$, $f''(0)=-2$일 때, 두 상수 a, b에 대하여 $a+b$의 값을 구하여라. (단, $b>0$)

07 함수 $f(x)$를 한 번 미분하여 $f'(x)$를 구하고 $f'(x)$를 미분하여 $f''(x)$를 구한 다음, 각각 $x=0$을 대입하여 $f'(0)$, $f''(0)$의 값을 구한다.

01

함수 $f(x)=\dfrac{2x+a}{x+1}$에 대하여 $f'(0)=3$일 때, 상수 a의 값을 구하여라.

02

함수 $f(x)=\dfrac{1}{x}+\dfrac{2}{x^2}+\dfrac{3}{x^3}+\cdots+\dfrac{9}{x^9}$에 대하여 $f'(1)$의 값을 구하여라.

03

함수 $f(x)=\tan x$에 대하여 $\displaystyle\lim_{h\to 0}\dfrac{f\left(\dfrac{\pi}{4}+h\right)-f\left(\dfrac{\pi}{4}-h\right)}{h}$의 값은?

① 1   ② 2   ③ 3
④ 4   ⑤ 5

04

함수 $f(x)=\dfrac{x\cos x}{e^x+1}$에 대하여 $f'(0)$의 값을 구하여라.

05

함수 $y=\dfrac{\tan x}{1+\sec x}$에 대하여 $x=\dfrac{\pi}{4}$에서의 미분계수를 구하여라.

06

실수 전체의 집합에서 미분가능한 함수 $f(x)$에 대하여 함수 $g(x)$를 $g(x)=\dfrac{f(x)}{e^{x-2}}$라고 하자. $\displaystyle\lim_{x\to 2}\dfrac{f(x)-3}{x-2}=5$일 때, $g'(2)$의 값은?

① 1   ② 2   ③ 3
④ 4   ⑤ 5

07

함수 $f(x)=\ln(x^2+3)$에 대하여 $f'(1)$의 값은?

① $\dfrac{1}{2}$ 　　② 1 　　③ $\dfrac{3}{2}$

④ 2 　　⑤ $\dfrac{5}{2}$

08

잘 틀리는 내신 유형

미분가능한 함수 $f(x)$가 모든 실수 x에 대하여
$f\left(\dfrac{1}{2}x+1\right)=x^2+4x+3$을 만족시킬 때, $f'(3)$의 값을 구하여라.

09

두 함수 $f(x)=\dfrac{x}{x^2+1}$, $g(x)=x^2+4x-2$의 합성함수 $h(x)=(f\circ g)(x)$에 대하여 $h'(-1)=-\dfrac{q}{p}$일 때, $p-q^2$의 값을 구하여라. (단, p, q는 서로소인 자연수이다.)

10

두 함수 $f(x)=\sin x$, $g(x)=e^x$에 대하여 $\lim\limits_{x\to\pi}\dfrac{g(f(x))-1}{x-\pi}$의 값을 구하여라.

11

다항식 $x^{10}+ax+b$가 $(x-1)^2$으로 나누어떨어질 때, 두 상수 a, b에 대하여 $a+2b$의 값은?

① 6 　　② 7 　　③ 8

④ 9 　　⑤ 10

12

함수 $f(x)=\ln|x^2+2x|$에 대하여 $\sum\limits_{n=1}^{\infty}\dfrac{f'(n)}{n+1}$의 값을 구하여라.

13

함수 $y=x^{e^x}$에 대하여 $x=1$에서의 미분계수를 구하여라.

14

$f(2)=9$를 만족시키는 미분가능한 함수 $f(x)$에 대하여 함수 $y=x\sqrt{f(x)}$의 $x=2$에서의 미분계수가 4일 때, $f'(2)$의 값을 구하여라.

15

매개변수로 나타낸 함수 $x=t^3-3t^2+3$, $y=t^3+4t^2-5$에 대하여 $\lim\limits_{t\to\infty}\dfrac{dy}{dx}$의 값을 구하여라.

16

곡선 $x=t^2+t-1$, $y=\dfrac{1}{2}t^2+at$에 대하여 $t=1$에 대응하는 점에서의 접선의 기울기가 2일 때, 상수 a의 값은?

① -3 ② -1 ③ 1

④ 3   ⑤ 5

17

음함수 $xy=10$에서 $x=2$, $y=5$일 때의 $\dfrac{dy}{dx}$의 값을 구하여라.

18

곡선 $\cos xy+\dfrac{\pi}{6}x-y=0$ 위의 점 $\left(3,\dfrac{\pi}{2}\right)$에서의 접선의 기울기는?

① $-\dfrac{4}{3}\pi$ ② $-\dfrac{\pi}{3}$ ③ $-\dfrac{\pi}{4}$

④ $\dfrac{\pi}{2}$ ⑤ $\dfrac{2}{3}\pi$

19

함수 $f(x)=x^3+5x+2$의 역함수를 $g(x)$라고 할 때, $g'(2)=\dfrac{1}{p}$이다. 이때 자연수 p의 값은?

① 1　　　② 3　　　③ 5

④ 7　　　⑤ 9

20

함수 $f(x)=x-\sin x$의 역함수를 $g(x)$라고 할 때, 곡선 $y=g(x)$ 위의 점 $(\pi,\ \pi)$에서의 접선의 기울기는?

① -1　　　② $-\dfrac{1}{2}$　　　③ 0

④ $\dfrac{1}{2}$　　　⑤ 1

21

실수 전체의 집합에서 미분가능한 두 함수 $f(x)$, $g(x)$에 대하여 $(f\circ g)(x)=x$이고 $f(1)=-2$, $f'(1)=5$이다. 함수 $h(x)=xg(x)$라고 할 때, $h'(-2)$의 값을 구하여라.

22

함수 $f(x)=\sqrt{3x+1}$에 대하여 $f''(1)$의 값은?

① $-\dfrac{5}{16}$　　　② $-\dfrac{9}{32}$　　　③ $-\dfrac{1}{4}$

④ $-\dfrac{7}{32}$　　　⑤ $-\dfrac{3}{16}$

23

함수 $f(x)=\ln|\sin x|$의 도함수를 $f'(x)$라고 할 때, $\displaystyle\lim_{h\to 0}\dfrac{f'\left(\dfrac{\pi}{3}+h\right)-f'\left(\dfrac{\pi}{3}\right)}{h}$의 값을 구하여라.

24

함수 $y=e^x\sin x$가 모든 실수 x에 대하여 등식 $y''+ay'+2y=0$을 만족시킬 때, 상수 a의 값을 구하여라.

필수 개념 10 접선의 방정식

1. 접선의 방정식

함수 $f(x)$가 $x=a$에서 미분가능할 때, 곡선 $y=f(x)$ 위의 점 $P(a, f(a))$에서의 접선의 기울기는 $f'(a)$이고, 접선의 방정식은 다음과 같다.

$$y-f(a)=f'(a)(x-a)$$

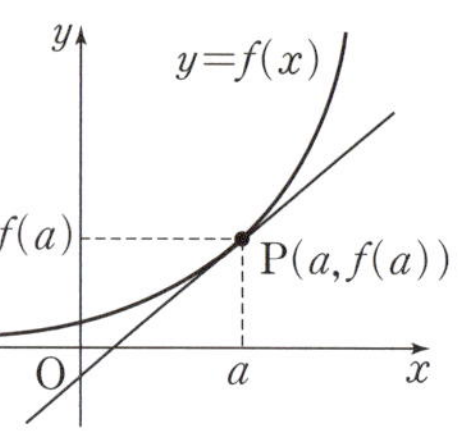

2. 접선의 방정식을 구하는 방법

(1) 접점이 주어질 때 접선의 방정식

곡선 $y=f(x)$ 위의 점 (x_1, y_1)에서의 접선의 방정식은 다음과 같이 구한다.

[1단계] 접선의 기울기 $m=f'(x_1)$을 구한다.

[2단계] $y-y_1=m(x-x_1)$에 대입한다.

(2) 기울기가 주어질 때 접선의 방정식

곡선 $y=f(x)$에 접하고 기울기가 m인 접선의 방정식은 다음과 같이 구한다.

[1단계] 접점의 좌표를 $(a, f(a))$로 놓고 접선의 기울기 $f'(a)=m$을 이용하여 접점의 좌표를 구한다.

[2단계] $y-f(a)=f'(a)(x-a)$에 대입한다.

(3) 곡선 밖의 점에서의 접선의 방정식

곡선 $y=f(x)$ 밖의 한 점 (m, n)에서 곡선 $y=f(x)$에 접선의 방정식은 다음과 같이 구한다.

[1단계] 접점의 좌표를 $(a, f(a))$로 놓는다.

⇨ 접선의 방정식은 $y-f(a)=f'(a)(x-a)$　　　…… ㉠

[2단계] ㉠에 $x=m$, $y=n$을 대입하여 a의 값을 구한 후 ㉠에 a의 값을 대입한다.

3. 공통인 접선

두 직선 $y=f(x)$, $y=g(x)$가 $x=t$인 점에서 공통인 접선을 가지면

① 두 직선은 $x=t$에서 만난다. 즉, $x=t$에서의 함숫값이 같다. ⇨ $f(t)=g(t)$

② 두 직선은 $x=t$에서 접한다. 즉, $x=t$에서의 접선의 기울기가 같다.

　　⇨ $f'(t)=g'(t)$

곁단 (우측)

■ 점 (a, b)를 지나고 기울기가 m인 직선의 방정식은
$$y-b=m(x-a)$$

■ 곡선 $y=f(x)$ 위의 점 $(a, f(a))$를 지나고, 이 점에서의 접선에 수직인 직선의 방정식은
$$y-f(a)=-\frac{1}{f'(a)}(x-a)$$
$$(\text{단}, f'(a)\neq 0)$$

■ 공통인 접선

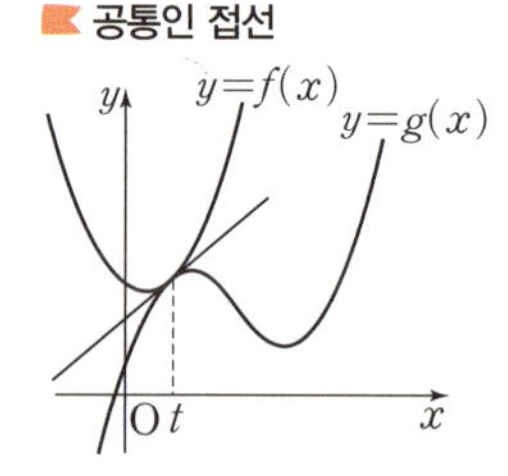

---

01 다음 곡선 위의 주어진 점에서의 접선의 방정식을 구하여라.

(1) $y=\dfrac{1}{x+1}$ 　$(0, 1)$

(2) $y=e^x$ 　$(1, e)$

(3) $y=\ln(x^2+2)$ 　$(-1, \ln 3)$

(4) $y=\sin x$ 　$(\pi, 0)$

01

점 (a, b)를 지나고 기울기가 m인 직선의 방정식은
$$y-b=m(x-a)$$

---

02 곡선 $y=xe^x$ 위의 점 $(0,\,0)$에서의 접선의 기울기를 구하여라.

03 곡선 $y=\ln x+1$ 위의 점 $(1,\,1)$을 지나고, 이 점에서의 접선에 수직인 직선의 방정식이 $y=ax+b$일 때, 두 상수 a, b에 대하여 ab의 값을 구하여라.

04 곡선 $y=\sqrt{2x^2-1}$ 위의 점 $(-1,\,1)$에서의 접선과 x축 및 y축으로 둘러싸인 부분의 넓이를 구하여라.

05 곡선 $y=\sqrt{x}$에 접하고 기울기가 $\dfrac{1}{4}$인 접선의 방정식을 구하여라.

06 곡선 $y=\sin 2x$에 접하고 직선 $y=-2x+1$에 평행한 직선의 y절편을 구하여라.

$$(단,\ 0\le x\le\pi\,)$$

07 점 $(0,\,-1)$에서 곡선 $y=x\ln x$에 그은 접선이 점 $(2,\,a)$를 지날 때, a의 값을 구하여라.

08 두 곡선 $y=ax^2$, $y=\ln x$이 접할 때, 상수 a의 값을 구하여라.

함수의 극대와 극소

1. 함수의 증가와 감소

함수 $f(x)$가 어떤 열린구간에서 미분가능하고, 이 구간의 모든 x에 대하여

(1) $f'(x)>0$이면 $f(x)$는 그 구간에서 증가한다.

(2) $f'(x)<0$이면 $f(x)$는 그 구간에서 감소한다.

2. 함수의 극대와 극소

함수 $f(x)$에서 $x=a$, $x=b$를 포함하는 어떤 열린구간에 속하는 모든 x에 대하여

(1) $f(a)\geq f(x)$이면 함수 $f(x)$는 $x=a$에서 극대라고 하며, 이때의 함숫값 $f(a)$를 극댓값이라고 한다.

(2) $f(b)\leq f(x)$이면 함수 $f(x)$는 $x=b$에서 극소라고 하며, 이때의 함숫값 $f(b)$를 극솟값이라고 한다.

3. 함수의 극대와 극소의 판정

미분가능한 함수 $f(x)$에 대하여 $f'(a)=0$이고 $x=a$의 좌우에서

(1) $f'(x)$의 부호가 양$(+)$에서 음$(-)$으로 바뀌면 $f(x)$는 $x=a$에서 극대이다.

(2) $f'(x)$의 부호가 음$(-)$에서 양$(+)$으로 바뀌면 $f(x)$는 $x=a$에서 극소이다.

4. 이계도함수를 이용한 함수의 극대와 극소

이계도함수를 갖는 함수 $f(x)$에 대하여 $f'(a)=0$일 때

(1) $f''(a)<0$이면 $f(x)$는 $x=a$에서 극대이다.

(2) $f''(a)>0$이면 $f(x)$는 $x=a$에서 극소이다.

■ 함수 $f(x)$가 어떤 열린구간에서 미분가능하고, 이 구간에서
① $f(x)$가 증가 ⇨ $f'(x)\geq 0$
② $f(x)$가 감소 ⇨ $f'(x)\leq 0$

■ 극댓값과 극솟값을 통틀어 극값이라 한다.

■ $f(x)$가 $x=a$에서 극값을 가져도 $f'(a)$가 존재하지 않을 수 있다.

⟐ $f(x)=|x|$는 $x=0$에서 극소이지만 $f'(0)$은 존재하지 않는다.

■ 이계도함수를 이용한 함수의 극대와 극소의 역은 성립하지 않는다.

---

01 다음 함수의 증가와 감소를 조사하여라.

(1) $f(x)=x+\dfrac{4}{x}$

(2) $f(x)=\sqrt[3]{x^2}$

(3) $f(x)=x^2 e^x$

(4) $f(x)=x-\ln x$

01
닫힌구간 $[a, b]$에서 연속인 함수 $f(x)$가 열린구간 (a, b)에서 증가하면 최대·최소 정리에 의하여 $f(a)$가 최솟값, $f(b)$가 최댓값이므로 함수 $f(x)$는 닫힌구간 $[a, b]$에서도 증가한다.

02 함수 $f(x)=e^{x^2-x-2}$이 증가하는 구간을 구하여라.

02
함수 $f(x)$의 증가와 감소는 $f'(x)$의 부호를 조사하여 알 수 있다.

03 함수 $f(x)=(ax^2-1)e^{-x}$이 모든 실수 x에서 증가하도록 하는 실수 a의 값의 범위를 구하여라.

04 함수 $f(x)=\dfrac{x}{x^2+4}$의 극값을 구하여라.

05 함수 $f(x)=x\ln\dfrac{1}{x}$은 $x=a$에서 극댓값 b를 갖는다. 이때 $a-b$의 값을 구하여라.

06 함수 $f(x)=a\sin x+b\cos 2x$가 $x=\dfrac{\pi}{6}$에서 극댓값 $\dfrac{3}{2}$을 가질 때, 두 상수 a, b에 대하여 ab의 값을 구하여라.

07 함수 $f(x)=ax+\sin x$가 극값이 갖지 않도록 하는 실수 a의 값의 범위를 구하여라.

08 이계도함수를 이용하여 함수 $f(x)=x^3+3x^2-5$의 극값을 구했더니 $x=a$에서 극댓값이 b, $x=c$에서 극솟값이 d일 때, $a+b+c+d$의 값을 구하여라.

함수의 그래프

1. 곡선의 오목과 볼록

함수 $f(x)$가 어떤 구간에서

(1) $f''(x)>0$이면 곡선 $y=f(x)$는 이 구간에서 아래로 볼록하다.

(2) $f''(x)<0$이면 곡선 $y=f(x)$는 이 구간에서 위로 볼록하다.

2. 변곡점

(1) **변곡점**: 곡선 $y=f(x)$ 위의 점 $(a, f(a))$에 대하여 $x=a$의 좌우에서 곡선의 모양이 아래로 볼록에서 위로 볼록으로 바뀌거나 위로 볼록에서 아래로 볼록으로 바뀔 때, 이 점을 곡선 $y=f(x)$의 변곡점이라 한다.

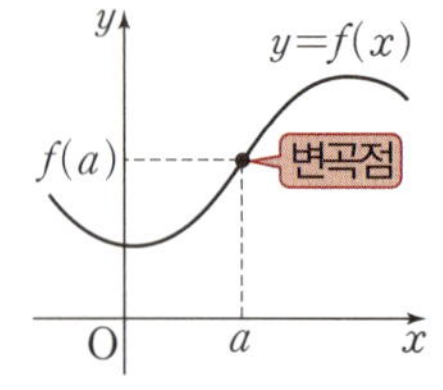

(2) **변곡점의 판정**: 함수 $f(x)$에서 $f''(a)=0$이고 $x=a$의 좌우에서 $f''(a)$의 부호가 바뀌면 점 $(a, f(a))$는 곡선 $y=f(x)$의 변곡점이다. ⇨ 곡선 $y=f(x)$에서 $(a, f(a))$가 변곡점일 때, $f''(a)=0$이다.

3. 함수의 그래프

함수 $y=f(x)$의 그래프는 다음을 조사하고 종합하여 그린다.

① 함수의 정의역과 치역
② 그래프의 대칭성과 주기
③ 좌표축과 교점
④ 함수의 증가와 감소, 극대와 극소
⑤ 곡선의 오목과 볼록, 변곡점
⑥ $\lim\limits_{x\to\infty} f(x),\ \lim\limits_{x\to-\infty} f(x)$, 점근선

4. 함수의 최대와 최소

닫힌구간 $[a, b]$에서 연속함수 $f(x)$의 최댓값과 최솟값을 구하려면

(ⅰ) 주어진 구간에서 $f(x)$의 극댓값과 극솟값을 모두 구한다.

(ⅱ) 주어진 구간의 양 끝에서의 함숫값 $f(a)$, $f(b)$를 구한다.

(ⅲ) (ⅰ), (ⅱ)에서 구한 값들의 크기를 비교한다.

- 최댓값 ⇨ 극댓값, $f(a)$, $f(b)$ 중 가장 큰 값
- 최솟값 ⇨ 극솟값, $f(a)$, $f(b)$ 중 가장 작은 값

◤ 위로 볼록이란 위에서 볼 때 볼록한 ∩자 모양을 의미한다.

◤ $f''(a)=0$이어도 $x=a$의 좌우에서 $f''(x)$의 부호가 바뀌지 않으면 그 점은 변곡점이 아니다.

◤ $f(-x)=f(x)$이면 $y=f(x)$의 그래프는 y축에 대하여 대칭이고, $f(-x)=-f(x)$이면 $y=f(x)$의 그래프는 원점에 대하여 대칭이다.

◤ 닫힌구간 $[a, b]$에서 연속이고, 그 구간에서 극값이 오직 하나 존재할 때

① 극값이 극댓값이면 (극댓값)=(최댓값)
② 극값이 극솟값이면 (극솟값)=(최솟값)

---

01 다음 곡선의 오목, 볼록을 조사하여 변곡점의 좌표를 구하여라.

(1) $y=x^3+3x^2-9x+1$
(2) $y=xe^{2x}$
(3) $y=\ln(x^2+2)$
(4) $y=x+2\sin x\ (0<x<2\pi)$

01 $f''(x)=0$으로 하는 $x=a$의 좌우에서 $f''(x)$의 부호를 조사한다.

02 곡선 $y=x^2\ln x-2x^2$에서 위로 볼록한 부분의 x의 값의 범위가 $\alpha<x<\beta$일 때, $\beta-\alpha$의 값을 구하여라.

02 $f''(x)<0$인 구간을 찾는다.

03 곡선 $y=2\ln(x^2+1)$의 두 변곡점 사이의 거리를 구하여라.

03

두 점 $(x_1,\ y_1)$, $(x_2,\ y_2)$ 사이의 거리는
$$\sqrt{(x_2-x_1)^2+(y_2-y_1)^2}$$

04 미분가능한 함수 $y=f(x)$의 도함수 $y=f'(x)$의 그래프가 오른쪽 그림과 같을 때, 다음 중 함수 $y=f(x)$의 그래프의 모양이 아래로 볼록한 구간은?

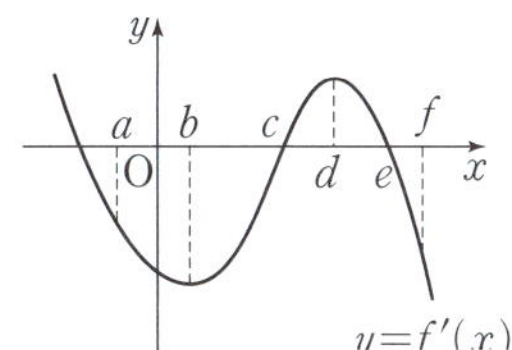

① $(a,\ b)$ 　　② $(0,\ c)$

③ $(b,\ d)$ 　　④ $(c,\ e)$

⑤ $(e,\ f)$

04

$f''(x)>0$인 구간을 찾는다.

05 함수 $f(x)=\dfrac{2}{x^2+3}$에 대한 설명으로 옳은 것만을 |보기|에서 있는 대로 골라라.

> |보기|
>
> ㄱ. 정의역은 실수 전체의 집합이다.
> ㄴ. 곡선 $y=f(x)$는 원점에 대하여 대칭이다.
> ㄷ. 곡선 $y=f(x)$는 x축과 만나지 않는다.
> ㄹ. 변곡점은 1개이다.

05

함수 $f(x)=\dfrac{2}{x^2+3}$의 그래프를 그려 참, 거짓을 판별한다.

06 닫힌구간 $[0,\ 2\pi]$에서 함수 $f(x)=2\sin x-x$의 최댓값과 최솟값의 합을 구하여라.

06

주어진 구간의 양 끝 점에서의 함숫값과 극값을 비교하여 가장 큰 값과 가장 작은 값을 찾는다.

07 함수 $f(x)=x^2e^{-x}\,(x>0)$이 $x=\alpha$에서 최댓값을 가질 때, α의 값을 구하여라.

01

곡선 $y = x \ln x$ 위의 점 (a, a)에서의 접선의 방정식을 구하여라.

02

곡선 $y = \sin x$ 위의 점 $(t, \sin t)$에서의 접선의 x절편을 $f(t)$라고 할 때, $\displaystyle\lim_{t \to 0} \dfrac{f(t)}{t}$의 값은?

① -2 ② -1 ③ 0
④ 1 ⑤ 2

03

곡선 $y = x\sqrt{x}$ 위의 점 $(1, 1)$에서의 접선과 직선 $y = -2x + 10$의 교점의 좌표가 (a, b)일 때, $a + b$의 값을 구하여라.

04

곡선 $y = \ln(x-1)$에 접하고 x축의 양의 방향과 이루는 각의 크기가 $45°$인 직선의 방정식을 구하여라.

05

곡선 $y = 3e^{x-1}$ 위의 점 A에서의 접선이 원점 O를 지날 때, 선분 OA의 길이는?

① $\sqrt{6}$ ② $\sqrt{7}$ ③ $2\sqrt{2}$
④ 3 ⑤ $\sqrt{10}$

06

원점을 지나고 곡선 $y = e^x$에 접하는 직선과 곡선 $y = e^x$의 접점의 좌표를 구하여라.

07

점 $(a, 0)$에서 곡선 $y = xe^{x-1}$에 서로 다른 두 개의 접선을 그을 수 있을 때, 자연수 a의 최솟값은?

① 1   ② 3   ③ 5
④ 7   ⑤ 9

08

함수 $f(x) = e^{ax}$의 그래프와 그 역함수의 그래프가 서로 접할 때, 양수 a의 값을 구하여라.

09

$0 < x < \dfrac{\pi}{2}$일 때, 함수 $f(x) = ax + \cos x$가 증가하도록 하는 실수 a의 최솟값을 구하여라.

10

함수 $f(x) = 2x - \ln x$가 감소하는 x의 값의 범위가 $\alpha < x \leq \beta$일 때, $\alpha + \beta$의 값을 구하여라.

11

함수 $f(x) = \dfrac{1}{2}x^2 - a \ln x$의 극솟값이 0일 때, 양수 a의 값은?

① $\dfrac{e}{2}$ ② $\sqrt{e}$ ③ e
④ $e+1$ ⑤ $2e$

12

함수 $f(x) = \dfrac{ax^2 - 7x + b}{x - 1}$가 $x = 2$에서 극솟값 -1을 가질 때, 두 상수 a, b에 대하여 $b - a$의 값을 구하여라.

13

$0<x<2\pi$에서 함수 $f(x)=x+a\sin x$의 극솟값이 0일 때, $f(x)$의 극댓값을 구하여라. (단, $a>1$)

14

함수 $f(x)=3\ln x-x+\dfrac{a}{x}$가 극댓값과 극솟값을 모두 가질 때, 정수 a의 개수를 구하여라.

15

곡선 $y=(2x-7)e^x$이 $x<a$에서 위로 볼록할 때, 실수 a의 최댓값은?

① 0 ② $\dfrac{1}{2}$ ③ 1

④ $\dfrac{3}{2}$ ⑤ 2

16

곡선 $y=\dfrac{x^2}{e^x}-1$의 변곡점의 개수를 구하여라.

17

곡선 $y=(\ln ax)^2$의 변곡점이 직선 $y=2x$ 위에 있을 때, 양수 a의 값을 구하여라.

18

함수 $f(x)=x^4+4x^3-2$의 그래프에서 두 변곡점 사이의 거리를 구하여라.

19

곡선 $y=\dfrac{x}{\ln x}$ 의 변곡점에서의 접선의 방정식이 $y=ax+b$ 일 때, 두 상수 a, b에 대하여 $\dfrac{b}{a}$의 값은?

① $\dfrac{1}{e^2}$ ② $\dfrac{1}{e}$ ③ e

④ e^2 ⑤ e^3

20

미분가능한 함수 $y=f(x)$의 도함수 $y=f'(x)$의 그래프가 다음 그림과 같다. 함수 $y=f(x)$에서 극값을 갖는 점의 개수를 a, 변곡점의 개수를 b라고 할 때, $a+b$의 값을 구하여라.

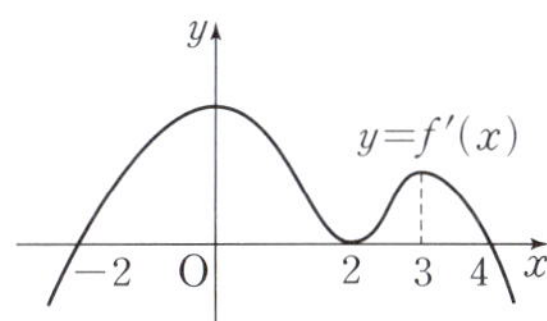

21

닫힌구간 $[-1, 1]$에서 함수 $f(x)=x\sqrt{1-x^2}$의 최댓값과 최솟값의 합을 구하여라.

22

함수 $f(x)=x\ln x+x+a$의 최솟값이 $1-\dfrac{1}{e^2}$일 때, 상수 a의 값은?

① 1   ② 2   ③ 3

④ 4   ⑤ 5

23

$-2\le x\le2$에서 함수 $f(x)=\dfrac{x}{x^2-x+1}$의 최댓값을 M, 최솟값을 m이라고 할 때, $M+m$의 값을 구하여라.

24

오른쪽 그림과 같이 반지름의 길이가 1인 반원에 내접하고 한 변이 반원의 지름 위에 있는 직사각형 ABCD의 넓이의 최댓값을 구하여라.

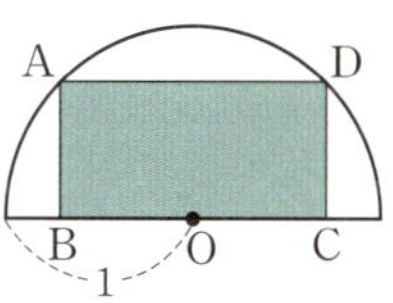

13 방정식과 부등식에의 활용

1. 방정식의 실근의 개수

(1) 방정식 $f(x)=0$의 실근의 개수는 함수 $y=f(x)$의 그래프와 x축의 교점의 개수와 같다.

(2) 방정식 $f(x)=g(x)$의 실근의 개수는 두 함수 $y=f(x)$, $y=g(x)$의 그래프의 교점의 개수와 같다.

2. 부등식에의 활용

(1) 모든 실수에 대하여 성립하는 부등식의 증명

① 모든 실수 x에 대하여 부등식 $f(x)>0$이 성립한다.

⇨ ($f(x)$의 최솟값)>0임을 보인다.

② 모든 실수 x에 대하여 부등식 $f(x)<0$이 성립한다.

⇨ ($f(x)$의 최댓값)<0임을 보인다.

(2) $x>a$에서 성립하는 부등식 $f(x)>0$의 증명

① 함수 $f(x)$의 극값이 존재한다.

⇨ $x>a$에서 ($f(x)$의 최솟값)>0임을 보인다.

② 함수 $f(x)$의 극값이 존재하지 않는다.

⇨ $x>a$에서 함수 $f(x)$가 증가하고 $f(a)\geq 0$임을 보인다.

즉, $f'(x)\geq 0$, $f(a)\geq 0$임을 보인다.

■ 방정식 $f(x)=0$의 실근은 함수 $y=f(x)$의 그래프와 x축의 교점의 x좌표이다.

■ 방정식 $f(x)=g(x)$의 실근은 두 함수 $y=f(x)$와 $y=g(x)$의 그래프의 교점의 x좌표이다.

■ 어떤 구간에서 $f(x)$의 최솟값이 a이면 그 구간에서 $f(x)\geq a$

---

01 다음 방정식의 서로 다른 실근의 개수를 구하여라.

(1) $x-3\sqrt{x}+2=0$

(2) $e^x-x+1=0$

(3) $\ln x-\dfrac{x}{e}=0$

(4) $x-\cos x=0$

01 방정식 $f(x)=0$에서 함수 $f(x)$의 그래프와 x축의 교점의 개수를 구한다.

02 방정식 $2\sqrt{x+1}-x=a$가 서로 다른 두 실근을 갖도록 하는 실수 a의 값의 범위가 $\alpha\leq a<\beta$일 때, $\beta-\alpha$의 값을 구하여라.

02 곡선 $y=2\sqrt{x+1}-x$와 직선 $y=a$의 교점의 개수를 구한다.

03 $0\leq x\leq 2\pi$에서 방정식 $x+2\sin x=a$가 서로 다른 세 실근을 갖도록 하는 실수 a의 값의 범위가 $\alpha<a<\beta$일 때, $\alpha+\beta$의 값을 구하여라.

04 x에 대한 방정식 $\ln x = x + a$가 오직 한 개의 실근을 가질 때, 실수 a의 값을 구하여라.

04
주어진 방정식이 오직 한 개의 실근을 가지면 두 함수 $f(x) = \ln x$와 $g(x) = x + a$의 그래프는 서로 접한다.

05 다음은 모든 실수 x에 대하여 부등식 $e^x \geq x + 1$이 성립함을 보이는 과정이다. (가), (나), (다)에 알맞은 것을 써넣어라.

> $e^x \geq x + 1$에서 $e^x - x - 1 \geq 0$
>
> $f(x) = e^x - x - 1$로 놓으면 $f'(x) = \boxed{\text{(가)}}$
>
> $f'(x) = 0$에서 $x = \boxed{\text{(나)}}$
>
> 함수 $f(x)$의 증가와 감소를 표로 나타내면 다음과 같다.
>
> | x | $\cdots$ | (나) | $\cdots$ |
> |---|---|---|---|
> | $f'(x)$ | $-$ | 0 | $+$ |
> | $f(x)$ | $\searrow$ | (다) | $\nearrow$ |
>
> 따라서 함수 $f(x)$의 최솟값은 $\boxed{\text{(다)}}$이므로
>
> $f(x) \geq 0$ $\qquad \therefore e^x \geq x + 1$

05
연속함수의 극값이 오직 하나 존재할 때
① 극값이 극댓값이면
　⇨ (극댓값) = (최댓값)
② 극값이 극솟값이면
　⇨ (극솟값) = (최솟값)

06 $x > 0$일 때, 부등식 $x \ln x - x + 1 \geq 0$이 항상 성립함을 보여라.

06
$f(x) = x \ln x - x + 1$로 놓고 ($f(x)$의 최솟값) ≥ 0임을 보인다.

07 $x > 0$일 때, 부등식 $\cos x + \dfrac{1}{2}x^2 - a > 0$이 항상 성립하도록 하는 실수 a의 값의 범위를 구하여라.

07
부등식 $f(x) > 0$이 항상 성립한다.
$\Longleftrightarrow$ ($f(x)$의 최솟값) > 0

08 $x > 0$일 때, 부등식 $\ln x \leq 2ax^2$이 항상 성립하도록 하는 실수 a의 최솟값을 구하여라.

필수 개념 14 속도와 가속도

---

1. 직선 위를 움직이는 점의 속도와 가속도

수직선 위를 움직이는 점 P의 위치 x가 시각 t의 함수 $x = f(t)$로 나타내어질 때, 시각 t에서의 점 P의 속도 v와 가속도 a는

(1) $v = \dfrac{dx}{dt} = f'(t)$ ── 시각 t에서 위치 x의 순간변화율

(2) $a = \dfrac{dv}{dt} = v'(t)$ ── 시각 t에서 속도 v의 순간변화율

2. 평면 위를 움직이는 점의 속도와 가속도

좌표평면 위를 움직이는 점 P의 시각 t에서 위치 (x, y)가 $x = f(t)$, $y = g(t)$일 때, 점 P의 시각 t에서 속도, 속력, 가속도, 가속도의 크기는 다음과 같다.

(1) 속도 $\vec{v} = \left(\dfrac{dx}{dt}, \dfrac{dy}{dt} \right) = (f'(t), g'(t))$

(2) 속력 $|\vec{v}| = \sqrt{\left(\dfrac{dx}{dt} \right)^2 + \left(\dfrac{dy}{dt} \right)^2} = \sqrt{\{(f'(t)\}^2 + \{g'(t)\}^2}$

(3) 가속도 $\vec{a} = \left(\dfrac{d^2x}{dt^2}, \dfrac{d^2y}{dt^2} \right) = (f''(t), g''(t))$

(4) 가속도의 크기 $|\vec{a}| = \sqrt{\left(\dfrac{d^2x}{dt^2} \right)^2 + \left(\dfrac{d^2y}{dt^2} \right)^2} = \sqrt{\{(f''(t)\}^2 + \{g''(t)\}^2}$

> ◼ 위치
> ⬇ 미분
> 속도
> ⬇ 미분
> 가속도
>
> ◼ 속도가 0이면 운동 방향이 바뀌거나 정지하는 것을 의미한다.

---

01 원점을 출발하여 수직선 위를 움직이는 점 P의 시각 t에서의 위치가

$x = 2 \sin t - \sin 2t - t$일 때, 다음을 구하여라. (단, $0 \le t \le 2\pi$)

(1) 시각 $t = 0$에서 $t = \pi$까지의 점 P의 평균속도

(2) 시각 $t = \dfrac{\pi}{2}$에서의 점 P의 속도와 가속도

> **01**
> 평균속도는 위치의 평균변화율과 같다.

02 원점을 출발하여 수직선 위를 움직이는 점 P의 시각 t에서의 위치가 $x = 2 \ln (t+1) + t$

일 때, 속도가 2인 순간의 점 P의 가속도를 구하여라.

> **02**
> 주어진 속도를 이용하여 시각을 구한 후, 시각 t에서의 가속도의 식에 대입한다.

03 수직선 위를 움직이는 점 P의 시각 t에서의 위치가 $x=t+\cos t$일 때, 점 P가 처음으로 운동 방향을 바꾸는 시각을 구하여라.

03
운동 방향을 바꿀 때의 속도는 0이다.

04 수직선 위를 움직이는 점 P의 시각 t에서의 위치가 $x=\sin 2t+\sqrt{3}\cos 2t$일 때, 점 P의 속력의 최댓값을 구하여라.

04
삼각함수의 합성을 이용한다.

05 좌표평면 위를 움직이는 점 P의 시각 t에서의 위치 (x, y)가 $x=\cos t$, $y=\sin t$일 때, 다음을 구하여라.

(1) 점 P의 시각 t에서의 속도 $\vec{v}$와 속력 $|\vec{v}|$
(2) 점 P의 시각 t에서의 가속도 $\vec{a}$와 가속도의 크기 $|\vec{a}|$

06 좌표평면 위를 움직이는 점 P의 시각 t에서의 위치 (x, y)가 $x=t+2$, $y=2\sqrt{t}$일 때, $t=1$에서의 점 P의 속력을 구하여라.

07 좌표평면 위를 움직이는 점 P의 시각 t에서의 위치 (x, y)가 $x=\dfrac{1}{2}t^2-\ln t$, $y=2t$일 때, 점 P의 속력이 최소가 되는 순간의 속도를 구하여라. (단, $t>0$)

07
$a>0$, $b>0$일 때,
$a+b\geq 2\sqrt{ab}$
(단, 등호는 $a=b$일 때 성립한다.)

08 좌표평면 위를 움직이는 점 P의 시각 t에서의 위치 (x, y)가 $x=e^t\sin t$, $y=\cos t$일 때, 가속도의 크기의 최솟값을 구하여라.

01

방정식 $4 \ln x + \ln(10-x) = 0$의 서로 다른 실근의 개수를 구하여라.

02

x에 대한 방정식 $a^x + a^{-x} = k$가 오직 한 개의 실근을 갖도록 하는 실수 k의 값을 구하여라. (단, $a>1$)

03

$-\dfrac{\pi}{2} \le x \le \dfrac{\pi}{2}$에서 방정식 $\sin 2x = ax$가 서로 다른 세 실근을 갖도록 하는 정수 a의 개수를 구하여라.

04

함수 $f(x) = \dfrac{1}{2}ax^2 + 3\sin x + x$의 그래프가 변곡점을 갖도록 하는 모든 정수 a의 값의 합을 구하여라.

05

$e \le x \le e^3$인 실수 x에 대하여 부등식

$x \ln x - 3x + 2 + a \le 0$이 성립할 때, 실수 a의 최댓값은?

① -2 ② -1 ③ 0
④ 1 ⑤ 2

06

$0 < x < \dfrac{\pi}{4}$일 때, 부등식 $\tan 2x > ax$를 만족시키는 실수 a의 값의 범위를 구하여라.

정답과 풀이 p.35

07

두 함수 $f(x)=\dfrac{\ln x^2}{x}$, $g(x)=ax$에 대하여 $x>0$일 때, $f(x)\leq g(x)$이기 위한 실수 a의 최솟값을 구하여라.

08

$0\leq x\leq 1$인 모든 실수 x에 대하여 부등식
$$ax+1\leq e^x\leq bx+1$$
을 만족시키는 상수 a의 최댓값을 M, 상수 b의 최솟값을 m이라고 하자. 이때 $M+m$의 값을 구하여라.

09

원점을 출발하여 수직선 위를 움직이는 점 P의 시각 t에서의 위치가
$$x=p\sin \pi t+q\cos \pi t$$
이다. $t=3$에서의 속도가 -2π, 가속도가 π^2일 때, 두 상수 p, q에 대하여 $p-q$의 값을 구하여라.

10

좌표평면 위를 움직이는 점 P의 시각 $t\,(t>0)$에서의 위치 (x, y)가 $x=t-\dfrac{2}{t}$, $y=2t+\dfrac{1}{t}$이다. 시각 $t=1$에서 점 P의 속력은?

① $2\sqrt{2}$ ② 3 ③ $\sqrt{10}$
④ $\sqrt{11}$ ⑤ $2\sqrt{3}$

11

좌표평면 위를 움직이는 점 P의 시각 t에서의 위치 (x, y)가 $x=ae^t$, $y=te^t$이다. $t=1$에서의 점 P의 속력이 $2\sqrt{2}\,e$일 때, 양수 a의 값은?

① $\sqrt{3}$ ② 2 ③ $\sqrt{5}$
④ $2\sqrt{2}$ ⑤ 3

12

좌표평면 위를 움직이는 점 P(x, y)의 시각 t에서의 위치가
$$x=at^2-a\sin t, \quad y=t-a\cos t$$
로 나타내어진다. 점 P의 시각 $t=\pi$에서의 가속도의 크기가 5일 때, 양수 a의 값을 구하여라.

여러 가지 함수의 부정적분

---

1. 함수 $y=x^n$ (n은 실수)의 부정적분

n이 실수일 때, 함수 $y=x^n$의 부정적분은 다음과 같다. (단, C는 적분상수이다.)

(1) $n \neq -1$일 때, $\displaystyle\int x^n \, dx = \frac{1}{n+1}x^{n+1} + C$

(2) $n = -1$일 때, $\displaystyle\int x^{-1} \, dx = \int \frac{1}{x} \, dx = \ln|x| + C$

2. 지수함수의 부정적분

지수함수의 부정적분은 다음과 같다. (단, C는 적분상수이다.)

(1) $\displaystyle\int e^x \, dx = e^x + C$

(2) $\displaystyle\int a^x \, dx = \frac{a^x}{\ln a} + C$ (단, $a>0$, $a \neq 1$)

3. 삼각함수의 부정적분

삼각함수의 부정적분은 다음과 같다. (단, C는 적분상수이다.)

(1) $\displaystyle\int \sin x \, dx = -\cos x + C$

(2) $\displaystyle\int \cos x \, dx = \sin x + C$

(3) $\displaystyle\int \sec^2 x \, dx = \tan x + C$

(4) $\displaystyle\int \csc^2 x \, dx = -\cot x + C$

(5) $\displaystyle\int \sec x \tan x \, dx = \sec x + C$

(6) $\displaystyle\int \csc x \cot x \, dx = -\csc x + C$

> ◼ $\left(\dfrac{1}{n+1}x^{n+1}+C\right)' = x^n$
>
> $(\ln|x|+C)' = \dfrac{1}{x}$
>
> ◼ 피적분함수가 간단히 적분되지 않는 경우에는 삼각함수 사이의 관계, 삼각함수의 덧셈정리, 배각의 공식 등을 이용하여 피적분함수를 변형한 후 부정적분을 구할 수 있다.

---

01 다음 부정적분을 구하여라.

(1) $\displaystyle\int \sqrt[4]{x^3} \, dx$

(2) $\displaystyle\int \frac{1}{x\sqrt{x}} \, dx$

(3) $\displaystyle\int e^{x+1} \, dx$

(4) $\displaystyle\int 3^{1-x} \, dx$

(5) $\displaystyle\int (2\sin x - \cos x) \, dx$

(6) $\displaystyle\int \frac{\sin^2 x}{1-\cos x} \, dx$

> **01**
> $\dfrac{1}{x^n} = x^{-n}$, $\sqrt[n]{x^m} = x^{\frac{m}{n}}$임을 이용한다.
> (단, m은 정수, n은 양의 정수)

02 함수 $f(x) = x - \sqrt{x}$의 부정적분 $F(x)$에 대하여 $F(1)=0$일 때, 함수 $F(x)$를 구하여라.

> **02**
> 함수 $f(x)$의 한 부정적분을 $F(x)$라고 하면
> $\displaystyle\int f(x)\,dx = F(x) + C$
> (단, C는 적분상수)

03 미분가능한 함수 $f(x)$에 대하여 $f'(x)=x+\dfrac{1}{x}$, $f(1)=\dfrac{1}{2}$일 때, $f(e)$의 값을 구하여라.

03
두 연속함수 $f(x), g(x)$에 대하여
$$\int \{f(x)\pm g(x)\}dx$$
$$=\int f(x)dx\pm\int g(x)dx$$
(복호동순)

04 곡선 $y=f(x)$ 위의 점 $(x,\ y)$에서의 접선의 기울기가 $2e^x$이고 이 곡선이 원점을 지날 때, $f(\ln 3)$의 값을 구하여라.

04
곡선 $y=f(x)$ 위의 점 $(a, f(a))$ 에서의 접선의 기울기는 $f'(a)$이다.

05 등식 $\displaystyle\int \dfrac{e^{2x}-1}{e^x-1}dx=ae^x+bx+C$가 성립할 때, 두 상수 a, b에 대하여 $a+b$의 값을 구하여라. (단, C는 적분상수이다.)

05
$a^2-b^2=(a-b)(a+b)$ 임을 이용한다.

06 등식 $\displaystyle\int 2^{3x+1}dx=\dfrac{2^{3x+1}}{a}+C$가 성립할 때, 상수 a의 값을 구하여라.

(단, C는 적분상수이다.)

06
$a^{mx+n}=a^{mx}\times a^n=(a^m)^x\times a^n$

07 함수 $f(x)$의 도함수가 $f'(x)=\cos x$일 때, $f\left(\dfrac{\pi}{2}\right)-f(0)$의 값을 구하여라.

07
$$\int f'(x)dx=f(x)+C$$
(단, C는 적분상수)

08 함수 $f(x)=\displaystyle\int \dfrac{\cos^2 x}{1-\sin x}dx$에 대하여 $f(0)=0$일 때, $f(\pi)$의 값을 구하여라.

08
$\sin^2 x+\cos^2 x=1$이므로
$\cos^2 x=1-\sin^2 x$

치환적분법과 부분적분법

1. 치환적분법

(1) 한 변수를 다른 변수로 치환하여 적분하는 방법을 치환적분법이라고 한다.

(2) 미분가능한 함수 $g(t)$에 대하여 $x=g(t)$로 놓으면

$$\int f(x)dx=\int f(g(t))g'(t)dt$$

(3) 치환적분법의 적용

함수 $f(x)$의 한 부정적분을 $F(x)$라고 하면

① $\int f(x)dx=F(x)+C$이면

$$\int f(ax+b)dx=\frac{1}{a}F(ax+b)+C \text{ (단, } a, b\text{는 상수)}$$

② $g(x)=t$로 놓으면 $\int f(g(x))g'(x)dx=\int f(t)dt$

③ $\int \frac{f'(x)}{f(x)}dx=\ln|f(x)|+C$

> **참고** $\dfrac{f'(x)}{f(x)}$의 꼴이 아닌 유리함수의 부정적분
>
> ① (분자의 차수)≥(분모의 차수): 인수분해가 되면 인수분해하여 약분한다.
> 인수분해가 되지 않으면 분자를 분모로 나누어 몫과 나머지의 꼴로 나타낸다.
>
> ② (분자의 차수)<(분모의 차수): 부분분수로 변형한다.

2. 부분적분법

두 함수 $f(x)$와 $g(x)$가 미분가능할 때,

$$\int f(x)g'(x)dx=f(x)g(x)-\int f'(x)g(x)dx$$

▶ 치환적분법으로 구한 부정적분은 그 결과를 처음의 변수로 바꾸어 나타낸다.

▶ 부분적분법에서 $f(x)$는 미분하면 간단해지는 것으로, $g'(x)$는 적분하기 쉬운 것으로 택한다.

---

01 다음 부정적분을 구하여라.

(1) $\int (3x+1)^5 dx$

(2) $\int \sqrt{2x-1}\,dx$

(3) $\int \dfrac{\ln x}{x}dx$

(4) $\int \sin^2 x \cos x\,dx$

(5) $\int \dfrac{x}{x^2+3}dx$

(6) $\int \tan x\,dx$

> **01** 식이 간단해질 수 있도록 치환하여 적분한다.

02 등식 $\int \dfrac{2x}{\sqrt{x^2+1}}dx=a\sqrt{x^2+1}+C$가 성립할 때, 상수 a의 값을 구하여라.

(단, C는 적분상수이다.)

> **02** 피적분함수가 $\sqrt{f(x)}$의 꼴을 포함한 경우에는 $f(x)=t$ 또는 $\sqrt{f(x)}=t$로 치환한다.

03 함수 $f(x)$에 대하여 $\dfrac{f'(x)}{f(x)}=2$, $f'(0)=2$일 때, $f(1)$의 값을 구하여라.

(단, $f(x)$의 치역은 양의 실수 전체의 집합이다.)

04 다음은 부분적분법을 이용하여 $\displaystyle\int \ln x\, dx$를 구하는 과정이다. 빈칸에 알맞은 것을 써넣어라.

$$f(x)=\ln x,\ g'(x)=\boxed{}\text{로 놓으면}$$
$$f'(x)=\frac{1}{x},\ g(x)=\boxed{}$$
$$\therefore \int \ln x\, dx=\ln x\times\boxed{}-\int \frac{1}{x}\times\boxed{}dx$$
$$=\boxed{}$$

05 함수 $f(x)=\displaystyle\int xe^{-x}dx$에 대하여 $f(-1)=e$일 때, $f(1)$의 값을 구하여라.

06 등식 $\displaystyle\int x\cos x\, dx=ax\sin x+b\cos x+C$가 성립할 때, 두 상수 a, b에 대하여 $a+b$의 값을 구하여라. (단, C는 적분상수이다.)

07 부정적분 $\displaystyle\int (\ln x)^2 dx$를 구하여라.

01

$\displaystyle\int \frac{x-1}{\sqrt{x}-1}dx=ax\sqrt{x}+bx+C$일 때, 두 상수 a, b에 대하여 $b-a$의 값을 구하여라. (단, C는 적분상수이다.)

02

미분가능한 함수 $f(x)$의 부정적분을 구해야 할 것을 잘못하여 미분하였더니 $x\sqrt{x}$가 되었다.

$f(1)=1$일 때, 함수 $f(x)$의 부정적분을 구하여라.

03

모든 실수 x에서 연속인 함수 $f(x)$에 대하여

$$f'(x)=\begin{cases} 3\sqrt{x} & (x>1) \\ 2x & (x<1) \end{cases}$$

이다. $f(4)=13$일 때, $f(-5)$의 값을 구하여라.

04

함수 $f(x)=\ln x+2$의 역함수를 $g(x)$라고 할 때, 부정적분 $\displaystyle\int g(x)dx$를 구하여라.

05

부정적분 $\displaystyle\int (2^x-1)(4^x+2^x+1)dx$를 구하여라.

06

함수 $f(x)=\displaystyle\int (2x-1)(x^2-x+1)^4\,dx$에 대하여

$f(0)=1$일 때, 함수 $f(x)$를 $x-1$로 나누었을 때의 나머지는?

① -2 ② -1 ③ 0

④ 1 ⑤ 2

07

다음 중 부정적분 $\displaystyle\int \frac{\cos(\ln x)}{x}\,dx$ 를 바르게 구한 것은?

(단, C는 적분상수이다.)

① $\sin(\ln x)+C$ ② $\cos(\ln x)+C$

③ $\tan(\ln x)+C$ ④ $\sec(\ln x)+C$

⑤ $\csc(\ln x)+C$

08

미분가능한 함수 $f(x)$에 대하여

$$\lim_{h \to 0}\frac{f(x+h)-f(x)}{h}=2xe^{x^2-1}$$

이고 $f(1)=3$일 때, $f(2)$의 값을 구하여라.

09

함수 $f(x)=\displaystyle\int xe^x\,dx$에 대하여 $f(0)=0$일 때, $f(1)$의 값은?

① -2 ② -1 ③ 0

④ 1 ⑤ 2

10

미분가능한 함수 $f(x)$에 대하여

$$\{e^{f(x)}\}'=2x \ln x \times e^{f(x)}$$

이 성립하고 $f(1)=-\dfrac{1}{2}$일 때, $f(e)$의 값을 구하여라.

11

곡선 $y=f(x)$ 위의 점 $(x,\ y)$에서의 접선의 기울기가 $x\cos 2x$이고, 이 곡선이 $\left(0,\ \dfrac{1}{4}\right)$을 지날 때, $f\left(\dfrac{\pi}{4}\right)$의 값을 구하여라.

12

함수 $f(x)=\displaystyle\int x^2\sin x\,dx$에 대하여 $f\left(\dfrac{\pi}{2}\right)=\pi$일 때, $f(\pi)=a\pi^2+b$이다. 두 상수 $a,\ b$에 대하여 $a+b$의 값을 구하여라.

17 여러 가지 함수의 정적분

1. 치환적분법을 이용한 정적분

(1) **치환적분법을 이용한 정적분**

닫힌구간 $[a, b]$에서 연속인 함수 $f(x)$에 대하여 미분가능한 함수 $x=g(t)$의 도함수 $g'(t)$가 닫힌구간 $[\alpha, \beta]$에서 연속이고 $a=g(\alpha)$, $b=g(\beta)$이면

$$\int_a^b f(x)dx = \int_\alpha^\beta f(g(t))g'(t)dt$$

(2) **삼각치환법을 이용한 정적분**

① 피적분함수가 $\sqrt{a^2-x^2}$, $\dfrac{1}{\sqrt{a^2-x^2}}$ $(a>0)$의 꼴인 경우

$x=a\sin\theta\left(-\dfrac{\pi}{2}\leq\theta\leq\dfrac{\pi}{2}\right)$로 치환한 후 삼각함수 사이의 관계를 이용한다.

② 피적분함수가 $\dfrac{1}{a^2+x^2}$ $(a>0)$의 꼴인 경우

$x=a\tan\theta\left(-\dfrac{\pi}{2}<\theta<\dfrac{\pi}{2}\right)$로 치환한 후 삼각함수 사이의 관계를 이용한다.

2. 부분적분법을 이용한 정적분

두 함수 $f(x)$, $g(x)$가 미분가능하고 $f'(x)$, $g'(x)$가 닫힌구간 $[a, b]$에서 연속일 때,

$$\int_a^b f(x)g'(x)dx = \Big[f(x)g(x)\Big]_a^b - \int_a^b f'(x)g(x)dx$$

■ 우함수와 기함수의 정적분

함수 $f(x)$가

① 우함수이면

$$\int_{-a}^a f(x)dx = 2\int_0^a f(x)dx$$

② 기함수이면

$$\int_{-a}^a f(x)dx = 0$$

■ 주기함수의 정적분

주기가 p인 함수 $f(x)$에 대하여

① $\displaystyle\int_a^b f(x)dx = \int_{a+p}^{b+p} f(x)dx$

② $\displaystyle\int_a^{a+p} f(x)dx = \int_b^{b+p} f(x)dx$

---

01 다음 정적분의 값을 구하여라.

(1) $\displaystyle\int_{-1}^2 x(x^2-1)^2\, dx$

(2) $\displaystyle\int_e^{e^3} \frac{\ln x}{x}\, dx$

(3) $\displaystyle\int_0^1 \sqrt{1-x^2}\, dx$

(4) $\displaystyle\int_0^1 \frac{1}{\sqrt{1-x^2}}\, dx$

(5) $\displaystyle\int_0^2 (x+2)e^x\, dx$

(6) $\displaystyle\int_0^{2\pi} x\sin x\, dx$

01 치환적분법, 삼각치환법, 부분적분법을 이용한다.

02 $\displaystyle\int_1^6\left(\frac{1}{x+1}+\frac{1}{x}\right)dx = \ln a$가 성립할 때, 상수 a의 값을 구하여라.

02
$$\int_a^b \{f(x)\pm g(x)\}dx$$
$$= \int_a^b f(x)dx \pm \int_a^b g(x)dx$$
(복호동순)

03 정적분 $\displaystyle\int_{-1}^{2}|e^{x}-1|\,dx$의 값을 구하여라.

03

절댓값 기호가 있을 때에는 절댓값 기호 안의 식의 값을 0으로 하는 x의 값을 기준으로 구간을 나누어 적분한다.

04 $\displaystyle\int_{0}^{2}\frac{4x+2}{x^{2}+x+1}\,dx=a\ln b$일 때, 두 자연수 a, b에 대하여 $b-a$의 값을 구하여라.

(단, b는 소수이다.)

04

치환적분법을 이용한 정적분에서는 적분구간이 바뀌는 것에 유의한다.

05 정적분 $\displaystyle\int_{1}^{e}\frac{3(\ln x)^{2}}{x}\,dx$의 값을 구하여라.

06 $\displaystyle\int_{0}^{3}\sqrt{9-x^{2}}\,dx=a$, $\displaystyle\int_{0}^{2}\frac{1}{x^{2}+4}\,dx=b$일 때, 상수 a, b에 대하여 $a-b$의 값을 구하여라.

06

$\sqrt{a^{2}-x^{2}}$의 꼴은 $x=a\sin\theta$로, $\dfrac{1}{a^{2}+x^{2}}$의 꼴은 $x=a\tan\theta$로 치환한다.

07 $\displaystyle\int_{0}^{1}(2-x)e^{x}\,dx=ae+b$일 때, 두 정수 a, b에 대하여 $a+b$의 값을 구하여라.

07

피적분함수가 두 함수의 곱의 꼴이고 치환이 어려우면 부분적분법을 이용한다.

08 다음 정적분의 값을 구하여라.

$$\int_{1}^{e}\frac{\ln x}{x^{2}}\,dx+\int_{e}^{e^{2}}\frac{\ln x}{x^{2}}\,dx$$

08

$\displaystyle\int_{a}^{c}f(x)\,dx+\int_{c}^{b}f(x)\,dx=\int_{a}^{b}f(x)\,dx$

 18 정적분으로 정의된 함수

1. 정적분으로 정의된 함수의 미분

(1) $\dfrac{d}{dx}\displaystyle\int_a^x f(t)dt=f(x)$ (단, a는 상수이다.)

(2) $\dfrac{d}{dx}\displaystyle\int_x^{x+a} f(t)dt=f(x+a)-f(x)$ (단, a는 상수이다.)

2. 정적분을 포함한 등식

(1) $A=B+\displaystyle\int_a^b f(t)dt$의 꼴: $\displaystyle\int_a^b f(t)dt=k(k$는 상수)로 놓는다.

(2) $A=B+\displaystyle\int_a^x f(t)dt$의 꼴: 양변을 x에 대하여 미분한 다음, $x=a$를 대입하여

$\displaystyle\int_a^a f(t)dt=0$임을 이용한다.

3. 정적분으로 정의된 함수의 극한

(1) $\displaystyle\lim_{x\to 0}\dfrac{1}{x}\int_x^{x+a} f(t)dt=f(a)$ (단, a는 상수이다.)

(2) $\displaystyle\lim_{x\to a}\dfrac{1}{x-a}\int_a^x f(t)dt=f(a)$

> ■ t는 적분변수이므로 $\displaystyle\int_a^x f(t)dt$는 t에 대한 함수가 아니라 x에 대한 함수이다.
>
> ■ $\displaystyle\int_a^b f(t)dt$는 상수이다.
>
> ■ $f'(a)$
> $=\displaystyle\lim_{h\to 0}\dfrac{f(a+h)-f(a)}{h}$
> $=\displaystyle\lim_{x\to a}\dfrac{f(x)-f(a)}{x-a}$

---

01 임의의 실수 x에 대하여 다음 등식이 성립할 때, 함수 $f(x)$를 구하여라.

(1) $\displaystyle\int_0^x f(t)dt=e^{2x}-e^x+1$

(2) $\displaystyle\int_1^x f(t)dt=x\ln x-3x+5$

(3) $\displaystyle\int_5^x f(t)dt=\sin 2x+\cos 3x-7$

> **01**
> $\dfrac{d}{dx}\displaystyle\int_a^x f(t)dt=f(x)$
>
> ⇨ 적분하고 미분하면 원래의 상태로 돌아온다.

02 다음 등식을 만족시키는 함수 $f(x)$를 구하여라.

(1) $f(x)=e^x+\displaystyle\int_0^2 f(t)dt$

(2) $f(x)=\ln x+\displaystyle\int_1^e f(t)dt$

> **02**
> 정적분의 값은 상수이다.

03 함수 $f(x)=e^x+\int_0^1 xf(t)dt$에 대하여 $f(1)$의 값을 구하여라.

04 함수 $f(x)$가 임의의 실수 x에 대하여 $\int_0^x f(t)dt=e^{3x}+ae^x$을 만족시킬 때, 상수 a의 값을 구하여라.

05 함수 $f(x)$에 대하여

$$\int_0^x f(t)dt=a\sin x-\cos 2x+b,\ f(\pi)=-1$$

일 때, 두 실수 a, b에 대하여 $a+b$의 값을 구하여라.

06 임의의 실수 x에 대하여 함수 $f(x)$가 $\int_0^x (x-t)f(t)dt=e^x+2\sin x$를 만족시킬 때, 함수 $f(x)$를 구하여라.

07 함수 $f(x)=e^x+\cos \pi x$에 대하여 $\lim_{h\to 0}\dfrac{1}{h}\int_1^{1+h} f(t)dt$의 값을 구하여라.

08 $\lim_{x\to 1}\dfrac{1}{x-1}\int_1^x \sqrt{2^t+1}\,dt$의 값을 구하여라.

19 정적분과 급수

1. 구분구적법

다음과 같은 방법으로 도형의 넓이 또는 부피를 구하는 것을 구분구적법이라고 한다.

(ⅰ) 주어진 도형을 n개의 기본 도형으로 나눈다.

(ⅱ) n개의 기본 도형의 넓이의 합 S_n 또는 부피의 합 V_n을 구한다.

(ⅲ) $\lim\limits_{n \to \infty} S_n$ 또는 $\lim\limits_{n \to \infty} V_n$을 구한다.

2. 정적분과 급수의 합

(1) 급수의 합을 이용한 정적분의 정의

함수 $f(x)$가 닫힌구간 $[a, b]$에서 연속일 때,

$$\int_a^b f(x)dx = \lim_{n \to \infty} \sum_{k=1}^n f(x_k)\Delta x \left(\text{단, } \Delta x = \frac{b-a}{n},\ x_k = a + k\Delta x\right)$$

를 함수 $f(x)$의 a에서 b까지의 정적분이라고 한다.

(2) 정적분과 급수의 합의 관계

① $\lim\limits_{n \to \infty} \sum\limits_{k=1}^n f\left(a + \dfrac{(b-a)k}{n}\right) \times \dfrac{b-a}{n} = \int_a^b f(x)dx$

② $\lim\limits_{n \to \infty} \sum\limits_{k=1}^n f\left(a + \dfrac{pk}{n}\right) \times \dfrac{p}{n} = \int_a^{a+p} f(x)dx$

③ $\lim\limits_{n \to \infty} \sum\limits_{k=1}^n f\left(\dfrac{pk}{n}\right) \times \dfrac{p}{n} = \int_0^p f(x)dx$

④ $\lim\limits_{n \to \infty} \sum\limits_{k=1}^n f\left(\dfrac{k}{n}\right) \times \dfrac{1}{n} = \int_0^1 f(x)dx$

구분구적법을 이용하여 도형의 넓이 또는 부피를 구할 때는 주어진 도형을 직사각형이나 원기둥과 같이 그 넓이 또는 부피를 쉽게 구할 수 있는 기본 도형으로 설정한다.

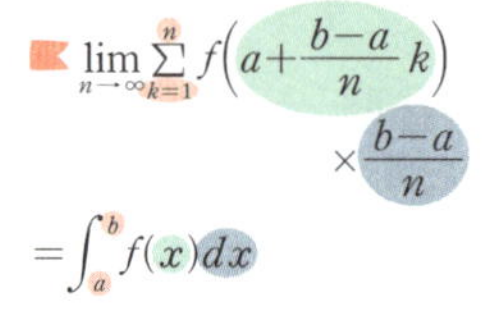

---

01 다음은 곡선 $y = x^2$ 과 직선 $x = 1$ 및 x축으로 둘러싸인 부분의 넓이 S를 구분구적법을 이용하여 구하는 과정이다. 빈칸에 알맞은 것을 써넣어라.

> 오른쪽 그림과 같이 닫힌구간 $[0, 1]$을 n 등분하면 양 끝 점을 포함한 각 분점의 x좌표는
>
> $$0 = \frac{0}{n},\ \frac{1}{n},\ \frac{2}{n},\ \frac{3}{n},\ \cdots,\ \frac{n}{n} = 1$$
>
> 또, n 등분한 각 구간의 오른쪽 끝 점을 기준으로 직사각형을 세우면 각 직사각형의 높이는
>
> $$\left(\frac{1}{n}\right)^2,\ \left(\frac{2}{n}\right)^2,\ \left(\frac{3}{n}\right)^2,\ \cdots,\ \left(\frac{n}{n}\right)^2$$
>
> 이들 직사각형의 넓이의 합을 S_n이라고 하면
>
> $$S_n = \frac{1}{n} \times \left(\frac{1}{n}\right)^2 + \frac{1}{n} \times \left(\frac{2}{n}\right)^2 + \frac{1}{n} \times \left(\frac{3}{n}\right)^2 + \cdots + \frac{1}{n} \times \left(\frac{n}{n}\right)^2$$
>
> $$= \frac{1}{n^3}(1^2 + 2^2 + 3^2 + \cdots + n^2) = \frac{1}{n^3} \times \boxed{} = \boxed{}$$
>
> $$\therefore S = \lim_{n \to \infty} S_n = \boxed{}$$

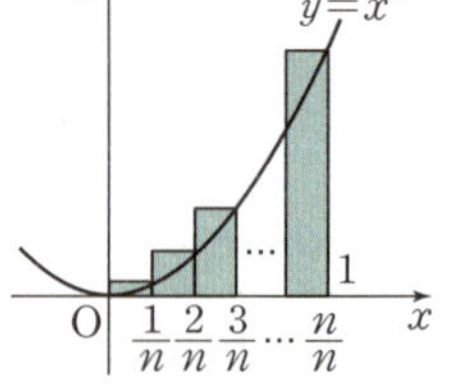

01

$$\sum_{k=1}^n k^2 = 1^2 + 2^2 + 3^2 + \cdots + n^2$$

$$= \frac{n(n+1)(2n+1)}{6}$$

02 다음은 밑면의 반지름의 길이가 r이고 높이가 h인 원뿔의 부피 V를 구분구적법을 이용하여 구하는 과정이다. (개), (나), (대)에 알맞은 것을 써넣어라.

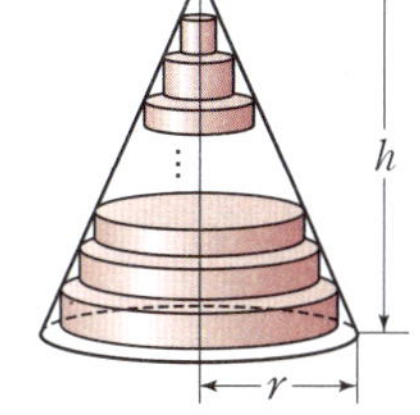

오른쪽 그림과 같이 원뿔의 높이를 n 등분하여 각 분점으로 지나면서 밑면에 평행한 평면으로 원뿔을 자른 단면의 반지름의 길이는 위에서부터 차례대로

$$\frac{r}{n},\ \frac{2r}{n},\ \frac{3r}{n},\ \cdots,\ \frac{(n-1)r}{n}$$

각 단면을 밑면으로 하고 높이가 $\boxed{\text{(개)}}$ 인 $(n-1)$개의 원기둥의 부피의 합을 V_n이라고 하면

$$V_n=\frac{\pi r^2 h}{n^3}\times\sum_{k=1}^{n-1}k^2=\frac{\pi r^2 h(n-1)(2n-1)}{\boxed{\text{(나)}}}$$

$$\therefore V=\lim_{n\to\infty}V_n=\boxed{\text{(대)}}$$

02
밑면의 반지름의 길이가 r이고 높이가 h인 원기둥의 부피 V는
$V=(\text{밑넓이})\times(\text{높이})=\pi r^2 h$

03 정적분의 정의에 의하여 $\displaystyle\int_1^5 x^4 dx=\lim_{n\to\infty}\sum_{k=1}^n\left(1+\frac{ak}{n}\right)^4\times\frac{b}{n}$일 때, 두 상수 a, b의 값을 각각 구하여라.

03
급수의 합을 이용한 정적분의 정의를 이용한다.

04 정적분을 이용하여 다음 극한값을 구하여라.

(1) $\displaystyle\lim_{n\to\infty}\sum_{k=1}^n\left(\frac{2k}{n}\right)^3\times\frac{1}{n}$

(2) $\displaystyle\lim_{n\to\infty}\sum_{k=1}^n\left(2+\frac{3k}{n}\right)^2\times\frac{3}{n}$

(3) $\displaystyle\lim_{n\to\infty}\sum_{k=1}^n\frac{e^{\frac{k}{n}}}{n}$

(4) $\displaystyle\lim_{n\to\infty}\sum_{k=1}^n\frac{\pi}{n}\cos\frac{k\pi}{n}$

04
무엇을 x로 놓느냐에 따라 dx, 아래끝, 위끝이 다음과 같이 자동으로 결정된다.
① $dx \Rightarrow k$의 계수
② 아래끝 $\Rightarrow k=0$일 때의 값
③ 위끝 $\Rightarrow k=n$일 때의 값

05 정적분을 이용하여 다음 극한값을 구하여라.

$$\lim_{n\to\infty}\frac{4}{n}\left\{\left(1+\frac{1}{n}\right)^3+\left(1+\frac{2}{n}\right)^3+\left(1+\frac{3}{n}\right)^3+\cdots+\left(1+\frac{n}{n}\right)^3\right\}$$

05
먼저 수열의 합을 $\sum$를 이용하여 나타낸다.

01

정적분 $\displaystyle\int_1^4 \frac{(1-\sqrt{x}\,)^2}{\sqrt{x}}dx$의 값을 구하여라.

02

등식

$$\int_0^a (\sin x+\cos x)^2 dx - \int_0^a (\sin x-\cos x)^2 dx = \frac{1}{2}$$

이 성립하도록 하는 상수 a의 값을 구하여라.

$$\left(\text{단, } 0<a<\frac{\pi}{2}\right)$$

03

잘 나오는 내신 유형

함수 $f(x)=\begin{cases} \cos x+1 & (x\geq\pi) \\ \sin x & (x<\pi) \end{cases}$ 에 대하여 정적분

$\displaystyle\int_0^{2\pi} f(x)dx$의 값을 구하여라.

04

$\displaystyle\int_0^1 \frac{1}{x^2+3x+2}dx=\ln k$일 때, 상수 k의 값을 구하여라.

05

정적분 $\displaystyle\int_{-\pi}^{\pi} (x^2\sin x+\cos 2x)dx$의 값은?

① $-\pi$ ② $-\dfrac{\pi}{2}$ ③ 0

④ $\dfrac{\pi}{2}$ ⑤ π

06

정적분 $\displaystyle\int_0^{2\pi} |\sin x|\,dx$의 값을 구하여라.

정답과 풀이 p.46

07

정적분 $\displaystyle\int_{-1}^{1}\dfrac{1}{e^x+1}dx$의 값은?

① 1   ② 2   ③ 3

④ 4   ⑤ 5

08

$\displaystyle\int_{1}^{a}\sqrt{2x-1}\,dx=114$일 때, 실수 a의 값을 구하여라.

09

$\displaystyle\int_{0}^{a}\dfrac{1}{a^2+x^2}dx=\pi$일 때, 양수 a의 값을 구하여라.

10

넓이가 $\displaystyle\int_{0}^{2}\sqrt{4-x^2}\,dx$인 원의 반지름의 길이는?

① $\dfrac{1}{2}$ ② 1   ③ $\sqrt{2}$

④ $\sqrt{3}$ ⑤ 2

11

잘 틀리는 수능 유형

함수 $f(x)$가

$$f(x)=\int_{0}^{x}\dfrac{1}{1+e^{-t}}dt$$

일 때, $(f\circ f)(a)=\ln 5$를 만족시키는 실수 a의 값은?

① $\ln 11$ ② $\ln 13$ ③ $\ln 15$

④ $\ln 17$ ⑤ $\ln 19$

12

열린구간 $\left(0,\ \dfrac{\pi}{2}\right)$에서 함수

$$f(x)=\int_{0}^{x}(1-2\sin t)\cos t\,dt$$

의 극댓값은?

① $\dfrac{1}{4}$ ② $-\dfrac{1}{2}$ ③ 1

④ 2   ⑤ 4

13

함수 $f(x)=\displaystyle\int_x^{x+1}\left(t+\dfrac{2}{t}\right)dt$의 **최솟값**이 $a+b\ln 2$일 때,
두 상수 a, b에 대하여 ab의 **값을 구하여라.** (단, $x>0$)

14

미분가능한 함수 $f(x)$가 임의의 실수 x에 대하여

$$xf(x)=x^2e^x+\int_1^x f(t)dt$$

를 만족시킬 때, $f(0)$의 값을 구하여라.

15

함수 $f(x)=e^{x^2}+\displaystyle\int_0^1 tf(t)dt$에 대하여 $\displaystyle\int_0^1 xf(x)dx$의 값
을 구하여라.

16

$\displaystyle\lim_{x\to 1}\dfrac{1}{x-1}\int_1^{x^2}\{e^{2(t-1)}-\sin \pi t\}dt$의 값을 구하여라.

17

곡선 $y=\dfrac{1}{2}x^2$과 x축 및 직선 $x=2$로 둘러싸인 부분의 넓
이를 구분구적법을 이용하여 구하여라.

18

다음 중 곡선 $y=x^3$과 직선 $x=1$ 및 x축으로 둘러싸인 도
형의 넓이를 나타내는 식은?

① $\displaystyle\lim_{n\to\infty}\sum_{k=1}^{n}\left(\dfrac{k}{n}\right)^3\times\dfrac{1}{n}$ ② $\displaystyle\lim_{n\to\infty}\sum_{k=1}^{n}\left(\dfrac{k}{n}\right)^3\times\dfrac{2}{n}$

③ $\displaystyle\lim_{n\to\infty}\sum_{k=1}^{n}\left(\dfrac{2k}{n}\right)^3\times\dfrac{1}{n}$ ④ $\displaystyle\lim_{n\to\infty}\sum_{k=1}^{n}\left(\dfrac{2k}{n}\right)^3\times\dfrac{2}{n}$

⑤ $\displaystyle\lim_{n\to\infty}\sum_{k=1}^{n}\left(1+\dfrac{k}{n}\right)^3\times\dfrac{1}{n}$

19

함수 $f(x)=\dfrac{1}{x}$에 대하여 $\displaystyle\lim_{n\to\infty}\sum_{k=1}^{n}f\left(1+\dfrac{k}{n}\right)\times\dfrac{1}{n}$의 값을 구하여라.

20

정적분을 이용하여 $\displaystyle\lim_{n\to\infty}\dfrac{1}{n}\sum_{k=1}^{n}\sin^3\dfrac{k\pi}{n}$의 값을 구하여라.

21

함수 $f(x)=(x+2)^2$에 대하여
$$\lim_{n\to\infty}\dfrac{1}{n}\left\{f\left(\dfrac{1}{n}\right)+f\left(\dfrac{2}{n}\right)+f\left(\dfrac{3}{n}\right)+\cdots+f\left(\dfrac{n}{n}\right)\right\}$$
의 값을 구하여라.

22

다음 등식을 만족시키는 정수 a의 값을 구하여라.

$$\lim_{n\to\infty}\dfrac{\pi}{n^2}\left(\cos\dfrac{\pi}{n}+2\cos\dfrac{2\pi}{n}+3\cos\dfrac{3\pi}{n}+\cdots\right.$$
$$\left.+n\cos\dfrac{n\pi}{n}\right)$$
$$=\dfrac{a}{\pi}$$

23

$\displaystyle\lim_{n\to\infty}\sum_{k=1}^{n}\dfrac{1}{\sqrt{4n^2-(n+k)^2}}=\dfrac{\pi}{a}$일 때, 상수 a의 값을 구하여라.

24

$\displaystyle\lim_{n\to\infty}\dfrac{1^5+2^5+3^5+\cdots+n^5}{n^3(1^2+2^2+3^2+\cdots+n^2)}=\dfrac{q}{p}$일 때, 서로소인 두 자연수 p, q에 대하여 $p+q$의 값을 구하여라.

20 넓이

1. 곡선과 x축 사이의 넓이

함수 $y=f(x)$가 닫힌구간 $[a, b]$에서 연속일 때, 곡선 $y=f(x)$와 두 직선 $x=a$, $x=b$ 및 x축으로 둘러싸인 부분의 넓이 S는

$$S=\int_a^b |f(x)|\,dx$$

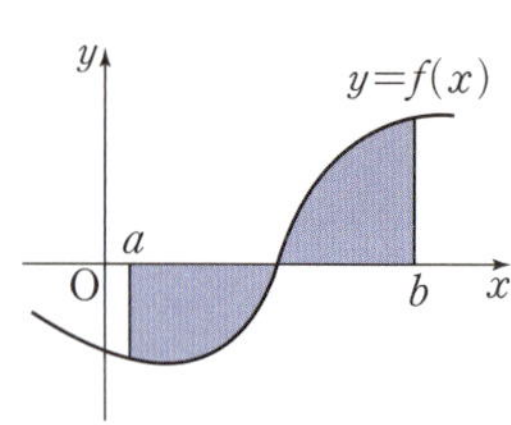

2. 곡선과 y축 사이의 넓이

함수 $x=g(y)$가 닫힌구간 $[a, b]$에서 연속일 때, 곡선 $x=g(y)$와 두 직선 $y=a$, $y=b$ 및 y축으로 둘러싸인 부분의 넓이 S는

$$S=\int_a^b |g(y)|\,dy$$

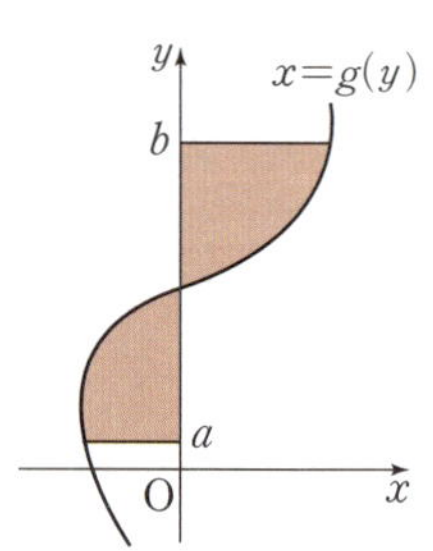

3. 두 곡선 사이의 넓이

함수 $y=f(x)$와 $y=g(x)$가 닫힌구간 $[a, b]$에서 연속일 때, 두 곡선 $y=f(x)$와 $y=g(x)$ 및 두 직선 $x=a$, $x=b$로 둘러싸인 부분의 넓이 S는

$$S=\int_a^b |f(x)-g(x)|\,dx$$

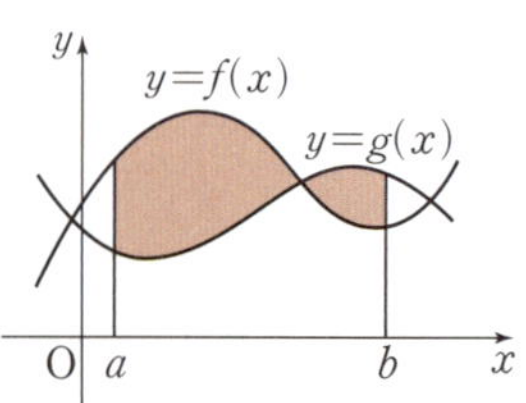

◼ 포물선
$y=a(x-\alpha)(x-\beta)$ $(a\neq 0)$와 x축으로 둘러싸인 부분의 넓이 S는
$$S=\int_\alpha^\beta |a(x-\alpha)(x-\beta)|\,dx = \left| \frac{a(\beta-\alpha)^3}{6} \right|$$

◼ 두 곡선 $x=f(y)$와 $x=g(y)$ 및 두 직선 $y=a$, $y=b$로 둘러싸인 부분의 넓이 S는
$$S=\int_a^b |f(y)-g(y)|\,dy$$

---

01 곡선 $y=2e^x$과 두 직선 $x=-1$, $x=2$ 및 x축으로 둘러싸인 부분의 넓이를 구하여라.

01 ◁
곡선과 x축 사이의 넓이는 곡선이 x축의 위쪽에 있는지 아래쪽에 있는지 확인해야 한다.

02 오른쪽 그림과 같이 곡선 $y=\dfrac{2x}{x^2+1}$와 두 직선 $x=-1$, $x=1$ 및 x축으로 둘러싸인 부분의 넓이를 구하여라.

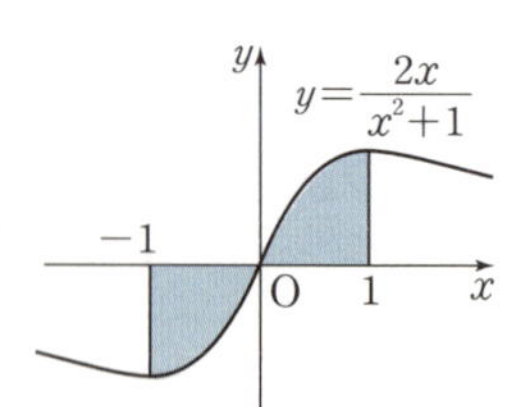

02 ◁

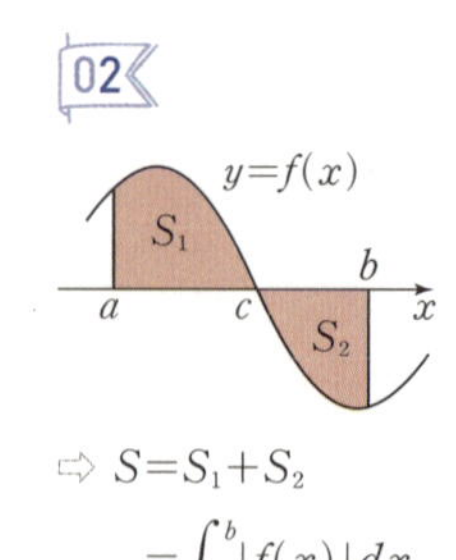

$$\Rightarrow S=S_1+S_2 = \int_a^b |f(x)|\,dx$$

03 곡선 $x=\sqrt{1-y}$와 직선 $y=-3$ 및 y축으로 둘러싸인 부분의 넓이를 구하여라.

03
곡선과 y축 사이의 넓이는 곡선이 y축의 오른쪽에 있는지 왼쪽에 있는지 확인해야 한다.

04 곡선 $y=\ln x$와 두 직선 $y=1$, $y=3$ 및 y축으로 둘러싸인 부분의 넓이를 구하여라.

04
곡선과 y축 사이의 넓이를 구할 때, 곡선이 $y=f(x)$의 꼴로 주어지면 $x=g(y)$의 꼴로 고친 후 y에 대하여 적분한다.

05 곡선 $y=\dfrac{1}{x}\,(x>0)$과 두 직선 $y=x$, $y=\dfrac{1}{4}x$로 둘러싸인 부분의 넓이가 $\ln a$일 때, 상수 a의 값을 구하여라.

05
두 곡선 사이의 넓이를 구할 때는 두 곡선의 교점의 x좌표를 구해야 한다.

06 두 곡선 $y=e^x$, $y=e^{-x}$과 직선 $y=e$로 둘러싸인 부분의 넓이를 구하여라.

06
$x=f(y)$의 꼴로 변형한다.

07 곡선 $y=\dfrac{1}{x}$과 두 직선 $x=1$, $x=9$ 및 x축으로 둘러싸인 부분의 넓이는 직선 $x=a$에 의하여 이등분된다. 이때 양수 a의 값을 구하여라.

07
다음 그림에서 색칠한 부분의 넓이 S를 곡선 $y=g(x)$가 이등분하면
$$\int_0^a \{f(x)-g(x)\}\,dx=\frac{1}{2}S$$

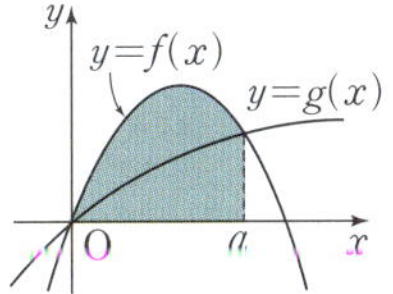

필수 개념 21 부피

1. 입체도형의 부피

(1) 닫힌구간 $[a, b]$에서 x축에 수직인 평면으로 자른 단면의 넓이가 $S(x)$인 입체도형의 부피 V는

$$V = \int_a^b S(x)\,dx$$

(단, $S(x)$는 닫힌구간 $[a, b]$에서 연속이다.)

(2) 닫힌구간 $[c, d]$에서 y축에 수직인 평면으로 자른 단면의 넓이가 $S(y)$인 입체도형의 부피 V는

$$V = \int_c^d S(y)\,dy$$

(단, $S(y)$는 닫힌구간 $[c, d]$에서 연속이다.)

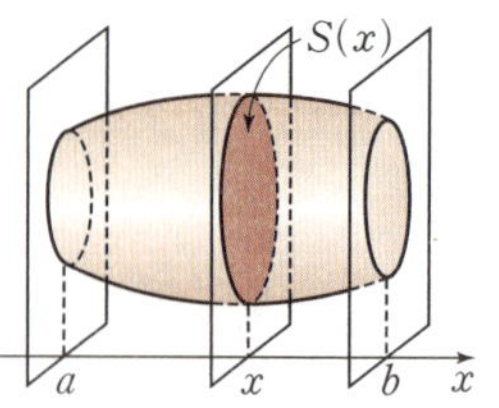

■ x좌표가 x_k인 점을 지나 x축에 수직인 평면으로 자른 단면의 넓이를 $S(x_k)$라고 하면

$$V = \lim_{n \to \infty} \sum_{k=1}^{n} S(x_k)\,\Delta x$$
$$= \int_a^b S(x)\,dx$$

$$\left(\text{단, } \Delta x = \frac{b-a}{n}, \right.$$
$$\left. x_k = a + k\Delta x \right)$$

---

01 오른쪽 그림과 같이 높이가 $8\,\text{cm}$인 그릇이 있다. 그릇에 담긴 물의 깊이가 $x\,\text{cm}$일 때, 수면의 넓이는 $3\sqrt{x}\,\text{cm}^2$라고 한다. 이 그릇의 부피 V를 구하여라.

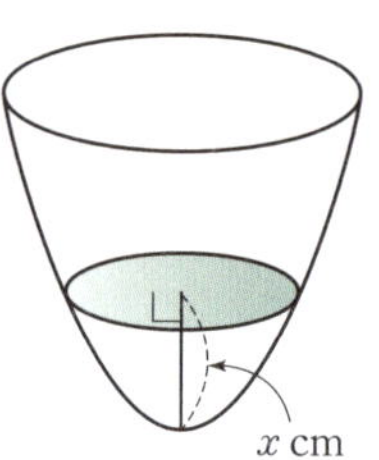

> **01**
>
> 입체도형의 부피는 단면의 넓이를 적분하여 구한다.

02 어떤 입체도형의 밑면으로부터 높이가 $x\,(0 \le x \le 4)$인 곳에서 밑면에 평행한 평면으로 잘랐더니 단면이 한 변의 길이가 $\sqrt{16-x^2}$인 정사각형이었다. 이 입체도형의 부피 V를 구하여라.

03 어떤 용기에 담긴 물의 깊이가 x일 때, 수면은 반지름의 길이가 $\sec x$인 원이라고 한다. 물의 깊이가 $\dfrac{\pi}{3}$일 때, 용기에 담긴 물의 부피 V를 구하여라.

> **03**
>
> 반지름의 길이가 r인 원의 넓이는 πr^2

04 $x=t$일 때, x축에 수직인 평면으로 자른 단면의 넓이가 $(\sin t - \cos t)^2$인 입체도형의 부피를 구하여라. $\left(\text{단, } \dfrac{\pi}{4} \leq x \leq \dfrac{5}{4}\pi\right)$

05 오른쪽 그림과 같이 곡선 $y=\sqrt{x}+1$과 직선 $x=1$ 및 x축, y축으로 둘러싸인 도형을 밑면으로 하는 입체도형이 있다. 이 입체도형을 x축에 수직인 평면으로 자른 단면이 모두 정사각형일 때, 이 입체도형의 부피 V를 구하여라.

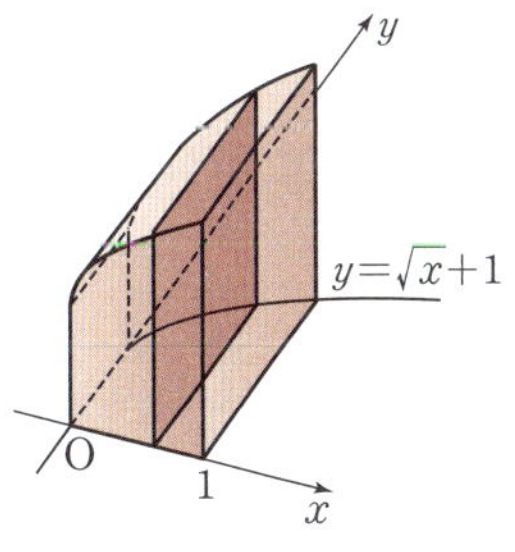

06 오른쪽 그림과 같이 곡선 $y=2x+\dfrac{1}{x}\,(x>0)$과 두 직선 $x=1,\ x=2$ 및 x축으로 둘러싸인 도형을 밑면으로 하는 입체도형이 있다. 이 입체도형을 x축에 수직인 평면으로 자른 단면이 모두 정삼각형일 때, 이 입체도형의 부피는 $\dfrac{q}{p}\sqrt{3}$이다. 서로소인 두 자연수 $p,\ q$에 대하여 $q-p$의 값을 구하여라.

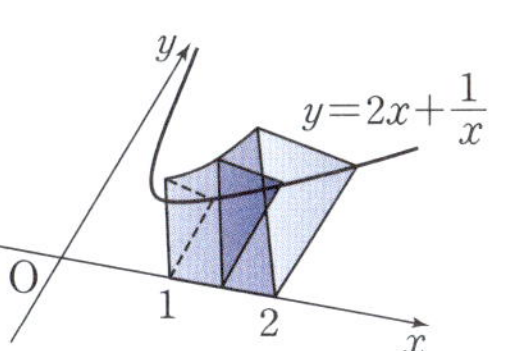

07 오른쪽 그림과 같이 곡선 $y=2\sqrt{\sin x}\,(0 \leq x \leq \pi)$와 x축으로 둘러싸인 도형을 밑면으로 하는 입체도형이 있다. 이 입체도형을 x축에 수직인 평면으로 자른 단면이 반원일 때, 이 입체도형의 부피는 $a\pi$이다. 상수 a의 값을 구하여라.

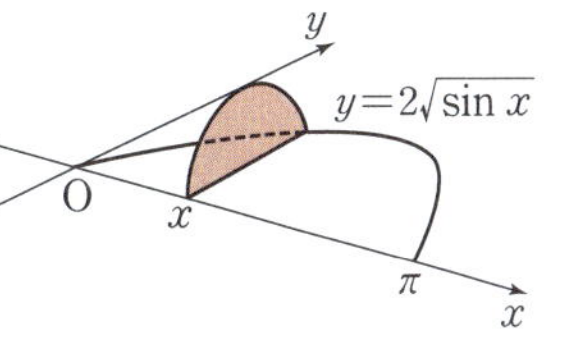

속도와 거리

---

1. 수직선 위에서 점이 움직인 거리

수직선 위를 움직이는 점 P의 시각 t에서의 속도가 $v(t)$이고 시각 t_0에서의 위치가 x_0일 때,

(1) 시각 t에서의 점 P의 위치 x는 $x=x_0+\displaystyle\int_{t_0}^{t}v(t)dt$

(2) 시각 $t=a$에서 $t=b$까지 점 P의 위치의 변화량은 $\displaystyle\int_{a}^{b}v(t)dt$

(3) 시각 $t=a$에서 $t=b$까지 점 P가 움직인 거리 s는 $s=\displaystyle\int_{a}^{b}|v(t)|dt$

2. 좌표평면 위에서 점이 움직인 거리

좌표평면 위를 움직이는 점 P의 시각 t에서의 위치 (x, y)가 $x=f(t)$, $y=g(t)$일 때, 시각 $t=a$에서 $t=b$까지 점 P가 움직인 거리를 s라고 하면

$$s=\int_{a}^{b}\sqrt{\left(\frac{dx}{dt}\right)^2+\left(\frac{dy}{dt}\right)^2}\,dt=\int_{a}^{b}\sqrt{\{f'(t)\}^2+\{g'(t)\}^2}\,dt$$

3. 곡선의 길이

(1) 매개변수로 나타낸 곡선 $x=f(t)$, $y=g(t)$의 $t=a$에서 $t=b$까지의 곡선의 길이 l은

$$l=\int_{a}^{b}\sqrt{\left(\frac{dx}{dt}\right)^2+\left(\frac{dy}{dt}\right)^2}\,dt$$

(2) $x=a$에서 $x=b$까지의 곡선 $y=f(x)$의 길이 l은

$$l=\int_{a}^{b}\sqrt{1+\{f'(x)\}^2}\,dx$$

■ 좌표평면 위를 움직이는 점 $P(x, y)$의 시각 t에서의 위치가 $x=f(t)$, $y=g(t)$로 나타내어질 때, 시각 t에서의 점 P의

(1) 속도

$$\left(\frac{dx}{dt}, \frac{dy}{dt}\right) \text{ 또는}$$
$$(f'(t), g'(t))$$

(2) 속력

$$\sqrt{\left(\frac{dx}{dt}\right)^2+\left(\frac{dy}{dt}\right)^2} \text{ 또는}$$
$$\sqrt{\{f'(t)\}^2+\{g'(t)\}^2}$$

---

01 원점을 출발하여 수직선 위를 움직이는 점 P의 시각 t에서의 속도가 $v(t)=e^t-1$일 때, 다음에 답하여라.

(1) 시각 t에서 점 P의 위치

(2) 시각 $t=0$에서 $t=1$까지 점 P의 위치의 변화량

(3) 시각 $t=0$에서 $t=1$까지 점 P가 움직인 거리

> **01** 점 P가 움직인 거리는 점의 운동 방향에 관계없이 일정한 시간 동안 점 P가 움직인 거리의 총합을 뜻한다.

02 수직선 위를 움직이는 점 P의 시각 t에서의 속도 $v(t)$가 $v(t)=\dfrac{1}{(t+1)^2}$이다. 시각 $t=0$에서 점 P의 위치가 2일 때, 시각 $t=3$에서 점 P의 위치를 구하여라.

> **02** 시각 t에서의 점 P의 위치는 점 P의 처음 위치에 따라 달라진다.

03 좌표평면 위를 움직이는 점 P의 시각 t에서의 위치 (x, y)가 $x=2t^2$, $y=-\dfrac{2}{3}t^2-4$일 때, 시각 $t=0$에서 $t=2$까지 점 P가 움직인 거리를 구하여라.

04 좌표평면 위를 움직이는 점 P의 시각 t에서의 위치 (x, y)가 $x=\cos t$, $y=\sin t$일 때, 시각 $t=0$에서 $t=\dfrac{\pi}{2}$까지 점 P가 움직인 거리를 구하여라.

05 $0 \le t \le 2$에서 곡선 $x=3t^2$, $y=1-t^2$의 길이를 l이라고 할 때, l^2의 값을 구하여라.

06 $x=0$에서 $x=3$까지의 곡선 $y=\dfrac{1}{3}(x^2+2)^{\frac{3}{2}}$의 길이를 구하여라.

07 닫힌구간 $[-1, 1]$에서 곡선 $y=\dfrac{e^x+e^{-x}}{2}$의 길이를 구하여라.

01

함수 $y=\cos 2x$의 그래프와 직선 $x=\dfrac{\pi}{12}$ 및 x축, y축으로 둘러싸인 부분의 넓이를 구하여라.

02

곡선 $y=\tan\dfrac{x}{2}$와 직선 $x=\dfrac{\pi}{2}$ 및 x축으로 둘러싸인 부분의 넓이가 $\ln a$일 때, 상수 a의 값을 구하여라.

03

원점에서 곡선 $y=e^x$에 그은 접선과 이 곡선 및 y축으로 둘러싸인 부분의 넓이는?

① $\dfrac{e}{2}-1$ ② $e-1$ ③ e

④ $\dfrac{e}{2}+1$ ⑤ $e+1$

04

곡선 $y=\sqrt{2x}$와 직선 $x=1$ 및 x축으로 둘러싸인 부분의 넓이를 곡선 $y=\sqrt{ax}$가 이등분할 때, 양수 a의 값을 구하여라.

05

함수 $f(x)=\sqrt{3x-2}$에 대하여 $y=f(x)$와 그 역함수 $y=g(x)$의 그래프로 둘러싸인 부분의 넓이는?

① $\dfrac{1}{18}$ ② $\dfrac{1}{15}$ ③ $\dfrac{1}{12}$

④ $\dfrac{1}{9}$ ⑤ $\dfrac{1}{6}$

06

곡선 $y=e^{2x}$과 y축 및 직선 $y=-2x+a$로 둘러싸인 부분을 A, 곡선 $y=e^{2x}$과 두 직선 $y=-2x+a$, $x=1$로 둘러싸인 부분을 B라고 하자. A의 넓이와 B의 넓이가 같을 때, 상수 a의 값은? (단, $1<a<e^2$)

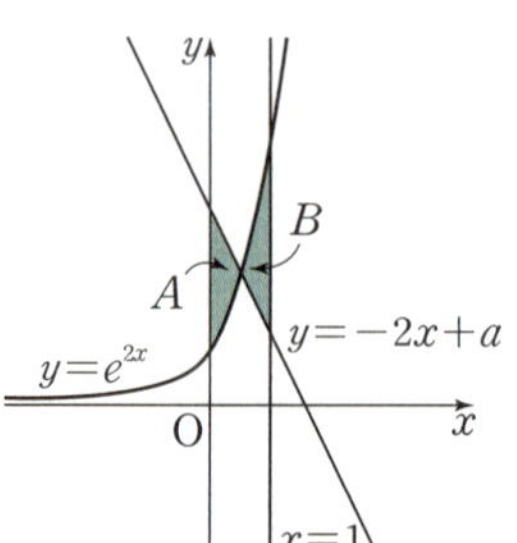

① $\dfrac{e^2+1}{2}$ ② $\dfrac{2e^2+1}{4}$ ③ $\dfrac{e^2}{2}$

④ $\dfrac{2e^2-1}{4}$ ⑤ $\dfrac{e^2-1}{2}$

07

어떤 그릇에 물을 채우는 데 물의 깊이가 x cm일 때, 수면의 넓이가 $\sqrt{e^x}$ cm²라고 한다. 물의 깊이가 4 cm일 때, 이 그릇에 담긴 물의 부피를 구하여라.

08

물의 깊이가 x일 때 수면의 넓이가 $\ln(x+1)$인 어떤 용기에 물을 채우려고 한다. 물의 깊이가 a일 때 이 용기에 담긴 물의 부피는 $6\ln 6 - 5$이다. 양수 a의 값을 구하여라.

09

반지름의 길이가 1인 원을 밑면으로 하는 입체도형을 밑면의 한 지름에 수직인 평면으로 자른 단면이 정삼각형일 때, 이 입체도형의 부피는 $\dfrac{q}{p}\sqrt{3}$이다. 서로소인 두 자연수 p, q에 대하여 pq의 값을 구하여라.

10

밑면의 반지름의 길이가 4, 높이가 4인 원기둥 모양의 그릇에 물이 가득 담겨 있다. 다음 그림과 같이 이 그릇을 45°의 각도로 기울였을 때, 남아 있는 물의 부피를 구하여라.

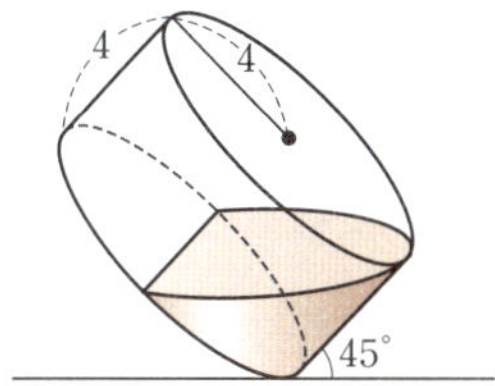

11

좌표평면 위의 두 점 $\mathrm{P}(x, 0)$, $\mathrm{Q}(x, \sin x)$를 잇는 선분을 한 변으로 하고 이 평면에 수직으로 세운 정삼각형 PQR를 만든다. 점 P가 x축 위를 원점에서 점 $\mathrm{C}\left(\dfrac{\pi}{2}, 0\right)$까지 움직일 때, 삼각형 PQR가 그리는 입체도형의 부피를 구하여라.

12

원점을 출발하여 수직선 위를 움직이는 점 P의 시각 t에서의 속도가 $v(t) = (1-t)e^t$일 때, 시각 $t=0$에서 $t=1$까지 점 P가 움직인 거리를 구하여라.

13

좌표평면 위를 움직이는 점 P의 시각 t에서의 위치 (x, y)가

$$x=\frac{1}{2}t^2-4t,\quad y=\frac{8}{3}t\sqrt{t}$$

일 때, 시각 $t=0$에서 $t=a$까지 점 P가 움직인 거리가 10이 되도록 하는 양수 a의 값은?

① 1 　　　② 2 　　　③ 3

④ 4 　　　⑤ 5

14

좌표평면 위를 움직이는 점 P의 시각 t에서의 위치 (x, y)가

$$x=4(\cos t+\sin t),\quad y=\cos 2t\ (0\le t\le 2\pi)$$

일 때, 시각 $t=0$에서 $t=2\pi$까지 점 P가 움직인 거리를 구하여라.

15

좌표평면 위를 움직이는 점 P의 시각 t에서의 위치 (x, y)가

$$x=\sin^3 t,\quad y=\cos^3 t$$

일 때, 출발 후 처음으로 점 P의 속력이 0이 될 때까지 점 P가 움직인 거리를 구하여라.

16

곡선 $x=2\cos^3 t,\ y=2\sin^3 t\left(0\le t\le\frac{\pi}{2}\right)$의 길이를 구하여라.

17

닫힌구간 $\left[0,\ \frac{\pi}{4}\right]$에서 곡선 $y=\ln(\sec x)$의 길이는?

① $\ln(\sqrt{2}-1)$ 　　② $\ln\sqrt{2}$ 　　③ $\ln(\sqrt{2}+1)$

④ $\ln 2\sqrt{2}$ 　　⑤ $\ln(\sqrt{2}+2)$

18

실수 전체의 집합에서 이계도함수를 갖고 $f(0)=0$, $f(1)=2$를 만족시키는 모든 함수 $f(x)$에 대하여

$$\int_0^1\sqrt{1+\{f'(x)\}^2}\,dx$$의 최솟값은?

① $\sqrt{2}$ 　　　② $\sqrt{3}$ 　　　③ 2

④ $\sqrt{5}$ 　　　⑤ $\sqrt{6}$

고등 풍산자와 함께하면
개념부터 ~ 고난도 문제까지!

어떤 시험 문제도 익숙해집니다!

고등 풍산자 1등급 로드맵

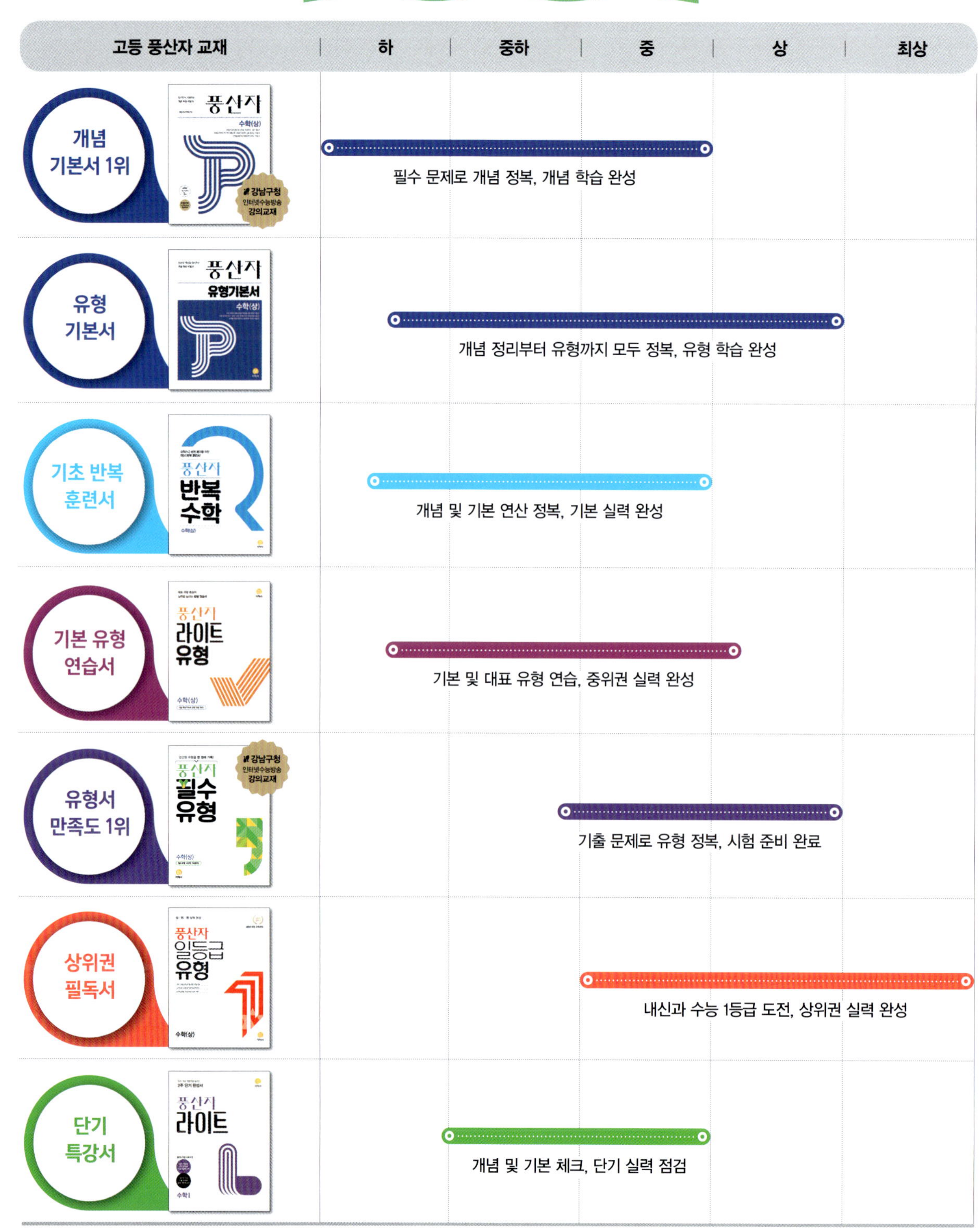

지학사

풍산자 라이트

정답과 풀이

미적분

01 수열의 극한

p. 06

01 ② **02** 3 **03** 1 **04** ② **05** ①

06 $\dfrac{1}{2}$ **07** ⑤

---

01 ㄱ. n이 한없이 커지면 $3+\dfrac{1}{n}$의 값은 3에 한없이 가까워지므로 수열 $\left\{3+\dfrac{1}{n}\right\}$은 3에 수렴한다.

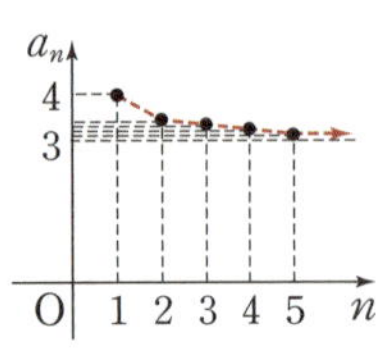

ㄴ. n이 한없이 커지면 $2n-1$의 값은 한없이 커지므로 수열 $\{2n-1\}$은 양의 무한대로 발산한다.

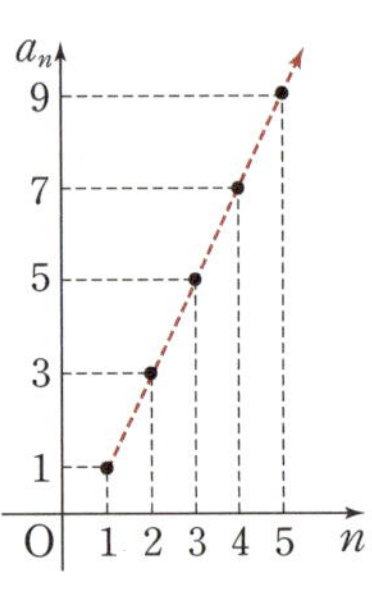

ㄷ. n이 한없이 커지면 $\left(\dfrac{1}{2}\right)^{n-1}$의 값은 0에 한없이 가까워지므로 수열 $\left\{\left(\dfrac{1}{2}\right)^{n-1}\right\}$은 0에 수렴한다.

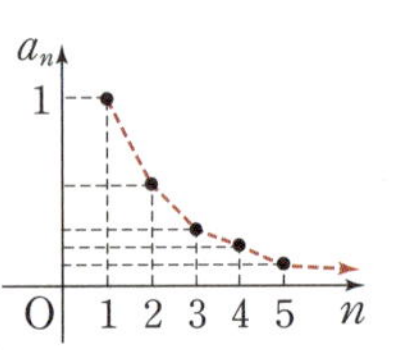

ㄹ. $n=1,\ 2,\ 3,\ 4,\ \cdots$를 $(-1)^n$에 차례대로 대입하면

$-1,\ 1,\ -1,\ 1,\ \cdots$

이므로 수열 $\{(-1)^n\}$은 진동하면서 발산한다.

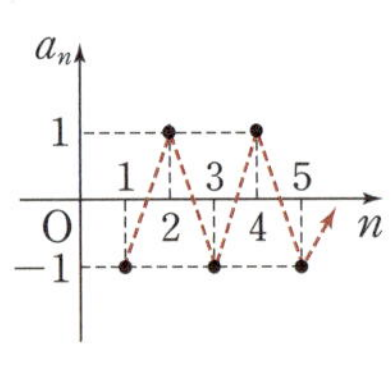

따라서 수렴하는 수열은 ㄱ, ㄷ이다.

02 $\lim\limits_{n\to\infty}(2a_n+b_n)=2\lim\limits_{n\to\infty}a_n+\lim\limits_{n\to\infty}b_n$

$\qquad\qquad\qquad\quad=2\times2-1$

$\qquad\qquad\qquad\quad=3$

03 수열 $\{a_n\}$이 수렴하므로 $\lim\limits_{n\to\infty}a_n=\alpha(\alpha$는 실수)라고 하면

$\lim\limits_{n\to\infty}a_{n+1}=\alpha$

$a_{n+1}=2a_n-1$에서

$\lim\limits_{n\to\infty}a_{n+1}=\lim\limits_{n\to\infty}(2a_n-1)=2\lim\limits_{n\to\infty}a_n-1$

이므로 $\alpha=2\alpha-1$

$\therefore \alpha=1$

04 $\lim\limits_{n\to\infty}\dfrac{2n}{n+1}=\lim\limits_{n\to\infty}\dfrac{2}{1+\dfrac{1}{n}}=2\left(\because \lim\limits_{n\to\infty}\dfrac{1}{n}=0\right),$

$\lim\limits_{n\to\infty}\left(\dfrac{6}{n}+3\right)=\lim\limits_{n\to\infty}\dfrac{6}{n}+3=3$

이므로

$\lim\limits_{n\to\infty}\dfrac{2n}{n+1}-\lim\limits_{n\to\infty}\left(\dfrac{6}{n}+3\right)=2-3=-1$

05 $a\neq0$이면 $\lim\limits_{n\to\infty}\dfrac{an^2+bn+1}{n-1}$은 ∞ 또는 $-\infty$로 발산하므로

$a=0$

$\therefore \lim\limits_{n\to\infty}\dfrac{an^2+bn+1}{n-1}=\lim\limits_{n\to\infty}\dfrac{bn+1}{n-1}=\lim\limits_{n\to\infty}\dfrac{b+\dfrac{1}{n}}{1-\dfrac{1}{n}}=b=2$

$\therefore a+b=2$

06 $\lim\limits_{n\to\infty}(\sqrt{n^2+n}-n)$

$=\lim\limits_{n\to\infty}\dfrac{(\sqrt{n^2+n}-n)(\sqrt{n^2+n}+n)}{\sqrt{n^2+n}+n}$

$=\lim\limits_{n\to\infty}\dfrac{n}{\sqrt{n^2+n}+n}$

$=\lim\limits_{n\to\infty}\dfrac{1}{\sqrt{1+\dfrac{1}{n}}+1}$

$=\dfrac{1}{2}$

07 $\dfrac{3n-1}{n+1}<a_n<\dfrac{3n+4}{n+1}$에서

$\lim\limits_{n\to\infty}\dfrac{3n-1}{n+1}\leq\lim\limits_{n\to\infty}a_n\leq\lim\limits_{n\to\infty}\dfrac{3n+4}{n+1}$

이때 $\lim\limits_{n\to\infty}\dfrac{3n-1}{n+1}=3$, $\lim\limits_{n\to\infty}\dfrac{3n+4}{n+1}=3$이므로

$\lim\limits_{n\to\infty}a_n=3$

---

02 등비수열의 극한

p. 08

01 (1) 발산 (2) 수렴 **02** ㄷ, ㄹ

03 ① **04** (1) -1 (2) ∞ (3) 1 (4) $\dfrac{1}{3}$

05 $-3<x\leq1$ **06** ③ **07** ④ **08** 1

---

01 (1) 주어진 수열은 공비가 2이고 $2>1$이므로 발산한다.

(2) 주어진 수열은 공비가 $-\dfrac{1}{3}$이고 $-1<-\dfrac{1}{3}<1$이므로 수렴한다.

02 ㄱ. 공비가 -1이므로 발산한다.

ㄴ. 공비가 $1+0.2=1.2$이고 $1.2>1$이므로 발산한다.

ㄷ. 공비가 $-\dfrac{\sqrt{3}}{2}$이고 $-1<-\dfrac{\sqrt{3}}{2}<1$이므로 수렴한다.

ㄹ. $\dfrac{3^n}{2^{2n}}=\left(\dfrac{3}{2^2}\right)^n=\left(\dfrac{3}{4}\right)^n$

즉, 공비가 $\dfrac{3}{4}$이고 $-1<\dfrac{3}{4}<1$이므로 수렴한다.

따라서 수렴하는 수열은 ㄷ, ㄹ이다.

03 $a_n=5\times\left(\dfrac{1}{2}\right)^{n-1}$ 이므로

$$\lim_{n\to\infty}a_n=\lim_{n\to\infty}5\times\left(\dfrac{1}{2}\right)^{n-1}=0$$

04 (1) $\displaystyle\lim_{n\to\infty}\dfrac{3^n-5^n}{2^n+5^n}=\lim_{n\to\infty}\dfrac{\left(\dfrac{3}{5}\right)^n-1}{\left(\dfrac{2}{5}\right)^n+1}=\dfrac{0-1}{0+1}=-1$

(2) $\displaystyle\lim_{n\to\infty}(5^n-2^n)=\lim_{n\to\infty}5^n\left\{1-\left(\dfrac{2}{5}\right)^n\right\}$
$\qquad\qquad\qquad=\infty\times(1-0)=\infty$

(3) $\displaystyle\lim_{n\to\infty}\dfrac{6^n}{(2^n+1)(3^n+1)}=\lim_{n\to\infty}\dfrac{6^n}{6^n+3^n+2^n+1}$
$\qquad\qquad\qquad=\lim_{n\to\infty}\dfrac{1}{1+\left(\dfrac{1}{2}\right)^n+\left(\dfrac{1}{3}\right)^n+\left(\dfrac{1}{6}\right)^n}$
$\qquad\qquad\qquad=\dfrac{1}{1+0+0+0}$
$\qquad\qquad\qquad=1$

(4) $\displaystyle\lim_{n\to\infty}\dfrac{2^{n+1}+3^n}{2^n+3^{n+1}}=\lim_{n\to\infty}\dfrac{2\times2^n+3^n}{2^n+3\times3^n}$
$\qquad\qquad\qquad=\lim_{n\to\infty}\dfrac{2\times\left(\dfrac{2}{3}\right)^n+1}{\left(\dfrac{2}{3}\right)^n+3}$
$\qquad\qquad\qquad=\dfrac{2\times0+1}{0+3}$
$\qquad\qquad\qquad=\dfrac{1}{3}$

05 등비수열 $\left\{\left(\dfrac{x+1}{2}\right)^n\right\}$ 은 공비가 $\dfrac{x+1}{2}$ 이므로 수렴하려면
$$-1<\dfrac{x+1}{2}\le1$$
$$-2<x+1\le2$$
$$\therefore\ -3<x\le1$$

06 첫째항이 x, 공비가 $x-1$ 이므로 주어진 등비수열이 수렴하려면
$x=0$ 또는 $-1<x-1\le1$
$-1<x-1\le1$ 에서 $0<x\le2$
$\therefore\ 0\le x\le2$
따라서 주어진 수열이 수렴하도록 하는 정수 x는 $0, 1, 2$의 3개이다.

07 등비수열 $\{(x-2)^n\}$ 은 공비가 $x-2$ 이므로 수렴하려면
$$-1<x-2\le1$$
$$\therefore\ 1<x\le3 \qquad\qquad\cdots\cdots\ \text{㉠}$$
등비수열 $\left\{\left(\dfrac{x}{2}\right)^n\right\}$ 은 공비가 $\dfrac{x}{2}$ 이므로 수렴하려면
$$-1<\dfrac{x}{2}\le1$$
$$\therefore\ -2<x\le2 \qquad\qquad\cdots\cdots\ \text{㉡}$$
㉠, ㉡에서 공통부분을 구하면
$$1<x\le2$$

따라서 $\alpha=1$, $\beta=2$ 이므로 $\alpha+\beta=3$

08 (i) $|r|<1$ 일 때, $\displaystyle\lim_{n\to\infty}r^n=0$ 이므로
$$\lim_{n\to\infty}\dfrac{r^n}{r^n+1}=\dfrac{0}{0+1}=0$$
$$\therefore\ a=0$$
(ii) $|r|>1$ 일 때, $\displaystyle\lim_{n\to\infty}|r^n|=\infty$ 이므로
$$\lim_{n\to\infty}\dfrac{r^n}{r^n+1}=\lim_{n\to\infty}\dfrac{1}{1+\left(\dfrac{1}{r}\right)^n}=\dfrac{1}{1+0}=1$$
$$\therefore\ b=1$$
(i), (ii)에 의하여 $b-a=1$

01 ③	**02** ④	**03** ⑤	**04** ④	**05** 11
06 ①	**07** ②	**08** ②	**09** 4	**10** 9
11 ③	**12** ②	**13** -1	**14** 4	**15** ④
16 ⑤	**17** ⑤	**18** ①	**19** ①	**20** $\dfrac{25}{2}$
21 ①	**22** ⑤	**23** 99	**24** 5	

01 ① n이 한없이 커지면 $\sqrt{n}$의 값은 한없이 커지므로 수열 $\{\sqrt{n}\}$은 양의 무한대로 발산한다.

② n이 한없이 커지면 $1-3n$의 값은 음수이면서 그 절댓값이 한없이 커지므로 수열 $\{1-3n\}$은 음의 무한대로 발산한다.

③ $n=1, 2, 3, 4, \cdots$를 $\sin 2n\pi$에 차례로 대입하면
$$0, 0, 0, 0, \cdots$$
이므로 수열 $\{\sin 2n\pi\}$은 0에 수렴한다.

④ n이 한없이 커지면 $2n^2-5$의 값은 한없이 커지므로 수열 $\{2n^2-5\}$는 양의 무한대로 발산한다.

⑤ $n=1, 2, 3, 4, \cdots$를 $1+(-1)^n$에 차례로 대입하면
$$0, 2, 0, 2, \cdots$$
이므로 수열 $\{1+(-1)^n\}$은 진동하면서 발산한다.

따라서 수렴하는 수열은 ③이다.

02 ① $\displaystyle\lim_{n\to\infty}(a_n+2b_n)=4+2\times(-3)=-2$

② $\displaystyle\lim_{n\to\infty}a_nb_n=4\times(-3)=-12$

③ $\displaystyle\lim_{n\to\infty}(3b_n-a_n)=3\times(-3)-4=-13$

④ $\displaystyle\lim_{n\to\infty}\dfrac{3a_n}{b_n}=\dfrac{3\times4}{-3}=-4$

⑤ $\displaystyle\lim_{n\to\infty}\dfrac{a_n+b_n}{a_n}=\dfrac{4-3}{4}=\dfrac{1}{4}$

따라서 옳지 않은 것은 ④이다.

03 $\displaystyle\lim_{n\to\infty}(a_n{}^2+b_n{}^2)$

$\displaystyle=\lim_{n\to\infty}\{(a_n+b_n)^2-2a_nb_n\}$

$\displaystyle=\lim_{n\to\infty}(a_n+b_n)\lim_{n\to\infty}(a_n+b_n)-2\lim_{n\to\infty}a_nb_n$

$=4\times4-2\times(-1)=18$

04 $\displaystyle\lim_{n\to\infty}a_n=\alpha\ (\alpha$는 실수)로 놓으면

$\displaystyle\lim_{n\to\infty}\frac{3a_n-4}{a_n+2}=\frac{4}{3}$에서 $\dfrac{3\alpha-4}{\alpha+2}=\dfrac{4}{3}$

$3(3\alpha-4)=4(\alpha+2),\ 5\alpha=20$

$\therefore\ \alpha=4$

$\dfrac{3a_n-4}{a_n+2}=b_n$으로 놓으면

$a_n=\dfrac{-2b_n-4}{b_n-3}$

이때 $\displaystyle\lim_{n\to\infty}b_n=\dfrac{4}{3}$이므로

$\displaystyle\lim_{n\to\infty}a_n=\lim_{n\to\infty}\frac{-2b_n-4}{b_n-3}=\frac{-2\times\frac{4}{3}-4}{\frac{4}{3}-3}=4$

05 $\displaystyle\lim_{n\to\infty}\frac{3n}{2n-1}=\lim_{n\to\infty}\frac{3}{2-\frac{1}{n}}=\frac{3}{2}$,

$\displaystyle\lim_{n\to\infty}\frac{n(n-3)}{4n^2+1}=\lim_{n\to\infty}\frac{n^2-3n}{4n^2+1}=\lim_{n\to\infty}\frac{1-\frac{3}{n}}{4+\frac{1}{n^2}}=\frac{1}{4}$

이므로

$\displaystyle\lim_{n\to\infty}\frac{3n}{2n-1}+\lim_{n\to\infty}\frac{n(n-3)}{4n^2+1}=\frac{3}{2}+\frac{1}{4}=\frac{7}{4}$

따라서 $p=4,\ q=7$이므로 $p+q=11$

06 $1+2+3+\cdots+n=\displaystyle\sum_{k=1}^{n}k=\frac{n(n+1)}{2}$이므로

$\displaystyle\lim_{n\to\infty}\frac{1}{n^2}(1+2+3+\cdots+n)=\lim_{n\to\infty}\frac{1}{n^2}\times\frac{n(n+1)}{2}$

$\displaystyle=\lim_{n\to\infty}\frac{n^2+n}{2n^2}$

$\displaystyle=\lim_{n\to\infty}\frac{1+\frac{1}{n}}{2}$

$=\dfrac{1}{2}$

07 $\displaystyle\lim_{n\to\infty}\{\log_3(3n+1)+\log_3(3n-1)-2\log_3(n+2)\}$

$\displaystyle=\lim_{n\to\infty}\{\log_3(3n+1)+\log_3(3n-1)-\log_3(n+2)^2\}$

$\displaystyle=\lim_{n\to\infty}\log_3\frac{(3n+1)(3n-1)}{(n+2)^2}$

$\displaystyle=\lim_{n\to\infty}\log_3\frac{9n^2-1}{n^2+4n+4}$

$\displaystyle=\lim_{n\to\infty}\log_3\frac{9-\frac{1}{n^2}}{1+\frac{4}{n}+\frac{4}{n^2}}=\log_3 9=2$

 로그의 기본 성질

$a>0,\ a\neq1,\ x>0,\ y>0,\ n$이 실수일 때

(1) $\log_a 1=0,\ \log_a a=1$

(2) $\log_a xy=\log_a x+\log_a y$

(3) $\log_a \dfrac{x}{y}=\log_a x-\log_a y$

(4) $\log_a x^n=n\log_a x$

08 $a\neq0$이면 $\displaystyle\lim_{n\to\infty}\frac{an^2+bn-3}{5n+1}$은 ∞ 또는 $-\infty$로 발산하므로 $a=0$

$\displaystyle\therefore\ \lim_{n\to\infty}\frac{an^2+bn-3}{5n+1}=\lim_{n\to\infty}\frac{bn-3}{5n+1}$

$\displaystyle=\lim_{n\to\infty}\frac{b-\frac{3}{n}}{5+\frac{1}{n}}$

$=\dfrac{b}{5}$

즉, $\dfrac{b}{5}=-1$이므로 $b=-5$

$\therefore\ a+b=-5$

09 [1단계]

$\overline{PQ}=\sqrt{\{(n+1)-n\}^2+\{f(n+1)-f(n)\}^2}$

$=\sqrt{1+\{2(n+1)^2-(n+1)-(2n^2-n)\}^2}$

$=\sqrt{1+(4n+1)^2}$

$=\sqrt{16n^2+8n+2}$

$\therefore\ a_n=\sqrt{16n^2+8n+2}$

[2단계]

$\displaystyle\therefore\ \lim_{n\to\infty}\frac{a_n}{n}=\lim_{n\to\infty}\frac{\sqrt{16n^2+8n+2}}{n}$

$\displaystyle=\lim_{n\to\infty}\sqrt{16+\frac{8}{n}+\frac{2}{n^2}}$

$=\sqrt{16}=4$

10 [1단계]

직선 $y=3nx$와 수직인 직선의 기울기는 $-\dfrac{1}{3n}$

직선 PQ는 기울기가 $-\dfrac{1}{3n}$이고 점 $(n,\ 3n^2)$을 지나므로

직선 PQ의 방정식은

$y-3n^2=-\dfrac{1}{3n}(x-n)$

$\therefore\ y=-\dfrac{1}{3n}x+3n^2+\dfrac{1}{3}$

[2단계]

점 Q는 직선 PQ가 x축과 만나는 점이므로

$0=-\dfrac{1}{3n}x+3n^2+\dfrac{1}{3}$에서 $\dfrac{1}{3n}x=3n^2+\dfrac{1}{3}$

$\therefore\ x=9n^3+n$

즉, $Q(9n^3+n,\ 0)$이므로

$l_n=\overline{OQ}=9n^3+n$

[3단계]

$$\therefore \lim_{n \to \infty} \frac{l_n}{n^3} = \lim_{n \to \infty} \frac{9n^3+n}{n^3} = \lim_{n \to \infty} \frac{9+\dfrac{1}{n^2}}{1} = 9$$

11 $(n+1)a_n = b_n$으로 놓으면 $a_n = \dfrac{b_n}{n+1}$

이때 $\lim\limits_{n \to \infty} b_n = 3$이므로

$$\lim_{n \to \infty}(4n-1)a_n = \lim_{n \to \infty}(4n-1) \times \frac{b_n}{n+1}$$
$$= \lim_{n \to \infty}\frac{4n-1}{n+1} \times \lim_{n \to \infty} b_n$$
$$= 4 \times 3 = 12$$

12 $x^2+2nx-3n=0$에서 $x=-n\pm\sqrt{n^2+3n}$이므로
$a_n=\sqrt{n^2+3n}-n \ (\because a_n>0)$

$$\therefore \lim_{n \to \infty}a_n = \lim_{n \to \infty}(\sqrt{n^2+3n}-n)$$
$$= \lim_{n \to \infty}\frac{(\sqrt{n^2+3n}-n)(\sqrt{n^2+3n}+n)}{\sqrt{n^2+3n}+n}$$
$$= \lim_{n \to \infty}\frac{3n}{\sqrt{n^2+3n}+n}$$
$$= \lim_{n \to \infty}\frac{3}{\sqrt{1+\dfrac{3}{n}}+1}$$
$$= \frac{3}{2}$$

13 $\displaystyle\lim_{n \to \infty}\frac{\sqrt{n}-\sqrt{n+1}}{\sqrt{n}-\sqrt{n-1}}$

$$= \lim_{n \to \infty}\frac{(\sqrt{n}-\sqrt{n+1})(\sqrt{n}+\sqrt{n+1})(\sqrt{n}+\sqrt{n-1})}{(\sqrt{n}-\sqrt{n-1})(\sqrt{n}+\sqrt{n-1})(\sqrt{n}+\sqrt{n+1})}$$
$$= \lim_{n \to \infty}\frac{-(\sqrt{n}+\sqrt{n-1})}{\sqrt{n}+\sqrt{n+1}}$$
$$= -\lim_{n \to \infty}\frac{1+\sqrt{1-\dfrac{1}{n}}}{1+\sqrt{1+\dfrac{1}{n}}}$$
$$= -\frac{1+1}{1+1} = -1$$

14 $\displaystyle\lim_{n \to \infty}(\sqrt{n^2+an}-n)$

$$= \lim_{n \to \infty}\frac{(\sqrt{n^2+an}-n)(\sqrt{n^2+an}+n)}{\sqrt{n^2+an}+n}$$
$$= \lim_{n \to \infty}\frac{an}{\sqrt{n^2+an}+n}$$
$$= \lim_{n \to \infty}\frac{a}{\sqrt{1+\dfrac{a}{n}}+1}$$
$$= \frac{a}{2}$$

따라서 $\dfrac{a}{2}=2$이므로 $a=4$

15 [1단계]

자연수 n에 대하여
$n=\sqrt{n^2}$, $n+1=\sqrt{(n+1)^2}=\sqrt{n^2+2n+1}$이므로
$n<\sqrt{n^2+2n}<n+1$
즉, $\sqrt{n^2+2n}$의 정수 부분이 n이므로
$a_n=\sqrt{n^2+2n}-n$

[2단계]

$$\therefore \lim_{n \to \infty}a_n = \lim_{n \to \infty}(\sqrt{n^2+2n}-n)$$
$$= \lim_{n \to \infty}\frac{(\sqrt{n^2+2n}-n)(\sqrt{n^2+2n}+n)}{\sqrt{n^2+2n}+n}$$
$$= \lim_{n \to \infty}\frac{2n}{\sqrt{n^2+2n}+n}$$
$$= \lim_{n \to \infty}\frac{2}{\sqrt{1+\dfrac{2}{n}}+1}$$
$$= \frac{2}{1+1} = 1$$

16 n이 자연수이므로 $4n-1<(n+2)a_n<4n+3$의 각 변을
$n+2$로 나누면

$$\frac{4n-1}{n+2}<a_n<\frac{4n+3}{n+2}$$

$$\lim_{n \to \infty}\frac{4n-1}{n+2} \leq \lim_{n \to \infty}a_n \leq \lim_{n \to \infty}\frac{4n+3}{n+2}$$

이때 $\lim\limits_{n \to \infty}\dfrac{4n-1}{n+2}=4$, $\lim\limits_{n \to \infty}\dfrac{4n+3}{n+2}=4$이므로

$$\lim_{n \to \infty}a_n = 4$$

17 [1단계]

곡선 $y=x^2-(n+1)x+a_n$이 x축과 만나므로 이차방정식
$x^2-(n+1)x+a_n=0$의 판별식을 D_1이라고 하면
$D_1=\{-(n+1)\}^2-4 \times 1 \times a_n \geq 0$
$n^2+2n+1-4a_n \geq 0$, $4a_n \leq n^2+2n+1$
$$\therefore a_n \leq \frac{n^2+2n+1}{4} \qquad \cdots\cdots\ \text{㉠}$$

[2단계]

곡선 $y=x^2-nx+a_n$이 x축과 만나지 않으므로 이차방정
식 $x^2-nx+a_n=0$의 판별식을 D_2라고 하면
$D_2=(-n)^2-4 \times 1 \times a_n < 0$
$n^2-4a_n < 0$, $4a_n > n^2$
$$\therefore a_n > \frac{n^2}{4} \qquad \cdots\cdots\ \text{㉡}$$

[3단계]

㉠, ㉡에서 $\dfrac{n^2}{4} < a_n \leq \dfrac{n^2+2n+1}{4} \qquad \cdots\cdots\ \text{㉢}$

㉢의 각 변을 n^2으로 나누면

$$\frac{n^2}{4n^2} < \frac{a_n}{n^2} \leq \frac{n^2+2n+1}{4n^2}$$

$$\therefore \frac{1}{4} < \frac{a_n}{n^2} \leq \frac{n^2+2n+1}{4n^2}$$

이때 $\lim\limits_{n \to \infty}\dfrac{n^2+2n+1}{4n^2}=\dfrac{1}{4}$이므로

$$\lim_{n \to \infty}\frac{a_n}{n^2} = \frac{1}{4}$$

18 ㄱ. $\lim\limits_{n\to\infty}\dfrac{a_n}{b_n}=\lim\limits_{n\to\infty}\dfrac{1}{\dfrac{b_n}{a_n}}=\dfrac{1}{\lim\limits_{n\to\infty}\dfrac{b_n}{a_n}}=1$ (참)

ㄴ. (반례) $\{a_n\}:1,0,1,0,1,\cdots$

$\{b_n\}:0,1,0,1,0,\cdots$

이면 $\lim\limits_{n\to\infty}a_nb_n=\lim\limits_{n\to\infty}0=0$이지만 $\lim\limits_{n\to\infty}a_n\neq0$,

$\lim\limits_{n\to\infty}b_n\neq0$이다. (거짓)

ㄷ. (반례) $a_n=\dfrac{1}{n}$, $b_n=\dfrac{2}{n}$이면 $a_n<b_n$이지만

$\lim\limits_{n\to\infty}a_n=0$, $\lim\limits_{n\to\infty}b_n=0$이므로 $\lim\limits_{n\to\infty}a_n=\lim\limits_{n\to\infty}b_n$이다.

(거짓)

따라서 옳은 것은 ㄱ이다.

19 $\lim\limits_{n\to\infty}\left(3+\dfrac{1}{2^n}\right)=3$, $\lim\limits_{n\to\infty}\left(a+\dfrac{1}{3^n}\right)=a$이므로

$\lim\limits_{n\to\infty}\left(3+\dfrac{1}{2^n}\right)\left(a+\dfrac{1}{3^n}\right)=3a$

따라서 $3a=-6$이므로 $a=-2$

20 $a_n=2\times5^{n-1}$이므로

$$\lim\limits_{n\to\infty}\dfrac{5^{n+1}-3}{a_n}=\lim\limits_{n\to\infty}\dfrac{5^{n+1}-3}{2\times5^{n-1}}$$

$$=\lim\limits_{n\to\infty}\dfrac{5\times5^n-3}{\dfrac{2}{5}\times5^n}$$

$$=\lim\limits_{n\to\infty}\dfrac{5-\dfrac{3}{5^n}}{\dfrac{2}{5}}=\dfrac{5}{\dfrac{2}{5}}=\dfrac{25}{2}$$

21 등비수열 $\{a_n\}$의 공비가 2이므로 $a_n=a_1\times2^{n-1}$

따라서 $S_n=\dfrac{a_1(2^n-1)}{2-1}=a_1(2^n-1)$이므로

$$\lim\limits_{n\to\infty}\dfrac{S_n}{2^n}=\lim\limits_{n\to\infty}\dfrac{a_1(2^n-1)}{2^n}$$

$$=\lim\limits_{n\to\infty}\dfrac{a_1\left(1-\dfrac{1}{2^n}\right)}{1}$$

$$=a_1$$

$\therefore a_1=-3$

참고 **등비수열의 합**

첫째항이 a, 공비가 r인 등비수열의 첫째항부터 제n항까지의 합을 S_n이라고 하면

(1) $r\neq1$일 때, $S_n=\dfrac{a(1-r^n)}{1-r}=\dfrac{a(r^n-1)}{r-1}$

(2) $r=1$일 때, $S_n=na$

22 등비수열 $\left\{\left(\dfrac{2^x-5}{3}\right)^n\right\}$은 공비가 $\dfrac{2^x-5}{3}$이므로 수렴하려면

$-1<\dfrac{2^x-5}{3}\leq1$

$-3<2^x-5\leq3$

$2<2^x\leq8$, $2^1<2^x\leq2^3$

$\therefore 1<x\leq3$

따라서 $\alpha=1$, $\beta=3$이므로 $\beta-\alpha=2$

참고

지수부등식에서 밑이 같은 경우, 밑의 크기에 따라 다음을 이용한다.

① $a>1$일 때, $a^{f(x)}<a^{g(x)}\iff f(x)<g(x)$

② $0<a<1$일 때, $a^{f(x)}<a^{g(x)}\iff f(x)>g(x)$

23 등비수열 $\{(\log x-1)^n\}$은 공비가 $\log x-1$이므로 수렴하려면

$-1<\log x-1\leq1$

$0<\log x\leq2$

$10^0<x\leq10^2$

$\therefore 1<x\leq100$

따라서 정수 x는 $2,3,4,\cdots,100$의 99개이다.

24 $a>2$이므로 $\lim\limits_{n\to\infty}\left(\dfrac{2}{a}\right)^n=0$

$$\therefore \lim\limits_{n\to\infty}\dfrac{2a^{n+1}-3\times2^n}{a^n-2^{n-1}}=\lim\limits_{n\to\infty}\dfrac{2a-3\times\left(\dfrac{2}{a}\right)^n}{1-\dfrac{1}{a}\times\left(\dfrac{2}{a}\right)^{n-1}}=2a$$

따라서 $2a=10$이므로 $a=5$

■ O3 급수의 수렴과 발산   p. 14

01 (1) 발산 (2) 수렴, 2   **02** 4

03 (1) $a_n=\dfrac{1}{n(n+1)}$ (2) $S_n=\dfrac{n}{n+1}$ (3) 1   **04** ③

05 발산   **06** ⑤   **07** $\sum\limits_{n=1}^{\infty}a_n=4$, $\sum\limits_{n=1}^{\infty}b_n=3$

---

01 (1) 주어진 급수의 제n항까지의 부분합을 S_n이라고 하면

$$S_n=1+3+5+\cdots+(2n-1)$$

$$=\sum_{k=1}^{n}(2k-1)$$

$$=2\times\dfrac{n(n+1)}{2}-n=n^2$$

$\therefore \lim\limits_{n\to\infty}S_n=\lim\limits_{n\to\infty}n^2=\infty$

따라서 주어진 급수는 양의 무한대로 발산한다.

(2) 주어진 급수는 첫째항이 $\dfrac{2}{3}$, 공비가 $\dfrac{2}{3}$인 등비수열의 합

이므로 제n항까지의 부분합을 S_n이라고 하면

$$S_n=\dfrac{2}{3}+\left(\dfrac{2}{3}\right)^2+\left(\dfrac{2}{3}\right)^3+\cdots+\left(\dfrac{2}{3}\right)^n$$

$$=\sum_{k=1}^{n}\left(\dfrac{2}{3}\right)^k=\dfrac{\dfrac{2}{3}\left\{1-\left(\dfrac{2}{3}\right)^n\right\}}{1-\dfrac{2}{3}}$$

$$=2\left\{1-\left(\dfrac{2}{3}\right)^n\right\}$$

$$\therefore \lim_{n\to\infty} S_n = \lim_{n\to\infty} 2\left\{1-\left(\frac{2}{3}\right)^n\right\} = 2$$

따라서 주어진 급수는 2에 수렴한다.

02 $\displaystyle\sum_{n=1}^{\infty} a_n = \lim_{n\to\infty} S_n = \lim_{n\to\infty} \frac{12n}{3n+1} = 4$

03 (1) $a_1 = \dfrac{1}{1\times 2}$, $a_2 = \dfrac{1}{2\times 3}$, $a_3 = \dfrac{1}{3\times 4}$, $\cdots$ 이므로

$$a_n = \frac{1}{n(n+1)}$$

(2) $\displaystyle S_n = \sum_{k=1}^{n} a_k = \sum_{k=1}^{n} \frac{1}{k(k+1)}$

$$= \sum_{k=1}^{n}\left(\frac{1}{k}-\frac{1}{k+1}\right)$$

$$= \left(1-\frac{1}{2}\right)+\left(\frac{1}{2}-\frac{1}{3}\right)+\left(\frac{1}{3}-\frac{1}{4}\right)$$

$$+ \cdots + \left(\frac{1}{n}-\frac{1}{n+1}\right)$$

$$= 1-\frac{1}{n+1} = \frac{n}{n+1}$$

(3) $\displaystyle \lim_{n\to\infty} S_n = \lim_{n\to\infty} \frac{n}{n+1} = 1$

04 $\displaystyle\sum_{n=1}^{\infty}(2a_n-1)$이 수렴하므로

$$\lim_{n\to\infty}(2a_n-1)=0,\ 2\lim_{n\to\infty} a_n = 1$$

$$\therefore \lim_{n\to\infty} a_n = \frac{1}{2}$$

05 $\displaystyle\sum_{n=1}^{\infty} \frac{1}{\sqrt{n+1}+\sqrt{n}} = \sum_{n=1}^{\infty} \frac{\sqrt{n+1}-\sqrt{n}}{(\sqrt{n+1}+\sqrt{n})(\sqrt{n+1}-\sqrt{n})}$

$$= \sum_{n=1}^{\infty}(\sqrt{n+1}-\sqrt{n})$$

$\displaystyle S_n = \sum_{k=1}^{n}(\sqrt{k+1}-\sqrt{k})$라고 하면

$$S_n = (\sqrt{2}-\sqrt{1})+(\sqrt{3}-\sqrt{2})+(\sqrt{4}-\sqrt{3})$$

$$+ \cdots + (\sqrt{n+1}-\sqrt{n})$$

$$= \sqrt{n+1}-1$$

$$\therefore \sum_{n=1}^{\infty} \frac{1}{\sqrt{n+1}+\sqrt{n}} = \lim_{n\to\infty} S_n = \lim_{n\to\infty}(\sqrt{n+1}-1) = \infty$$

따라서 주어진 급수는 양의 무한대로 발산한다.

06 $\displaystyle\sum_{n=1}^{\infty}(3a_n+4b_n) = 3\sum_{n=1}^{\infty} a_n + 4\sum_{n=1}^{\infty} b_n$

$$= 3\times 2 + 4\times(-1) = 2$$

07 $\displaystyle\sum_{n=1}^{\infty} a_n = \alpha$, $\sum_{n=1}^{\infty} b_n = \beta$ $(\alpha,\ \beta$는 실수)라고 하면

$\displaystyle\sum_{n=1}^{\infty}(a_n+b_n)=7$에서 $\alpha+\beta=7$ $\qquad\cdots\cdots$ ㉠

$\displaystyle\sum_{n=1}^{\infty}(a_n-b_n)=1$에서 $\alpha-\beta=1$ $\qquad\cdots\cdots$ ㉡

㉠, ㉡을 연립하여 풀면 $\alpha=4$, $\beta=3$

$$\therefore \sum_{n=1}^{\infty} a_n = 4,\ \sum_{n=1}^{\infty} b_n = 3$$

▣ 04 등비급수   p. 16

01 (1) 수렴, 1   (2) 수렴, $\dfrac{5}{6}$ (3) 발산   **02** $\dfrac{5}{2}$

03 ②   **04** $-\dfrac{1}{2}$ **05** ①   **06** ㄱ, ㄴ, ㄷ

07 (가) $\dfrac{34}{100}$, (나) $\dfrac{1}{100}$, (다) $\dfrac{34}{99}$

01 (1) 첫째항이 $\dfrac{1}{2}$, 공비가 $\dfrac{1}{2}$이고 $-1<\dfrac{1}{2}<1$이므로 주어진 등비급수는 수렴한다. 따라서 그 합은

$$\frac{\frac{1}{2}}{1-\frac{1}{2}} = 1$$

(2) 첫째항이 1, 공비가 $-\dfrac{1}{5}$이고 $-1<-\dfrac{1}{5}<1$이므로 주어진 등비급수는 수렴한다. 따라서 그 합은

$$\frac{1}{1-\left(-\frac{1}{5}\right)} = \frac{5}{6}$$

(3) 공비가 $\sqrt{2}$이고 $\sqrt{2}>1$이므로 주어진 등비급수는 발산한다.

02 $\displaystyle\sum_{n=1}^{\infty}\left(\frac{3}{2^n}-\frac{1}{3^n}\right) = \sum_{n=1}^{\infty}\frac{3}{2^n} - \sum_{n=1}^{\infty}\frac{1}{3^n}$

$$= 3\sum_{n=1}^{\infty}\left(\frac{1}{2}\right)^n - \sum_{n=1}^{\infty}\left(\frac{1}{3}\right)^n$$

$$= 3\times\frac{\frac{1}{2}}{1-\frac{1}{2}} - \frac{\frac{1}{3}}{1-\frac{1}{3}}$$

$$= 3\times 1 - \frac{1}{2} = \frac{5}{2}$$

03 주어진 등비급수의 첫째항이 1, 공비가 $2x$이므로 수렴하려면

$$-1<2x<1$$

$$\therefore -\frac{1}{2}<x<\frac{1}{2}$$

따라서 정수 x는 0의 1개이다.

04 등비수열 $\{a_n\}$의 공비를 r $(-1<r<1)$라고 하면 첫째항이 3인 등비급수 $\displaystyle\sum_{n=1}^{\infty} a_n$의 합이 2이므로

$$\frac{3}{1-r}=2,\ 1-r=\frac{3}{2}$$

$$\therefore r=-\frac{1}{2}$$

05 급수 $\displaystyle\sum_{n=1}^{\infty}(x-2)^n$이 수렴하도록 하는 실수 x의 값의 범위는 $-1<x-2<1$

$$\therefore 1<x<3 \qquad\cdots\cdots$$ ㉠

급수 $\sum\limits_{n=1}^{\infty}(x-2)(x-3)^{n}$이 수렴하도록 하는 실수 x의 값
의 범위는
$$(x-2)(x-3)=0 \text{ 또는 } -1<x-3<1$$
$(x-2)(x-3)=0$에서 $x=2$ 또는 $x=3$
$-1<x-3<1$에서 $2<x<4$
$$\therefore 2\leq x<4 \qquad\qquad \cdots\cdots \text{ⓛ}$$
㉠, ⓛ에서 공통부분을 구하면 $2\leq x<3$

06 $\sum\limits_{n=1}^{\infty}r^{n}$이 수렴하므로 $-1<r<1$ $\qquad \cdots\cdots \text{㉠}$

ㄱ. $\sum\limits_{n=1}^{\infty}(-r)^{n}$은 공비가 $-r$인 등비급수이므로 ㉠에서
$$-1<-r<1$$
따라서 주어진 급수는 항상 수렴한다.

ㄴ. $\sum\limits_{n=1}^{\infty}r^{2n}$은 공비가 r^{2}인 등비급수이므로 ㉠에서
$$0\leq r^{2}<1$$
따라서 주어진 급수는 항상 수렴한다.

ㄷ. $\sum\limits_{n=1}^{\infty}\left(\dfrac{r+1}{2}\right)^{n}$은 공비가 $\dfrac{r+1}{2}$인 등비급수이므로 ㉠에서
$$0<r+1<2$$
$$\therefore 0<\dfrac{r+1}{2}<1$$
따라서 주어진 급수는 항상 수렴한다.
그러므로 ㄱ, ㄴ, ㄷ 모두 항상 수렴한다.

07 $0.\dot{3}\dot{4}=0.34+0.0034+0.000034+\cdots$
$$=\dfrac{34}{100}+\dfrac{34}{100^{2}}+\dfrac{34}{100^{3}}+\cdots$$
따라서 $0.\dot{3}\dot{4}$는 첫째항이 $\boxed{\dfrac{34}{100}}$이고 공비가 $\boxed{\dfrac{1}{100}}$인 등비
급수의 합이므로
$$0.\dot{3}\dot{4}=\dfrac{\boxed{\dfrac{34}{100}}}{1-\boxed{\dfrac{1}{100}}}=\boxed{\dfrac{34}{99}}$$
$$\therefore \text{(가) } \dfrac{34}{100}, \text{ (나) } \dfrac{1}{100}, \text{ (다) } \dfrac{34}{99}$$

01 ⑤	**02** ②	**03** ①	**04** ①	**05** ③
06 ②	**07** ④	**08** 7	**09** ②	**10** 3
11 9	**12** $0<x\leq\dfrac{2}{3}$	**13** ⑤	**14** $\dfrac{8}{27}$
15 2	**16** ③	**17** ②	**18** ⑤	**19** $\dfrac{1}{2}$
20 ②	**21** ②	**22** 16	**23** ②	**24** $\dfrac{\sqrt{3}}{3}$

01 첫째항부터 제n항까지의 부분합을 S_{n}이라고 하자.

① $S_{n}=1+2+4+8+\cdots+2^{n-1}=\sum\limits_{k=1}^{n}2^{k-1}$
$$=\dfrac{2^{n}-1}{2-1}=2^{n}-1$$
$$\therefore \lim_{n\to\infty}S_{n}=\lim_{n\to\infty}(2^{n}-1)=\infty$$
따라서 주어진 급수는 양의 무한대로 발산한다.

② $S_{n}=2+4+6+8+\cdots+2n=\sum\limits_{k=1}^{n}2k$
$$=2\times\dfrac{n(n+1)}{2}=n(n+1)$$
$$\therefore \lim_{n\to\infty}S_{n}=\lim_{n\to\infty}n(n+1)=\infty$$
따라서 주어진 급수는 양의 무한대로 발산한다.

③ $S_{2n-1}=-1+1-1+1-1+\cdots-1=-1$
$S_{2n}=-1+1-1+1-1+\cdots+1=0$
$$\therefore \lim_{n\to\infty}S_{2n-1}=-1,\ \lim_{n\to\infty}S_{2n}=0$$
따라서 $\lim\limits_{n\to\infty}S_{2n-1}\neq\lim\limits_{n\to\infty}S_{2n}$이므로 주어진 급수는 발산
한다.

④ $S_{n}=1+\left(\dfrac{1}{2}\right)+0+\left(-\dfrac{1}{2}\right)+\cdots+\left(\dfrac{-n+3}{2}\right)$
$$=\sum_{k=1}^{n}\dfrac{-k+3}{2}$$
$$=\dfrac{1}{2}\left\{-\dfrac{n(n+1)}{2}+3n\right\}$$
$$=\dfrac{-n^{2}+5n}{4}$$
$$\therefore \lim_{n\to\infty}S_{n}=\lim_{n\to\infty}\dfrac{-n^{2}+5n}{4}=-\infty$$
따라서 주어진 급수는 음의 무한대로 발산한다.

⑤ $S_{n}=\dfrac{2}{2\times3}+\dfrac{2}{3\times4}+\dfrac{2}{4\times5}+\cdots+\dfrac{2}{(n+1)(n+2)}$
$$=\sum_{k=1}^{n}\dfrac{2}{(k+1)(k+2)}$$
$$=\sum_{k=1}^{n}2\left(\dfrac{1}{k+1}-\dfrac{1}{k+2}\right)$$
$$=2\left\{\left(\dfrac{1}{2}-\dfrac{1}{3}\right)+\left(\dfrac{1}{3}-\dfrac{1}{4}\right)+\left(\dfrac{1}{4}-\dfrac{1}{5}\right)\right.$$
$$\left.+\cdots+\left(\dfrac{1}{n+1}-\dfrac{1}{n+2}\right)\right\}$$
$$=2\left(\dfrac{1}{2}-\dfrac{1}{n+2}\right)$$
$$\therefore \lim_{n\to\infty}S_{n}=\lim_{n\to\infty}2\left(\dfrac{1}{2}-\dfrac{1}{n+2}\right)=1$$

따라서 주어진 수열은 1에 수렴한다.

그러므로 수렴하는 것은 ⑤이다.

③ $-1+1-1+1-1+\cdots+(-1)^n+\cdots$

과 같이 항의 부호가 교대로 $+$, $-$로 바뀌는 급수의 수렴과 발산은 짝수 번째 항까지의 부분합 S_{2n}과 홀수 번째 항까지의 부분합 S_{2n-1}에 대하여

(1) $\lim\limits_{n\to\infty}S_{2n}=\lim\limits_{n\to\infty}S_{2n-1}$이면 주어진 급수는 수렴한다.

(2) $\lim\limits_{n\to\infty}S_{2n}\neq\lim\limits_{n\to\infty}S_{2n-1}$이면 주어진 급수는 발산한다.

즉, 항의 부호가 교대로 바뀌는 급수의 수렴, 발산을 판정하려면 $\lim\limits_{n\to\infty}S_{2n}$과 $\lim\limits_{n\to\infty}S_{2n-1}$이 같은 값에 수렴하는지를 조사하면 된다.

02 주어진 급수의 첫째항부터 제n항까지의 부분합을 S_n이라고 하자.

ㄱ. $S_1=1$, $S_2=-1$, $S_3=2$, $S_4=-2$, $S_5=3$, $S_6=-3$, $\cdots$이므로

$S_{2n-1}=n$, $S_{2n}=-n$

$\therefore \lim\limits_{n\to\infty}S_{2n-1}=\infty$, $\lim\limits_{n\to\infty}S_{2n}=-\infty$

따라서 주어진 급수는 발산한다.

ㄴ. $S_n=0+0+\cdots+0=0$이므로 $\lim\limits_{n\to\infty}S_n=0$

따라서 주어진 급수는 0에 수렴한다.

ㄷ. $S_1=-1$, $S_2=0$, $S_3=-1$, $S_4=0$, $\cdots$이므로

$S_{2n-1}=-1$, $S_{2n}=0$

$\therefore \lim\limits_{n\to\infty}S_{2n-1}=-1$, $\lim\limits_{n\to\infty}S_{2n}=0$

따라서 $\lim\limits_{n\to\infty}S_{2n-1}\neq\lim\limits_{n\to\infty}S_{2n}$이므로 주어진 급수는 발산한다.

그러므로 수렴하는 것은 ㄴ이다.

03 $2a_n+3b_n=c_n$이라고 하면 $2a_n=c_n-3b_n$

$\therefore a_n=\dfrac{1}{2}c_n-\dfrac{3}{2}b_n$

이때 $\sum\limits_{n=1}^{\infty}b_n=6$, $\sum\limits_{n=1}^{\infty}c_n=10$이므로

$\sum\limits_{n=1}^{\infty}a_n=\sum\limits_{n=1}^{\infty}\left(\dfrac{1}{2}c_n-\dfrac{3}{2}b_n\right)$

$\quad=\dfrac{1}{2}\sum\limits_{n=1}^{\infty}c_n-\dfrac{3}{2}\sum\limits_{n=1}^{\infty}b_n$

$\quad=\dfrac{1}{2}\times10-\dfrac{3}{2}\times6$

$\quad=-4$

$\sum\limits_{n=1}^{\infty}a_n=\alpha$ (α는 실수)라고 하면

$\sum\limits_{n=1}^{\infty}(2a_n+3b_n)=2\sum\limits_{n=1}^{\infty}a_n+3\sum\limits_{n=1}^{\infty}b_n$

$\qquad\qquad=2\alpha+3\times6=2\alpha+18$

따라서 $2\alpha+18=10$이므로 $2\alpha=-8$

$\therefore \alpha=-4$

04 $\sum\limits_{n=1}^{\infty}a_n=\alpha$, $\sum\limits_{n=1}^{\infty}b_n=\beta$ (α, β는 실수)라고 하면

$\sum\limits_{n=1}^{\infty}(a_n-3b_n)=10$에서 $\alpha-3\beta=10$ $\qquad\cdots\cdots$ ㉠

$\sum\limits_{n=1}^{\infty}(3a_n-2b_n)=9$에서 $3\alpha-2\beta=9$ $\qquad\cdots\cdots$ ㉡

㉠, ㉡을 연립하여 풀면 $\alpha=1$, $\beta=-3$

$\therefore \sum\limits_{n=1}^{\infty}(a_n+b_n)=\sum\limits_{n=1}^{\infty}a_n+\sum\limits_{n=1}^{\infty}b_n=\alpha+\beta=1+(-3)=-2$

05 주어진 급수의 제n항을 a_n이라고 하면

$a_n=\dfrac{2}{(2n+1)^2-1}=\dfrac{2}{4n(n+1)}=\dfrac{1}{2}\left(\dfrac{1}{n}-\dfrac{1}{n+1}\right)$

이때 첫째항부터 제n항까지의 부분합을 S_n이라고 하면

$S_n=\sum\limits_{k=1}^{n}\dfrac{1}{2}\left(\dfrac{1}{k}-\dfrac{1}{k+1}\right)$

$\quad=\dfrac{1}{2}\left\{\left(1-\dfrac{1}{2}\right)+\left(\dfrac{1}{2}-\dfrac{1}{3}\right)+\left(\dfrac{1}{3}-\dfrac{1}{4}\right)+\cdots\right.$

$\qquad\qquad\qquad\qquad\qquad\left.+\left(\dfrac{1}{n}-\dfrac{1}{n+1}\right)\right\}$

$\quad=\dfrac{1}{2}\left(1-\dfrac{1}{n+1}\right)$

따라서 구하는 급수의 합은

$\lim\limits_{n\to\infty}S_n=\lim\limits_{n\to\infty}\dfrac{1}{2}\left(1-\dfrac{1}{n+1}\right)=\dfrac{1}{2}$

06 [1단계]

$n\geq2$일 때,

$a_n=S_n-S_{n-1}$

$\quad=n^2+n-\{(n-1)^2+(n-1)\}=2n$ $\qquad\cdots\cdots$ ㉠

이때 $a_1=S_1=1^2+1=2$는 ㉠에 $n=1$을 대입한 것과 같으므로 $a_n=2n$

[2단계]

$\therefore \sum\limits_{n=1}^{\infty}\dfrac{1}{a_na_{n+1}}=\sum\limits_{n=1}^{\infty}\dfrac{1}{2n\times2(n+1)}=\dfrac{1}{4}\sum\limits_{n=1}^{\infty}\dfrac{1}{n(n+1)}$

$\qquad\qquad=\dfrac{1}{4}\sum\limits_{n=1}^{\infty}\left(\dfrac{1}{n}-\dfrac{1}{n+1}\right)$

$\qquad\qquad=\dfrac{1}{4}\lim\limits_{n\to\infty}\sum\limits_{k=1}^{n}\left(\dfrac{1}{k}-\dfrac{1}{k+1}\right)$

$\qquad\qquad=\dfrac{1}{4}\lim\limits_{n\to\infty}\left\{\left(\dfrac{1}{1}-\dfrac{1}{2}\right)+\left(\dfrac{1}{2}-\dfrac{1}{3}\right)+\left(\dfrac{1}{3}-\dfrac{1}{4}\right)\right.$

$\qquad\qquad\qquad\qquad\left.+\cdots+\left(\dfrac{1}{n}-\dfrac{1}{n+1}\right)\right\}$

$\qquad\qquad=\dfrac{1}{4}\lim\limits_{n\to\infty}\left(1-\dfrac{1}{n+1}\right)=\dfrac{1}{4}$

07 $\sum\limits_{n=2}^{\infty}\log_2\dfrac{n^2}{(n-1)(n+1)}$

$=\lim\limits_{n\to\infty}\sum\limits_{k=2}^{n}\log_2\dfrac{k\times k}{(k-1)(k+1)}$

$=\lim\limits_{n\to\infty}\sum\limits_{k=2}^{n}\log_2\left(\dfrac{k}{k-1}\times\dfrac{k}{k+1}\right)$

$=\lim\limits_{n\to\infty}\left\{\log_2\left(\dfrac{2}{1}\times\dfrac{2}{3}\right)+\log_2\left(\dfrac{3}{2}\times\dfrac{3}{4}\right)+\log_2\left(\dfrac{4}{3}\times\dfrac{4}{5}\right)\right.$

$\qquad\qquad\qquad\left.+\cdots+\log_2\left(\dfrac{n}{n-1}\times\dfrac{n}{n+1}\right)\right\}$

$$=\lim_{n\to\infty}\log_2\left\{\left(\frac{2}{1}\times\frac{2}{3}\right)\times\left(\frac{3}{2}\times\frac{3}{4}\right)\times\left(\frac{4}{3}\times\frac{4}{5}\right)\right.$$
$$\left.\times\cdots\times\left(\frac{n}{n-1}\times\frac{n}{n+1}\right)\right\}$$
$$=\lim_{n\to\infty}\log_2\left(\frac{2}{1}\times\frac{2}{3}\times\frac{3}{2}\times\frac{3}{4}\times\frac{4}{3}\times\frac{4}{5}\right.$$
$$\left.\times\cdots\times\frac{n}{n-1}\times\frac{n}{n+1}\right)$$
$$=\lim_{n\to\infty}\log_2\frac{2n}{n+1}$$
$$=\log_2 2=1$$

08 $(a_1-7)+(a_2-7)+(a_3-7)+\cdots=\sum_{n=1}^{\infty}(a_n-7)$

$\sum_{n=1}^{\infty}(a_n-7)$이 수렴하므로 $\lim_{n\to\infty}(a_n-7)=0$

$\therefore \lim_{n\to\infty}a_n=7$

09 [1단계]

$(2n+1)x+(2n-1)y=1$에서

$x=0$일 때 $y=\dfrac{1}{2n-1}$,

$y=0$일 때 $x=\dfrac{1}{2n+1}$

이므로 직선

$(2n+1)x+(2n-1)y=1$을 나타

내면 오른쪽 그림과 같다.

$\therefore a_n=\dfrac{1}{2}\times\dfrac{1}{2n+1}\times\dfrac{1}{2n-1}$

$\qquad=\dfrac{1}{4}\left(\dfrac{1}{2n-1}-\dfrac{1}{2n+1}\right)$

[2단계]

$$\sum_{k=1}^{n}a_k=\frac{1}{4}\left\{\left(\frac{1}{1}-\frac{1}{3}\right)+\left(\frac{1}{3}-\frac{1}{5}\right)+\left(\frac{1}{5}-\frac{1}{7}\right)+\cdots\right.$$
$$\left.+\left(\frac{1}{2n-1}-\frac{1}{2n+1}\right)\right\}$$
$$=\frac{1}{4}\left(1-\frac{1}{2n+1}\right)$$
$$\therefore \sum_{n=1}^{\infty}a_n=\lim_{n\to\infty}\sum_{k=1}^{n}a_k=\lim_{n\to\infty}\frac{1}{4}\left(1-\frac{1}{2n+1}\right)=\frac{1}{4}$$

10 주어진 급수는 첫째항이 x, 공비가 $\dfrac{x-1}{2}$이므로 수렴하려면

$x=0$ 또는 $-1<\dfrac{x-1}{2}<1$

$-1<\dfrac{x-1}{2}<1$에서 $-2<x-1<2$

$\therefore -1<x<3$

따라서 $-1<x<3$이므로 구하는 정수 x는 0, 1, 2의 3개
이다.

11 급수 $\sum_{n=1}^{\infty}\dfrac{a_n}{n}$이 수렴하므로 $\lim_{n\to\infty}\dfrac{a_n}{n}=0$

$\therefore \lim_{n\to\infty}\dfrac{a_n+9n}{n}=\lim_{n\to\infty}\left(\dfrac{a_n}{n}+9\right)=0+9=9$

12 [1단계]

수열 $\{(x-1)(3x-1)^n\}$의 첫째항이 $(x-1)(3x-1)$,
공비가 $3x-1$이므로 수렴하려면

$(x-1)(3x-1)=0$ 또는 $-1<3x-1\le1$

$(x-1)(3x-1)=0$에서 $x=1$ 또는 $x=\dfrac{1}{3}$

$-1<3x-1\le1$에서 $0<3x\le2$

$\therefore 0<x\le\dfrac{2}{3}$

$\therefore x=1$ 또는 $0<x\le\dfrac{2}{3}$ $\qquad\cdots\cdots$ ㉠

[2단계]

$\sum_{n=1}^{\infty}(x^2-x+1)^n$의 공비가 x^2-x+1이므로 수렴하려면

$-1<x^2-x+1<1$

(ⅰ) $x^2-x+1>-1$에서 $x^2-x+2>0$

이때 $x^2-x+2=\left(x-\dfrac{1}{2}\right)^2+\dfrac{7}{4}$이므로 모든 실수 x에

대하여 $x^2-x+2>0$이 성립한다.

(ⅱ) $x^2-x+1<1$에서 $x^2-x<0$, $x(x-1)<0$

$\therefore 0<x<1$

(ⅰ), (ⅱ)에 의하여 $\sum_{n=1}^{\infty}(x^2-x+1)^n$이 수렴하려면

$0<x<1$ $\qquad\cdots\cdots$ ㉡

[3단계]

㉠, ㉡의 공통 범위를 구하면

$0<x\le\dfrac{2}{3}$

13 등비수열 $\{a_n\}$의 첫째항을 a라고 하면 공비가 $\dfrac{1}{4}$이고,

$\sum_{n=1}^{\infty}a_n=16$이므로

$\sum_{n=1}^{\infty}a_n=\dfrac{a}{1-\dfrac{1}{4}}=16$

$\therefore a=16\times\dfrac{3}{4}=12$

14 [1단계]

등비수열 $\{a_n\}$의 첫째항을 a, 공비를 $r\,(-1<r<1)$라고

하면 $\sum_{n=1}^{\infty}a_n=-6$에서

$\dfrac{a}{1-r}=-6$ $\qquad\cdots\cdots$ ㉠

수열 $\{a_n^2\}$은 첫째항이 a^2, 공비가 r^2인 등비수열이므로

$\sum_{n=1}^{\infty}a_n^2=72$에서 $\dfrac{a^2}{1-r^2}=72$

$\therefore \dfrac{a^2}{(1+r)(1-r)}=72$ $\qquad\cdots\cdots$ ㉡

[2단계]

㉠을 ㉡에 대입하면 $-6\times\dfrac{a}{1+r}=72$

$\therefore \dfrac{a}{1+r}=-12$ $\qquad\cdots\cdots$ ㉢

$\bigcirc \div \bigcirc$을 하면

$$\frac{1+r}{1-r}=\frac{1}{2},\ 2(1+r)=1-r,\ 3r=-1$$

$$\therefore r=-\frac{1}{3}$$

$r=-\dfrac{1}{3}$을 $\bigcirc$에 대입하면

$$\frac{a}{1-\left(-\frac{1}{3}\right)}=-6 \qquad \therefore a=-8$$

[3단계]

따라서 $a_n=-8\times\left(-\dfrac{1}{3}\right)^{n-1}$이므로

$$a_4=-8\times\left(-\frac{1}{3}\right)^3=\frac{8}{27}$$

15 $2a_{n+1}=a_n+4$를 $2a_{n+1}-\alpha=a_n-\alpha$의 꼴로 변형하면

$2a_{n+1}=a_n+\alpha$에서 $\alpha=4$

$2(a_{n+1}-4)=a_n-4$

$$\therefore a_{n+1}-4=\frac{1}{2}(a_n-4)$$

따라서 수열 $\{a_n-4\}$는 첫째항이 $a_1-4=-1$, 공비가 $\dfrac{1}{2}$

인 등비수열이므로

$$a_n-4=-\left(\frac{1}{2}\right)^{n-1}$$

$$\therefore a_n=4-\left(\frac{1}{2}\right)^{n-1}$$

$$\therefore \sum_{n=1}^{\infty}(4-a_n)=\sum_{n=1}^{\infty}\left(\frac{1}{2}\right)^{n-1}=\frac{1}{1-\frac{1}{2}}=2$$

16 $\log_3(S_n+1)=n$에서 $S_n+1=3^n$

$$\therefore S_n=3^n-1$$

$n\geq 2$일 때,

$$a_n=S_n-S_{n-1}=3^n-1-(3^{n-1}-1)=2\times 3^{n-1} \quad \cdots\cdots \bigcirc$$

이때 $a_1=S_1=2$는 $\bigcirc$에 $n=1$을 대입한 것과 같으므로

$$a_n=2\times 3^{n-1}$$

$$\therefore \sum_{n=1}^{\infty}\frac{1}{a_n}=\sum_{n=1}^{\infty}\frac{1}{2\times 3^{n-1}}=\frac{1}{2}\sum_{n=1}^{\infty}\frac{1}{3^{n-1}}$$

$$=\frac{1}{2}\times\frac{1}{1-\frac{1}{3}}=\frac{3}{4}$$

17 $\log_3\sqrt{9}+\log_3\sqrt{\sqrt{9}}+\log_3\sqrt{\sqrt{\sqrt{9}}}+\cdots$

$$=\log_3 9^{\frac{1}{2}}+\log_3 (9^{\frac{1}{2}})^{\frac{1}{2}}+\log_3\{(9^{\frac{1}{2}})^{\frac{1}{2}}\}^{\frac{1}{2}}+\cdots$$

$$=\log_3 9^{\frac{1}{2}}+\log_3 9^{\frac{1}{4}}+\log_3 9^{\frac{1}{8}}+\cdots$$

$$=\log_3 9^{\frac{1}{2}+\frac{1}{4}+\frac{1}{8}+\cdots}$$

$$=\log_3 9^{\sum_{n=1}^{\infty}\left(\frac{1}{2}\right)^n}$$

$$=\log_3 9^{\frac{\frac{1}{2}}{1-\frac{1}{2}}}$$

$$=\log_3 9$$

$$=2$$

$\log_3 9^{\frac{1}{2}}+\log_3 9^{\frac{1}{4}}+\log_3 9^{\frac{1}{8}}+\cdots$에서

$$\frac{1}{2}\log_3 9+\frac{1}{4}\log_3 9+\frac{1}{8}\log_3 9+\cdots$$

$$=\left(\frac{1}{2}+\frac{1}{4}+\frac{1}{8}+\cdots\right)\log_3 9$$

$$=\sum_{n=1}^{\infty}\left(\frac{1}{2}\right)^n\times\log_3 9$$

$$=\frac{\frac{1}{2}}{1-\frac{1}{2}}\times\log_3 9$$

$$=\log_3 9=2$$

18 ㄱ. 등비수열 $\{a_n\}$의 일반항을 $a_n=ar^{n-1}$이라고 하면

수열 $\{ar^{n-1}\}$이 수렴하므로 $a=0$ 또는 $-1<r\leq 1$

이때 $r=1$이면 등비급수 $\displaystyle\sum_{n=1}^{\infty}a_n$은 발산한다. (거짓)

ㄴ. (반례) $\{a_n\}: 1,\ 1,\ 1,\ 1,\ \cdots$

$\{b_n\}: -1,\ -1,\ -1,\ -1,\ \cdots$

이면 두 등비급수 $\displaystyle\sum_{n=1}^{\infty}a_n,\ \sum_{n=1}^{\infty}b_n$은 모두 발산하지만

$\displaystyle\lim_{n\to\infty}(a_n+b_n)=0$ (거짓)

ㄷ. 두 등비급수 $\displaystyle\sum_{n=1}^{\infty}a_n,\ \sum_{n=1}^{\infty}b_n$의 공비를 각각 $r,\ s$라고 하면

$-1<r<1,\ -1<s<1$

$\therefore -1<rs<1$

따라서 등비급수 $\displaystyle\sum_{n=1}^{\infty}a_nb_n$도 수렴한다. (참)

그러므로 옳은 것은 ㄷ이다.

19 [1단계]

$2^n\times 3^{n+1}$의 모든 양의 약수의 개수 a_n은

$$a_n=(n+1)(n+2)$$

[2단계]

$$\therefore \sum_{n=1}^{\infty}\frac{1}{a_n}$$

$$=\sum_{n=1}^{\infty}\frac{1}{(n+1)(n+2)}$$

$$=\sum_{n=1}^{\infty}\left(\frac{1}{n+1}-\frac{1}{n+2}\right)$$

$$=\lim_{n\to\infty}\sum_{k=1}^{n}\left(\frac{1}{k+1}-\frac{1}{k+2}\right)$$

$$=\lim_{n\to\infty}\left\{\left(\frac{1}{2}-\frac{1}{3}\right)+\left(\frac{1}{3}-\frac{1}{4}\right)+\left(\frac{1}{4}-\frac{1}{5}\right)+\cdots\right.$$

$$\left.+\left(\frac{1}{n+1}-\frac{1}{n+2}\right)\right\}$$

$$=\lim_{n\to\infty}\left(\frac{1}{2}-\frac{1}{n+2}\right)$$

$$=\frac{1}{2}$$

$p^m\times q^n$($p,\ q$는 서로 다른 소수, $m,\ n$은 자연수)의 양의 약수의 개수는 $(m+1)(n+1)$

20 $f(x)=x^n$으로 놓으면 나머지정리에 의하여

$$a_n=f\left(-\frac{3}{4}\right)=\left(-\frac{3}{4}\right)^n$$

$$\therefore \sum_{n=1}^{\infty}a_n=\sum_{n=1}^{\infty}\left(-\frac{3}{4}\right)^n=\frac{-\frac{3}{4}}{1-\left(-\frac{3}{4}\right)}=-\frac{3}{7}$$

21 등비수열 $\{a_n\}$의 공비를 $r\,(r>0)$라고 하면

$$a_1=0.\dot{3}=\frac{3}{9}=\frac{1}{3}$$

$$a_3=a_1r^2=\frac{1}{3}r^2=\frac{12}{900}$$

즉, $r^2=\frac{1}{25}$이므로 $r=\frac{1}{5}\ (\because r>0)$

따라서 $a_n=\frac{1}{3}\times\left(\frac{1}{5}\right)^{n-1}$이므로

$$\sum_{n=1}^{\infty}a_n=\sum_{n=1}^{\infty}\frac{1}{3}\times\left(\frac{1}{5}\right)^{n-1}=\frac{\frac{1}{3}}{1-\frac{1}{5}}=\frac{5}{12}$$

참고

등비급수를 이용하면 다음과 같이 순환소수를 분수로 나타
낼 수 있다.

① $0.\dot{a}\dot{b}\dot{c}=\dfrac{abc}{999}$

② $0.a\dot{b}\dot{c}=\dfrac{abc-a}{990}$

③ $a.b\dot{c}=\dfrac{abc-ab}{90}$

22 $\dfrac{5}{11}=0.\dot{4}\dot{5}=0.454545\cdots$

$a_1=4,\ a_2=5,\ a_3=4,\ a_4=5,\ \cdots$

$$\therefore \sum_{n=1}^{\infty}\frac{a_n}{2^n}=\frac{4}{2}+\frac{5}{2^2}+\frac{4}{2^3}+\frac{5}{2^4}+\frac{4}{2^5}+\frac{5}{2^6}+\cdots$$

$$=\left(\frac{4}{2}+\frac{4}{2^3}+\frac{4}{2^5}+\cdots\right)+\left(\frac{5}{2^2}+\frac{5}{2^4}+\frac{5}{2^6}+\cdots\right)$$

$$=4\left(\frac{1}{2}+\frac{1}{2^3}+\frac{1}{2^5}+\cdots\right)+5\left(\frac{1}{2^2}+\frac{1}{2^4}+\frac{1}{2^6}+\cdots\right)$$

$$=4\times\frac{\frac{1}{2}}{1-\frac{1}{4}}+5\times\frac{\frac{1}{4}}{1-\frac{1}{4}}$$

$$=\frac{8}{3}+\frac{5}{3}=\frac{13}{3}$$

따라서 $p=3,\ q=13$이므로 $p+q=16$

23 한 변의 길이가 1인 정사각형을 합동인 두 직사각형으로
나눌 때 그린 선분의 길이는 1,

한 직사각형을 다시 합동인 두 정사각형으로 나눌 때 그린

선분의 길이는 $\dfrac{1}{2}$,

한 변의 길이가 $\dfrac{1}{2}$인 정사각형을 합동인 두 직사각형으로

나눌 때 그린 선분의 길이는 $\dfrac{1}{2}$이다.

이와 같은 과정을 반복하면

길이가 1인 선분이 1개,

길이가 $\dfrac{1}{2}$인 선분이 2개,

길이가 $\dfrac{1}{4}$인 선분이 2개, $\cdots$

이므로 구하는 선분의 길이의 합은

$$1+\left(\frac{1}{2}+\frac{1}{2}\right)+\left(\frac{1}{4}+\frac{1}{4}\right)+\left(\frac{1}{8}+\frac{1}{8}\right)+\left(\frac{1}{16}+\frac{1}{16}\right)+\cdots$$

$$=1+1+\frac{1}{2}+\frac{1}{4}+\frac{1}{8}+\cdots$$

$$=1+\sum_{n=1}^{\infty}\left(\frac{1}{2}\right)^{n-1}$$

$$=1+\frac{1}{1-\frac{1}{2}}=1+2=3$$

24 정삼각형 ABC의 넓이는

$$\frac{\sqrt{3}}{4}\times 2^2=\sqrt{3}$$

이므로

$$S_1=\sqrt{3}\times\frac{1}{4}=\frac{\sqrt{3}}{4}$$

$$S_2=\frac{1}{4}S_1=\frac{1}{4}\times\frac{\sqrt{3}}{4}$$

$$S_3=\frac{1}{4}S_2=\left(\frac{1}{4}\right)^2\times\frac{\sqrt{3}}{4}$$

$$\vdots$$

$$S_n=\frac{\sqrt{3}}{4}\times\left(\frac{1}{4}\right)^{n-1}$$

$$\therefore \sum_{n=1}^{\infty}S_n=\sum_{n=1}^{\infty}\frac{\sqrt{3}}{4}\times\left(\frac{1}{4}\right)^{n-1}=\frac{\frac{\sqrt{3}}{4}}{1-\frac{1}{4}}=\frac{\sqrt{3}}{3}$$

O1 (1) $\displaystyle\lim_{x\to\infty}\dfrac{3^x-1}{3^x}=\lim_{x\to\infty}\left\{1-\left(\dfrac{1}{3}\right)^x\right\}=1-0=1$

(2) $\displaystyle\lim_{x\to\infty}(7^x-5^x)=\lim_{x\to\infty}7^x\left\{1-\left(\dfrac{5}{7}\right)^x\right\}$

$$=\infty\times(1-0)=\infty$$

(3) 분모, 분자에 각각 2^x을 곱하면

$$\lim_{x\to-\infty}\dfrac{2^x-2^{-x}}{2^x+2^{-x}}=\lim_{x\to-\infty}\dfrac{2^{2x}-1}{2^{2x}+1}=\dfrac{0-1}{0+1}=-1$$

(4) $\displaystyle\lim_{x\to 0+}\log x=\lim_{x\to 0+}\log x=-\infty$

(5) $\displaystyle\lim_{x\to\infty}\{\log_3 9x-\log_3(x+3)\}=\lim_{x\to\infty}\log_3\dfrac{9x}{x+3}$

$$=\lim_{x\to\infty}\log_3\dfrac{9}{1+\dfrac{3}{x}}$$

$$=\log_3 9=2$$

(6) $\displaystyle\lim_{x\to 4+}\{\log(x^2-16)-\log(x-4)\}$

$$=\lim_{x\to 4+}\log\dfrac{x^2-16}{x-4}$$

$$=\lim_{x\to 4+}\log\dfrac{(x-4)(x+4)}{x-4}$$

$$=\lim_{x\to 4+}\log(x+4)=\log 8$$

O2 $\displaystyle\lim_{x\to 0}(1+2x)^{\frac{3}{x}}=\lim_{x\to 0}\left\{(1+2x)^{\frac{1}{2x}}\right\}^6=e^6$

$$\therefore a=6$$

O3 극한값이 존재하고 $x\to 0$일 때

(분모) $\to 0$이므로 (분자) $\to 0$이어야 한다.

즉, $\displaystyle\lim_{x\to 0}(e^x+b)=1+b=0$이므로 $b=-1$

$\therefore \displaystyle\lim_{x\to 0}\dfrac{e^x+b}{\ln(1+ax)}=\lim_{x\to 0}\dfrac{e^x-1}{\ln(1+ax)}$

$$=\lim_{x\to 0}\left\{\dfrac{ax}{\ln(1+ax)}\times\dfrac{e^x-1}{x}\times\dfrac{1}{a}\right\}$$

$$=1\times 1\times\dfrac{1}{a}=\dfrac{1}{a}=1$$

$$\therefore a=1$$

O4 $\displaystyle\lim_{x\to 0}\dfrac{\ln(1+6x)}{x}=\lim_{x\to 0}\left\{\dfrac{\ln(1+6x)}{6x}\times 6\right\}$

$$=1\times 6=6$$

$\displaystyle\lim_{x\to 0}\dfrac{e^{2x}-1}{3x}=\lim_{x\to 0}\left\{\dfrac{e^{2x}-1}{2x}\times\dfrac{2}{3}\right\}=1\times\dfrac{2}{3}=\dfrac{2}{3}$

따라서 $a=6$, $b=\dfrac{2}{3}$이므로 $ab=6\times\dfrac{2}{3}=4$

O5 (1) $y'=(x^2)'e^x+x^2(e^x)'=2xe^x+x^2e^x=(x^2+2x)e^x$

(2) $y=2^{x+1}=2\times 2^x$이므로

$$y'=2\times 2^x\ln 2=2^{x+1}\ln 2$$

(3) $y=3^{2x-1}=3^{-1}\times 3^{2x}=3^{-1}\times 9^x$이므로

$$y'=3^{-1}\times 9^x\ln 9=3^{-1}\times 3^{2x}\ln 9=3^{2x-1}\ln 9$$

(4) $y=\ln x^4=4\ln x$이므로

$$y'=4\times\dfrac{1}{x}=\dfrac{4}{x}$$

(5) $y=\log_2 5x=\log_2 5+\log_2 x$이므로

$$y'=\dfrac{1}{x\ln 2}$$

(6) $y=x\ln 7x=x(\ln 7+\ln x)$이므로

$y'=(x)'(\ln 7+\ln x)+x(\ln 7+\ln x)'$

$$=\ln 7+\ln x+x\times\dfrac{1}{x}$$

$$=\ln 7+\ln x+1=\ln 7x+1$$

O6 $f(x)=(x^2+2)e^{x-1}=(x^2+2)\times e^{-1}\times e^x$

$$=\dfrac{1}{e}\times(x^2+2)e^x$$

이므로

$f'(x)=\dfrac{1}{e}\times\{(x^2+2)'e^x+(x^2+2)(e^x)'\}$

$$=\dfrac{1}{e}\times\{2xe^x+(x^2+2)e^x\}$$

$$=(x^2+2x+2)e^{x-1}$$

$$\therefore f'(2)=(2^2+2\times 2+2)e^{2-1}=10e$$

O7 $\displaystyle\lim_{h\to 0}\dfrac{f(1+h)-f(1)}{h}=f'(1)$

$f(x)=\ln x^2+3x=2\ln x+3x$에서

$f'(x)=\dfrac{2}{x}+3$

$$\therefore f'(1)=\dfrac{2}{1}+3=5$$

01 $\overline{\text{OP}}=\sqrt{3^2+4^2}=5$이므로

$\csc\theta=\dfrac{5}{4}$

$\sec\theta=\dfrac{5}{3}$

$\cot\theta=\dfrac{3}{4}$

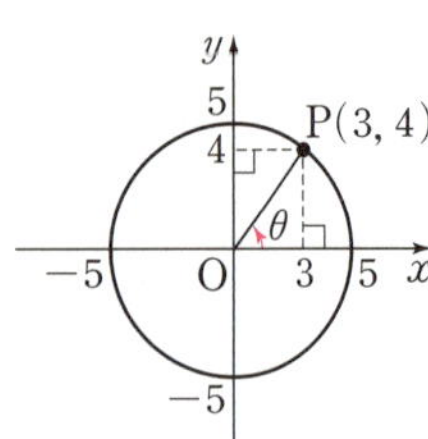

02 $\dfrac{\tan\theta}{\sec\theta-1}-\dfrac{\tan\theta}{\sec\theta+1}$

$=\dfrac{\tan\theta(\sec\theta+1)-\tan\theta(\sec\theta-1)}{(\sec\theta-1)(\sec\theta+1)}$

$=\dfrac{\boxed{2\tan\theta}}{\sec^2\theta-1}=\dfrac{2\tan\theta}{\tan^2\theta}$

$=\boxed{\dfrac{2}{\tan\theta}}$

$=\boxed{2\cot\theta}$

$\therefore$ ㈎ $2\tan\theta$, ㈏ $\dfrac{2}{\tan\theta}$, ㈐ $2\cot\theta$

03 (1) $\sin 75°=\sin(30°+45°)$

$\qquad=\sin 30°\cos 45°+\cos 30°\sin 45°$

$\qquad=\dfrac{1}{2}\times\dfrac{\sqrt2}{2}+\dfrac{\sqrt3}{2}\times\dfrac{\sqrt2}{2}$

$\qquad=\dfrac{\sqrt2+\sqrt6}{4}$

(2) $\cos 15°=\cos(45°-30°)$

$\qquad=\cos 45°\cos 30°+\sin 45°\sin 30°$

$\qquad=\dfrac{\sqrt2}{2}\times\dfrac{\sqrt3}{2}+\dfrac{\sqrt2}{2}\times\dfrac{1}{2}$

$\qquad=\dfrac{\sqrt6+\sqrt2}{4}$

(3) $\tan 105°=\tan(45°+60°)$

$\qquad=\dfrac{\tan 45°+\tan 60°}{1-\tan 45°\tan 60°}$

$\qquad=\dfrac{1+\sqrt3}{1-\sqrt3}$

$\qquad=-2-\sqrt3$

(4) $\sin 60°\cos 15°-\cos 60°\sin 15°=\sin(60°-15°)$

$\qquad\qquad\qquad\qquad\qquad=\sin 45°=\dfrac{\sqrt2}{2}$

(5) $\cos 55°\cos 35°-\sin 55°\sin 35°=\cos(55°+35°)$

$\qquad\qquad\qquad\qquad\qquad=\cos 90°=0$

(6) $\dfrac{\tan 70°-\tan 10°}{1+\tan 70°\tan 10°}=\tan(70°-10°)$

$\qquad\qquad\qquad\qquad=\tan 60°=\sqrt3$

04 $0<\theta<\dfrac{\pi}{2}$이므로 $\cos\theta>0$

$\cos\theta=\sqrt{1-\sin^2\theta}=\sqrt{1-\left(\dfrac{2}{3}\right)^2}$

$\qquad=\sqrt{\dfrac{5}{9}}=\dfrac{\sqrt5}{3}$

$\therefore\ \sin 2\theta+\cos 2\theta=2\sin\theta\cos\theta+1-2\sin^2\theta$

$\qquad=2\times\dfrac{2}{3}\times\dfrac{\sqrt5}{3}+1-2\times\left(\dfrac{2}{3}\right)^2$

$\qquad=\dfrac{4\sqrt5}{9}+1-\dfrac{8}{9}$

$\qquad=\dfrac{1+4\sqrt5}{9}$

05 $\sin\theta+\cos\theta=\dfrac{1}{3}$의 양변을 제곱하면

$\sin^2\theta+2\sin\theta\cos\theta+\cos^2\theta=\dfrac{1}{9}$

$1+\sin 2\theta=\dfrac{1}{9}$

$\therefore\ \sin 2\theta=-\dfrac{8}{9}$

06 $\cos^2 22.5°=\cos^2\dfrac{45°}{2}=\dfrac{1+\cos 45°}{2}$

$\qquad=\dfrac{1+\dfrac{\sqrt2}{2}}{2}$

$\qquad=\dfrac{2+\sqrt2}{4}$

$\sin^2 22.5°=\sin^2\dfrac{45°}{2}=\dfrac{1-\cos 45°}{2}$

$\qquad=\dfrac{1-\dfrac{\sqrt2}{2}}{2}$

$\qquad=\dfrac{2-\sqrt2}{4}$

$\therefore\ \cos^2 22.5°-\sin^2 22.5°=\dfrac{2+\sqrt2}{4}-\dfrac{2-\sqrt2}{4}=\dfrac{\sqrt2}{2}$

$\cos^2 22.5°=\cos^2\dfrac{45°}{2}=\dfrac{1+\cos 45°}{2}$

$\sin^2 22.5°=\sin^2\dfrac{45°}{2}=\dfrac{1-\cos 45°}{2}$

$\therefore\ \cos^2 22.5°-\sin^2 22.5°$

$\qquad=\dfrac{1+\cos 45°}{2}-\dfrac{1-\cos 45°}{2}$

$\qquad=\cos 45°$

$\qquad=\dfrac{\sqrt2}{2}$

07 $r=\sqrt{1^2+(\sqrt3)^2}=2$이므로

$\sin x+\sqrt3\cos x=2\left(\dfrac{1}{2}\sin x+\dfrac{\sqrt3}{2}\cos x\right)$

$\qquad=2\left(\cos\dfrac{\pi}{3}\sin x+\sin\dfrac{\pi}{3}\cos x\right)$

$\qquad=2\sin\left(x+\dfrac{\pi}{3}\right)$

$\therefore\ r=2,\ \alpha=\dfrac{\pi}{3}$

01 (1) $\dfrac{1}{2}$ (2) $\dfrac{\sqrt{2}}{2}$ (3) $\sqrt{3}$ (4) 1 (5) 2 (6) 2   **02** 3

03 7   **04** $\dfrac{1}{2}$ **05** -2 **06** (1) $y'=2+\cos x$

(2) $y'=-\sin x-3e^x$ (3) $y'=2\sin x\cos x$

(4) $y'=\cos^2 x-\sin^2 x$ **07** -1 **08** 4

---

01 (1) $\displaystyle\lim_{x\to\frac{\pi}{6}}\sin x=\sin\frac{\pi}{6}=\frac{1}{2}$

(2) $\displaystyle\lim_{x\to\frac{\pi}{4}}\cos x=\cos\frac{\pi}{4}=\frac{\sqrt{2}}{2}$

(3) $\displaystyle\lim_{x\to\frac{\pi}{3}}\tan x=\tan\frac{\pi}{3}=\sqrt{3}$

(4) $\displaystyle\lim_{x\to 0}\frac{\cos 2x-\tan x}{1+\sin x}=\frac{\cos 0-\tan 0}{1+\sin 0}=\frac{1-0}{1+0}=1$

(5) $\sin^2 x=1-\cos^2 x$이므로

$$\begin{aligned}
\lim_{x\to 0}\frac{\sin^2 x}{1-\cos x}&=\lim_{x\to 0}\frac{1-\cos^2 x}{1-\cos x}\\
&=\lim_{x\to 0}\frac{(1-\cos x)(1+\cos x)}{1-\cos x}\\
&=\lim_{x\to 0}(1+\cos x)\\
&=1+\cos 0\\
&=1+1=2
\end{aligned}$$

(6) $\cos^2 x=1-\sin^2 x$이므로

$$\begin{aligned}
\lim_{x\to\frac{\pi}{2}}\frac{\cos^2 x}{1-\sin x}&=\lim_{x\to\frac{\pi}{2}}\frac{1-\sin^2 x}{1-\sin x}\\
&=\lim_{x\to\frac{\pi}{2}}\frac{(1-\sin x)(1+\sin x)}{1-\sin x}\\
&=\lim_{x\to\frac{\pi}{2}}(1+\sin x)\\
&=1+\sin\frac{\pi}{2}\\
&=1+1=2
\end{aligned}$$

02 $\displaystyle\lim_{x\to 0}\frac{\sin x}{x}=1$,

$\displaystyle\lim_{x\to 0}\frac{\tan 2x}{x}=\lim_{x\to 0}\frac{\tan 2x}{2x}\times 2=2$

이므로

$\displaystyle\lim_{x\to 0}\frac{\sin x}{x}+\lim_{x\to 0}\frac{\tan 2x}{x}=1+2=3$

03 $\displaystyle\lim_{x\to 0}\frac{\sin(\sin 2x)}{\sin 5x}$

$\displaystyle=\lim_{x\to 0}\left\{\frac{\sin(\sin 2x)}{\sin 2x}\times\frac{5x}{\sin 5x}\times\frac{\sin 2x}{5x}\right\}$

$\displaystyle=\lim_{x\to 0}\frac{\sin 2x}{5x}$

$\displaystyle=\lim_{x\to 0}\left(\frac{\sin 2x}{2x}\times\frac{2}{5}\right)$

$=\dfrac{2}{5}$

따라서 $p=5$, $q=2$이므로 $p+q=7$

04 분모, 분자에 각각 $1+\cos x$를 곱하면

$$\begin{aligned}
\lim_{x\to 0}\frac{1-\cos x}{x^2}&=\lim_{x\to 0}\frac{(1-\cos x)(1+\cos x)}{x^2(1+\cos x)}\\
&=\lim_{x\to 0}\frac{1-\cos^2 x}{x^2(1+\cos x)}\\
&=\lim_{x\to 0}\frac{\sin^2 x}{x^2(1+\cos x)}\\
&=\lim_{x\to 0}\left\{\left(\frac{\sin x}{x}\right)^2\times\frac{1}{1+\cos x}\right\}\\
&=1^2\times\frac{1}{1+1}=\frac{1}{2}
\end{aligned}$$

05 0이 아닌 극한값이 존재하고 $x\to 0$일 때

(분자) $\to$ 0이므로 (분모) $\to$ 0이어야 한다.

즉, $\displaystyle\lim_{x\to 0}(e^x+a)=0$이므로 $1+a=0$

$\therefore a=-1$

$$\begin{aligned}
\therefore \lim_{x\to 0}\frac{\tan bx}{e^x+a}&=\lim_{x\to 0}\frac{\tan bx}{e^x-1}\\
&=\lim_{x\to 0}\left\{\frac{\tan bx}{bx}\times\frac{x}{e^x-1}\times b\right\}\\
&=b=2
\end{aligned}$$

$\therefore ab=-2$

06 (1) $y'=(2x)'+(\sin x)'=2+\cos x$

(2) $y'=(\cos x)'-(3e^x)'=-\sin x-3e^x$

(3) $y=\sin^2 x=\sin x\sin x$이므로

$\quad y'=(\sin x)'\sin x+\sin x(\sin x)'$

$\quad=\cos x\sin x+\sin x\cos x$

$\quad=2\sin x\cos x$

(4) $y'=(\sin x)'\cos x+\sin x(\cos x)'$

$\quad=\cos x\cos x+\sin x\times(-\sin x)$

$\quad=\cos^2 x-\sin^2 x$

07 $\displaystyle\lim_{h\to 0}\frac{f(\pi+h)-f(\pi)}{h}=f'(\pi)$

이때 $f(x)=x\cos x$에서

$f'(x)=(x)'\cos x+x(\cos x)'=\cos x-x\sin x$

이므로

$f'(\pi)=\cos\pi-\pi\sin\pi=-1$

08 $f(x)$가 $x=0$에서 미분가능하려면

$x=0$에서 연속이어야 하므로

$\displaystyle\lim_{x\to 0-}(2x+a)=\lim_{x\to 0+}b\sin x=f(0)=0$

$\therefore a=0$

또, $f'(0)$의 값이 존재해야 하므로

$f'(x)=\begin{cases}2 & (x<0)\\ b\cos x & (x>0)\end{cases}$

에서 $2=\displaystyle\lim_{x\to 0}b\cos x$

$\therefore b=2$

$\therefore a^2+b^2=4$

01 5	**02** ③	**03** 3	**04** ④	**05** ④
06 ③	**07** $5e$	**08** ⑤	**09** 9	**10** 1
11 ③	**12** ④	**13** $-\dfrac{5}{8}$	**14** -3	**15** $-\dfrac{4}{3}\sqrt{3}$
16 ⑤	**17** $-\dfrac{\pi}{3}$	**18** ④	**19** ④	**20** 6
21 ④	**22** $\dfrac{\pi}{12}$	**23** -3	**24** $\dfrac{3}{2}\pi$	

01
$$\lim_{x\to\infty}(5^x+3^x)^{\frac{1}{x}}=\lim_{x\to\infty}\left\{5^x\left(1+\frac{3^x}{5^x}\right)\right\}^{\frac{1}{x}}$$
$$=\lim_{x\to\infty}\left[(5^x)^{\frac{1}{x}}\times\left\{1+\left(\frac{3}{5}\right)^x\right\}^{\frac{1}{x}}\right]$$
$$=5$$

02
$$\lim_{x\to\infty}\left\{\left(1+\frac{1}{3x}\right)\left(1+\frac{1}{5x}\right)\right\}^{15x}$$
$$=\lim_{x\to\infty}\left(1+\frac{1}{3x}\right)^{15x}\left(1+\frac{1}{5x}\right)^{15x}$$
$$=\lim_{x\to\infty}\left\{\left(1+\frac{1}{3x}\right)^{3x}\right\}^5\left\{\left(1+\frac{1}{5x}\right)^{5x}\right\}^3$$
$$=e^5\times e^3=e^8$$

03
$$\lim_{x\to\infty}x\{\ln(x+3)-\ln x\}=\lim_{x\to\infty}x\ln\frac{x+3}{x}$$
$$=\lim_{x\to\infty}x\ln\left(1+\frac{3}{x}\right)$$

$\dfrac{3}{x}=t$로 놓으면 $x\to\infty$일 때 $t\to0$이므로
$$\lim_{x\to\infty}x\ln\left(1+\frac{3}{x}\right)=\lim_{t\to0}\frac{3}{t}\ln(1+t)$$
$$=3\lim_{t\to0}\frac{\ln(1+t)}{t}$$
$$=3\times1=3$$

04
$$\lim_{x\to0}\frac{e^{3x}-1}{e^x-1}=\lim_{x\to0}\left(\frac{x}{e^x-1}\times\frac{e^{3x}-1}{3x}\times3\right)$$
$$=1\times1\times3=3$$

> **다른 풀이**
>
> $$\lim_{x\to0}\frac{e^{3x}-1}{e^x-1}=\lim_{x\to0}\frac{(e^x)^3-1^3}{e^x-1}$$
> $$=\lim_{x\to0}\frac{(e^x-1)(e^{2x}+e^x+1)}{e^x-1}$$
> $$=\lim_{x\to0}(e^{2x}+e^x+1)$$
> $$=1+1+1=3$$

05
$$\lim_{x\to0}\frac{e^{5x}-e^{3x}-e^{2x}+1}{x^2}=\lim_{x\to0}\frac{(e^{2x}-1)(e^{3x}-1)}{x^2}$$
$$=\lim_{x\to0}\frac{e^{2x}-1}{x}\lim_{x\to0}\frac{e^{3x}-1}{x}$$
$$=2\lim_{x\to0}\frac{e^{2x}-1}{2x}\times3\lim_{x\to0}\frac{e^{3x}-1}{3x}$$
$$=2\times3$$
$$=6$$

06
$$\lim_{x\to0}\frac{(a+12)^x-a^x}{x}=\lim_{x\to0}\frac{(a+12)^x-1-(a^x-1)}{x}$$
$$=\lim_{x\to0}\frac{(a+12)^x-1}{x}-\lim_{x\to0}\frac{a^x-1}{x}$$
$$=\ln(a+12)-\ln a$$
$$=\ln\frac{a+12}{a}$$

따라서 $\ln\dfrac{a+12}{a}=2\ln2=\ln4$이므로

$$\frac{a+12}{a}=4,\ a+12=4a$$
$$\therefore\ a=4$$

07 $f(x)=(x^3+1)e^x$에서
$$f'(x)=3x^2e^x+(x^3+1)e^x$$
$$=(x^3+3x^2+1)e^x$$
따라서 구하는 접선의 기울기는
$$f'(1)=(1+3+1)e=5e$$

08 $f(x)=x\ln x^2=2x\ln x$에서
$$f'(x)=2\times\ln x+2x\times\frac{1}{x}$$
$$=2\ln x+2$$
$f'(a)=8$에서
$$2\ln a+2=8$$
$$\ln a=3$$
$$\therefore\ a=e^3\ (\because\ a>0)$$

09 [1단계]
$$\lim_{h\to0}\frac{f(1+2h)-f(1-h)}{h}$$
$$=\lim_{h\to0}\frac{f(1+2h)-f(1)-\{f(1-h)-f(1)\}}{h}$$
$$=\lim_{h\to0}\frac{f(1+2h)-f(1)}{h}-\lim_{h\to0}\frac{f(1-h)-f(1)}{h}$$
$$=\lim_{h\to0}\frac{f(1+2h)-f(1)}{2h}\times2+\lim_{h\to0}\frac{f(1-h)-f(1)}{-h}$$
$$=2f'(1)+f'(1)$$
$$=3f'(1)$$
[2단계]
$f(x)=x^2+x\ln x$에서
$$f'(x)=2x+\ln x+x\times\frac{1}{x}$$
$$=2x+\ln x+1$$
[3단계]
$$\therefore\ 3f'(1)=3(2\times1+\ln1+1)$$
$$=3(2+1)$$
$$=3\times3=9$$

10 $f(x)$가 모든 양수 x에 대하여 미분가능하려면
$x=1$에서 연속이어야 하므로
$$\lim_{x\to1-}\ln ax=\lim_{x\to1+}be^x=f(1)$$

$$\therefore \ln a = be \qquad\qquad \cdots\cdots \ \ \bigcirc$$

또, $f'(1)$의 값이 존재해야 하므로

$$f'(x) = \begin{cases} \dfrac{1}{x} & (0 < x < 1) \\[2mm] be^x & (x > 1) \end{cases}$$

에서 $\displaystyle \lim_{x \to 1-} \frac{1}{x} = \lim_{x \to 1+} be^x$

$$\therefore be = 1 \qquad\qquad \cdots\cdots \ \ \bigcirc$$

$\bigcirc$, $\bigcirc$을 연립하여 풀면

$$a = e, \ b = \frac{1}{e}$$

$$\therefore ab = 1$$

11 [1단계]

주어진 부등식에 x 대신 $3x$를 대입하면

$$\ln(1 + 3x) \leq f(3x) \leq \frac{1}{2}(e^{6x} - 1)$$

각 변을 x로 나누면

$$\frac{\ln(1+3x)}{x} \leq \frac{f(3x)}{x} \leq \frac{e^{6x}-1}{2x}$$

[2단계]

각 변에 극한을 취하면

$$\lim_{x \to 0} \frac{\ln(1+3x)}{x} \leq \lim_{x \to 0} \frac{f(3x)}{x} \leq \lim_{x \to 0} \frac{e^{6x}-1}{2x}$$

이때 $\displaystyle \lim_{x \to 0} \frac{\ln(1+3x)}{x} = \lim_{x \to 0}\left\{ \frac{\ln(1+3x)}{3x} \times 3 \right\} = 3,$

$\displaystyle \lim_{x \to 0} \frac{e^{6x}-1}{2x} = \lim_{x \to 0}\left(\frac{e^{6x}-1}{6x} \times 3 \right) = 3$

이므로 함수의 극한의 대소 관계에 의하여

$$\lim_{x \to 0} \frac{f(3x)}{x} = 3$$

12 $\tan\theta + \cot\theta = \dfrac{3}{2}$에서

$$\frac{\sin\theta}{\cos\theta} + \frac{\cos\theta}{\sin\theta} = \frac{3}{2}, \ \ \frac{\sin^2\theta + \cos^2\theta}{\sin\theta\cos\theta} = \frac{3}{2}$$

$$\frac{1}{\sin\theta\cos\theta} = \frac{3}{2} \quad \therefore \sin\theta\cos\theta = \frac{2}{3}$$

$$\therefore \csc^2\theta + \sec^2\theta = \frac{1}{\sin^2\theta} + \frac{1}{\cos^2\theta}$$

$$= \frac{\sin^2\theta + \cos^2\theta}{\sin^2\theta\cos^2\theta}$$

$$= \frac{1}{(\sin\theta\cos\theta)^2}$$

$$= \frac{1}{\left(\dfrac{2}{3}\right)^2} = \frac{9}{4}$$

13 $\sin\alpha + \cos\beta = \dfrac{1}{2}$, $\cos\alpha + \sin\beta = \dfrac{\sqrt{2}}{2}$의 양변을 각각

제곱하면

$$\sin^2\alpha + \cos^2\beta + 2\sin\alpha\cos\beta = \frac{1}{4} \qquad \cdots\cdots \ \ \bigcirc$$

$$\cos^2\alpha + \sin^2\beta + 2\cos\alpha\sin\beta = \frac{1}{2} \qquad \cdots\cdots \ \ \bigcirc$$

$\bigcirc + \bigcirc$을 하면

$$2 + 2(\sin\alpha\cos\beta + \cos\alpha\sin\beta) = \frac{3}{4}$$

$$\sin\alpha\cos\beta + \cos\alpha\sin\beta = -\frac{5}{8}$$

$$\therefore \sin(\alpha+\beta) = -\frac{5}{8}$$

14 이차방정식의 근과 계수의 관계에 의하여

$$\tan\alpha + \tan\beta = -\frac{a}{2}, \ \ \tan\alpha\tan\beta = \frac{1}{2}$$

이므로

$$\tan(\alpha+\beta) = \frac{\tan\alpha + \tan\beta}{1 - \tan\alpha\tan\beta} = \frac{-\dfrac{a}{2}}{1 - \dfrac{1}{2}} = -a$$

$$\therefore a = -3$$

15 θ가 예각이고 $\tan\theta = \sqrt{2}$이므로

오른쪽 그림에서

$$\overline{OP} = \sqrt{1^2 + (\sqrt{2})^2} = \sqrt{3}$$

$$\sin\theta = \frac{\sqrt{2}}{\sqrt{3}} = \frac{\sqrt{6}}{3}$$

$$\therefore \sin\theta\tan 2\theta$$

$$= \sin\theta \times \frac{2\tan\theta}{1 - \tan^2\theta}$$

$$= \frac{\sqrt{6}}{3} \times \frac{2\sqrt{2}}{1 - (\sqrt{2})^2}$$

$$= -\frac{4}{3}\sqrt{3}$$

16 두 직선 $y = -x + 2$, $y = 2x + 1$이 x축의 양의 방향과 이루는 각의 크기를 각각 α, β라고 하면

$$\tan\alpha = -1, \ \tan\beta = 2$$

이때 두 직선이 이루는 예각의 크기 θ는 $\alpha - \beta$이므로

$$\tan\theta = |\tan(\alpha - \beta)| = \left| \frac{\tan\alpha - \tan\beta}{1 + \tan\alpha\tan\beta} \right|$$

$$= \left| \frac{-1 - 2}{1 + (-1) \times 2} \right| = 3$$

17 $r = \sqrt{(\sqrt{3})^2 + 1^2} = 2$이므로

$$y = \sqrt{3}\sin x + \cos x$$

$$= 2\left(\sin x \times \frac{\sqrt{3}}{2} + \cos x \times \frac{1}{2} \right)$$

$$= 2\left(\sin x \cos\frac{\pi}{6} + \cos x \sin\frac{\pi}{6} \right)$$

$$= 2\sin\left(x + \frac{\pi}{6} \right)$$

함수 $y = 2\sin\left(x + \dfrac{\pi}{6} \right)$의 그래프는 $y = 2\sin x$의 그래프를 x축의 방향으로 $-\dfrac{\pi}{6}$만큼 평행이동한 것이므로

$$a = 2, \ b = -\frac{\pi}{6}$$

$$\therefore ab = -\frac{\pi}{3}$$

18 $f(x) = a \sin x + 3 \cos x = \sqrt{a^2 + 9} \sin(x + \alpha)$

$$\left(단, \sin \alpha = \frac{3}{\sqrt{a^2+9}}, \cos \alpha = \frac{a}{\sqrt{a^2+9}} \right)$$

이때 $-1 \le \sin(x+\alpha) \le 1$이므로

$$-\sqrt{a^2+9} \le \sqrt{a^2+9}\sin(x+\alpha) \le \sqrt{a^2+9}$$

따라서 함수 $f(x)$의 최댓값은 $\sqrt{a^2+9}$이므로

$$\sqrt{a^2+9} = 5, \quad a^2+9 = 25$$

$$a^2 = 16$$

$$\therefore a = 4 \ (\because a > 0)$$

19 $\displaystyle\lim_{x \to 0} \frac{\tan x + \tan 2x + \tan 3x}{6x}$

$$= \lim_{x \to 0} \left(\frac{\tan x}{6x} + \frac{\tan 2x}{6x} + \frac{\tan 3x}{6x} \right)$$

$$= \lim_{x \to 0} \left(\frac{\tan x}{x} \times \frac{1}{6} + \frac{\tan 2x}{2x} \times \frac{1}{3} + \frac{\tan 3x}{3x} \times \frac{1}{2} \right)$$

$$= 1 \times \frac{1}{6} + 1 \times \frac{1}{3} + 1 \times \frac{1}{2} = 1$$

20 0이 아닌 극한값이 존재하고, $x \to 0$일 때 (분자) $\to 0$이므로 (분모) $\to 0$이어야 한다.

즉, $\displaystyle\lim_{x \to 0} (\sqrt{ax+b} - 2) = 0$이므로

$$\sqrt{b} - 2 = 0 \qquad \therefore b = 4$$

$$\therefore \lim_{x \to 0} \frac{\sin 2x}{\sqrt{ax+b}-2} = \lim_{x \to 0} \frac{\sin 2x}{\sqrt{ax+4}-2}$$

$$= \lim_{x \to 0} \frac{\sin 2x (\sqrt{ax+4}+2)}{(ax+4)-4}$$

$$= \lim_{x \to 0} \frac{\sin 2x (\sqrt{ax+4}+2)}{ax}$$

$$= \lim_{x \to 0} \left\{ \frac{\sin 2x}{2x} \times \frac{2}{a} \times (\sqrt{ax+4}+2) \right\}$$

$$= 1 \times \frac{2}{a} \times (\sqrt{4}+2)$$

$$= \frac{8}{a} = 4$$

$$\therefore a = 2$$

$$\therefore a + b = 6$$

21 $\overline{BH} = \dfrac{\overline{AH}}{\tan \theta}, \ \overline{CH} = \dfrac{\overline{AH}}{\tan 3\theta}$이므로

$$\frac{\overline{BH}}{\overline{CH}} = \frac{\dfrac{\overline{AH}}{\tan \theta}}{\dfrac{\overline{AH}}{\tan 3\theta}} = \frac{\tan 3\theta}{\tan \theta}$$

$$\therefore \lim_{\theta \to 0} \frac{\overline{BH}}{\overline{CH}} = \lim_{\theta \to 0} \frac{\tan 3\theta}{\tan \theta}$$

$$= \lim_{\theta \to 0} \left(\frac{\tan 3\theta}{3\theta} \times \frac{\theta}{\tan \theta} \times 3 \right)$$

$$= 1 \times 1 \times 3 = 3$$

22 [1단계]

$f(x) = \sin x - \sqrt{3} \cos x - x$에서

$f'(x) = \sqrt{3} \sin x + \cos x - 1$

$$\therefore f'(a) = \sqrt{3} \sin a + \cos a - 1$$

$$= 2\left(\frac{\sqrt{3}}{2} \sin a + \frac{1}{2} \cos a \right) - 1$$

$$= 2\left(\cos \frac{\pi}{6} \sin a + \sin \frac{\pi}{6} \cos a \right) - 1$$

$$= 2 \sin\left(a + \frac{\pi}{6} \right) - 1$$

[2단계]

$f'(a) = \sqrt{2} - 1$에서

$2 \sin\left(a + \dfrac{\pi}{6} \right) - 1 = \sqrt{2} - 1$이므로

$$\sin\left(a + \frac{\pi}{6} \right) = \frac{\sqrt{2}}{2}$$

이때 $0 \le a \le \dfrac{\pi}{2}$에서 $\dfrac{\pi}{6} \le a + \dfrac{\pi}{6} \le \dfrac{2}{3}\pi$이므로

$$a + \frac{\pi}{6} = \frac{\pi}{4}$$

$$\therefore a = \frac{\pi}{12}$$

23 $f(0) = 0$이므로

$$\lim_{h \to 0} \frac{f(h)}{h} = \lim_{h \to 0} \frac{f(0+h)-f(0)}{h} = f'(0)$$

이때 $f'(x) = \cos x - 4$이므로

$$f'(0) = \cos 0 - 4 = 1 - 4 = -3$$

24 함수 $f(x) = \sin x + \cos x$는 닫힌구간 $[0, 2\pi]$에서 연속이고 열린구간 $(0, 2\pi)$에서 미분가능하므로 평균값 정리에 의하여

$$\frac{f(2\pi) - f(0)}{2\pi} = f'(c)$$

인 실수 c가 존재한다. 이때

$$\frac{f(2\pi)-f(0)}{2\pi} = \frac{(\sin 2\pi + \cos 2\pi) - (\sin 0 + \cos 0)}{2\pi - 0}$$

$$= 0$$

이고, $f'(x) = \cos x - \sin x$이므로

$$f'(c) = \cos c - \sin c$$

즉, $\cos c - \sin c = 0$이므로

$$\sin c = \cos c$$

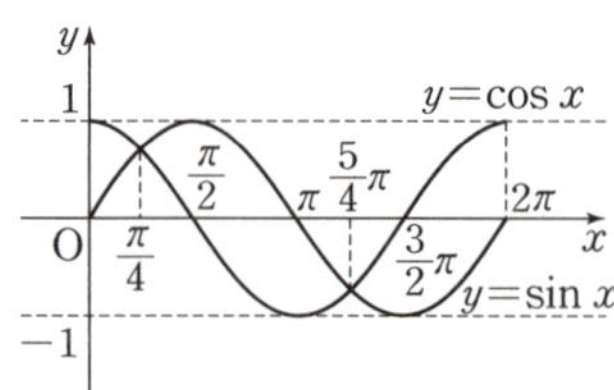

따라서 $c = \dfrac{\pi}{4}$ 또는 $c = \dfrac{5}{4}\pi$이므로 구하는 모든 c의 값의 합은

$$\frac{\pi}{4} + \frac{5}{4}\pi = \frac{3}{2}\pi$$

■ 08 함수의 몫의 미분과 합성함수의 미분　　　p. 32

01 (1) $y'=\dfrac{-x^2+1}{(x^2+x+1)^2}$　(2) $y'=-\dfrac{2x}{(x^2+1)^2}$

(3) $y'=\dfrac{4-x}{e^x}$　(4) $y'=\dfrac{1-\ln x}{x^2}$　　**02** 4　　　**03** $2-\dfrac{\sqrt{2}}{2}$

04 54　　　**05** (1) $y'=2xe^{x^2-1}$　(2) $y'=3\ln 2\times 2^{3x+1}$

(3) $y'=\dfrac{7}{7x-3}$　(4) $y'=\dfrac{2(x-1)}{(x^2-2x)\ln 3}$

06 x, $\ln x+1$, $(\ln x+1)$, $x^x(\ln x+1)$　　　**07** $\dfrac{13}{12}$

01　(1) $y'=\dfrac{(x)'(x^2+x+1)-x(x^2+x+1)'}{(x^2+x+1)^2}$

$=\dfrac{x^2+x+1-x(2x+1)}{(x^2+x+1)^2}$

$=\dfrac{-x^2+1}{(x^2+x+1)^2}$

(2) $y'=-\dfrac{(x^2+1)'}{(x^2+1)^2}=-\dfrac{2x}{(x^2+1)^2}$

(3) $y'=\dfrac{(x-3)'e^x-(x-3)(e^x)'}{(e^x)^2}$

$=\dfrac{e^x-(x-3)e^x}{e^{2x}}$

$=-\dfrac{(x-4)e^x}{e^{2x}}=\dfrac{4-x}{e^x}$

(4) $y'=\dfrac{(\ln x)'x-\ln x(x)'}{x^2}=\dfrac{\dfrac{1}{x}\times x-\ln x\times 1}{x^2}$

$=\dfrac{1-\ln x}{x^2}$

02　$f(x)=\dfrac{1}{x^2+ax-2}$ 에서

$f'(x)=-\dfrac{(x^2+ax-2)'}{(x^2+ax-2)^2}=-\dfrac{2x+a}{(x^2+ax-2)^2}$

이때 $f'(0)=-1$ 이므로

$-\dfrac{a}{4}=-1$　　$\therefore a=4$

03　$f(x)=\cos x+\tan x$ 이므로

$f'(x)=-\sin x+\sec^2 x$

$\therefore f'\left(\dfrac{\pi}{4}\right)=-\sin\dfrac{\pi}{4}+\sec^2\dfrac{\pi}{4}=-\dfrac{\sqrt{2}}{2}+(\sqrt{2})^2$

$\phantom{\therefore f'\left(\dfrac{\pi}{4}\right)}=2-\dfrac{\sqrt{2}}{2}$

04　$y'=3(2x+1)^{3-1}\times(2x+1)'=6(2x+1)^2$

따라서 $x=1$ 에서의 미분계수는

$6\times(2+1)^2=54$

05　(1) $y'=e^{x^2-1}\times(x^2-1)'=2xe^{x^2-1}$

(2) $y'=2^{3x+1}\ln 2\times(3x+1)'=3\ln 2\times 2^{3x+1}$

(3) $y'=\dfrac{(7x-3)'}{7x-3}=\dfrac{7}{7x-3}$

(4) $y'=\dfrac{(x^2-2x)'}{(x^2-2x)\ln 3}=\dfrac{2(x-1)}{(x^2-2x)\ln 3}$

06　$y=x^x$ 의 양변에 자연로그를 취하면 $\ln y=\ln x^x$

$\therefore \ln y=\boxed{x}\ln x$

양변을 x 에 대하여 미분하면

$\dfrac{y'}{y}=(x)'\ln x+x(\ln x)'=\boxed{\ln x+1}$

$\therefore y'=y\times\boxed{(\ln x+1)}=\boxed{x^x(\ln x+1)}$

07　$y=\dfrac{1}{\sqrt[4]{x}}=x^{-\frac{1}{4}}$ 이므로

$y'=-\dfrac{1}{4}x^{-\frac{1}{4}-1}=-\dfrac{1}{4}x^{-\frac{5}{4}}=-\dfrac{1}{4x\sqrt[4]{x}}$

따라서 $x=1$ 에서의 미분계수는 $a=-\dfrac{1}{4}$

한편, $y=\sqrt[3]{4x+1}=(4x+1)^{\frac{1}{3}}$ 이므로

$y'=\dfrac{1}{3}(4x+1)^{\frac{1}{3}-1}\times(4x+1)'$

$=\dfrac{4}{3}(4x+1)^{-\frac{2}{3}}$

$=\dfrac{4}{3\sqrt[3]{(4x+1)^2}}$

따라서 $x=0$ 에서의 미분계수는 $b=\dfrac{4}{3}$

$\therefore a+b=-\dfrac{1}{4}+\dfrac{4}{3}=\dfrac{13}{12}$

■ 09 여러 가지 미분법　　　p. 34

01 $-2t+2$　　　**02** $-2\sqrt{3}$　**03** $2y\dfrac{dy}{dx}$, $-\dfrac{x}{y}$

04 3　　　**05** $\dfrac{1}{6}$　　　**06** (1) $y''=12x^2-6x$

(2) $y''=-\sin x$　(3) $y''=9e^{-3x}$　(4) $y''=-\dfrac{1}{x^2}$　　**07** 1

01　$\dfrac{dx}{dt}=(t+1)'=1$, $\dfrac{dy}{dt}=(-t^2+2t)'=-2t+2$

이므로

$\dfrac{dy}{dx}=\dfrac{\dfrac{dy}{dt}}{\dfrac{dx}{dt}}=\dfrac{-2t+2}{1}=-2t+2$

02　$\dfrac{dx}{d\theta}=(\sin\theta)'=\cos\theta$, $\dfrac{dy}{d\theta}=(2\cos\theta)'=-2\sin\theta$

이므로

$\dfrac{dy}{dx}=\dfrac{\dfrac{dy}{d\theta}}{\dfrac{dx}{d\theta}}=\dfrac{-2\sin\theta}{\cos\theta}=-2\tan\theta$

따라서 $\theta=\dfrac{\pi}{3}$일 때, $\dfrac{dy}{dx}$의 값은

$-2\tan\dfrac{\pi}{3}=-2\sqrt{3}$

03 $x^2+y^2=16$의 양변을 x에 대하여 미분하면

$\dfrac{d}{dx}(x^2)+\dfrac{d}{dx}(y^2)=\dfrac{d}{dx}(16)$

$2x+\boxed{2y\dfrac{dy}{dx}}=0$

$\therefore \dfrac{dy}{dx}=\boxed{-\dfrac{x}{y}}$ (단, $y\neq0$)

04 $x=y^3$의 양변을 y에 대하여 미분하면

$\dfrac{dx}{dy}=3y^2$

$\therefore \dfrac{dy}{dx}=\dfrac{1}{\dfrac{dx}{dy}}=\dfrac{1}{3y^2}$ (단, $y\neq0$)

따라서 $y=\dfrac{1}{3}$일 때, $\dfrac{dy}{dx}$의 값은

$\dfrac{1}{3\times\left(\dfrac{1}{3}\right)^2}=\dfrac{1}{\dfrac{1}{3}}=3$

$x=y^3$의 양변을 x에 대하여 미분하면

$1=\dfrac{dy}{dx}(3y^2)$ (단, $y\neq0$)

$\therefore \dfrac{dy}{dx}=\dfrac{1}{3y^2}$

따라서 $y=\dfrac{1}{3}$일 때, $\dfrac{dy}{dx}$의 값은

$\dfrac{1}{3\times\left(\dfrac{1}{3}\right)^2}=\dfrac{1}{\dfrac{1}{3}}=3$

05 $f^{-1}(-1)=k$라고 하면 $f(k)=-1$에서

$2k^3-3=-1,\ k^3-1=0$

$(k-1)(k^2+k+1)=0$

$\therefore k=1\ (\because k^2+k+1>0)$

따라서 $f^{-1}(-1)=1$이고 $f'(x)=6x^2$이므로

$(f^{-1})'(-1)=\dfrac{1}{f'(1)}$

$=\dfrac{1}{6\times1^2}=\dfrac{1}{6}$

06 (1) $y'=4x^3-3x^2$이므로

$y''=4\times3x^2-3\times2x=12x^2-6x$

(2) $y'=\cos x$이므로 $y''=-\sin x$

(3) $y'=e^{-3x}\times(-3x)'=-3e^{-3x}$이므로

$y''=-3e^{-3x}\times(-3x)'=9e^{-3x}$

(4) $y'=\dfrac{1}{x}=x^{-1}$이므로 $y''=-x^{-2}=-\dfrac{1}{x^2}$

07 $f'(x)=-\dfrac{(x^2+ax+b)'}{(x^2+ax+b)^2}$

$=-\dfrac{2x+a}{(x^2+ax+b)^2}$

$f'(0)=0$이므로

$-\dfrac{a}{b^2}=0 \qquad \therefore a=0$

따라서 $f'(x)=-\dfrac{2x}{(x^2+b)^2}$이므로

$f''(x)$

$=-\dfrac{(2x)'(x^2+b)^2-2x\{(x^2+b)^2\}'}{\{(x^2+b)^2\}^2}$

$=-\dfrac{2(x^2+b)^2-2\times2x(x^2+b)\times2x}{(x^2+b)^4}$

$=-\dfrac{2(x^2+b)-8x^2}{(x^2+b)^3}$

$=\dfrac{6x^2-2b}{(x^2+b)^3}$

$f''(0)=-2$이므로

$\dfrac{-2b}{b^3}=-2,\ -\dfrac{2}{b^2}=-2,$

$b^2=1$

$\therefore b=1\ (\because b>0)$

$\therefore a+b=1$

01 -1	**02** -285	**03** ④	**04** $\dfrac{1}{2}$	**05** $2-\sqrt{2}$
06 ②	**07** ①	**08** 24	**09** 25	**10** -1
11 ③	**12** $\dfrac{3}{2}$	**13** e	**14** 3	**15** 1
16 ⑤	**17** $-\dfrac{5}{2}$	**18** ②	**19** ③	**20** ④
21 $\dfrac{3}{5}$	**22** ②	**23** $-\dfrac{4}{3}$	**24** -2	

01 $f(x)=\dfrac{2x+a}{x+1}$에서

$f'(x)=\dfrac{2(x+1)-(2x+a)\times1}{(x+1)^2}$

$=\dfrac{2-a}{(x+1)^2}$

$f'(0)=3$에서

$2-a=3 \qquad \therefore a=-1$

02 $f(x)=\dfrac{1}{x}+\dfrac{2}{x^2}+\dfrac{3}{x^3}+\cdots+\dfrac{9}{x^9}$

$=x^{-1}+2x^{-2}+3x^{-3}+\cdots+9x^{-9}$

이므로

$$f'(x)=-x^{-2}-2^2\times x^{-3}-3^2\times x^{-4}-\cdots-9^2\times x^{-10}$$
$$\therefore f'(1)=-1-2^2-3^2-\cdots-9^2$$
$$=-(1+2^2+3^2+\cdots+9^2)$$
$$=-\sum_{k=1}^{9}k^2$$
$$=-\frac{9\times10\times19}{6}$$
$$=-285$$

03 $\displaystyle\lim_{h\to0}\frac{f\left(\frac{\pi}{4}+h\right)-f\left(\frac{\pi}{4}-h\right)}{h}$

$$=\lim_{h\to0}\frac{\left\{f\left(\frac{\pi}{4}+h\right)-f\left(\frac{\pi}{4}\right)\right\}-\left\{f\left(\frac{\pi}{4}-h\right)-f\left(\frac{\pi}{4}\right)\right\}}{h}$$

$$=\lim_{h\to0}\frac{f\left(\frac{\pi}{4}+h\right)-f\left(\frac{\pi}{4}\right)}{h}+\lim_{h\to0}\frac{f\left(\frac{\pi}{4}-h\right)-f\left(\frac{\pi}{4}\right)}{-h}$$

$$=f'\left(\frac{\pi}{4}\right)+f'\left(\frac{\pi}{4}\right)$$

$$=2f'\left(\frac{\pi}{4}\right)$$

이때 $f(x)=\tan x$에서 $f'(x)=\sec^2 x$이므로

$$2f'\left(\frac{\pi}{4}\right)=2\sec^2\frac{\pi}{4}=2\times(\sqrt{2})^2=4$$

04 $f(x)=\dfrac{x\cos x}{e^x+1}$에서

$$f'(x)=\frac{(x\cos x)'(e^x+1)-(x\cos x)(e^x+1)'}{(e^x+1)^2}$$

$$=\frac{(\cos x-x\sin x)(e^x+1)-x\cos x\times e^x}{(e^x+1)^2}$$

$$\therefore f'(0)=\frac{(1-0)(1+1)-0}{(1+1)^2}$$

$$=\frac{1}{2}$$

05 $y'=\dfrac{(\tan x)'(1+\sec x)-\tan x(1+\sec x)'}{(1+\sec x)^2}$

$$=\frac{\sec^2 x(1+\sec x)-\tan x\times\sec x\tan x}{(1+\sec x)^2}$$

$$=\frac{\sec^2 x(1+\sec x)-\sec x(\sec^2 x-1)}{(1+\sec x)^2}$$

$$=\frac{\sec x(\sec x+1)}{(1+\sec x)^2}$$

$$=\frac{\sec x}{1+\sec x}$$

$$=\frac{\dfrac{1}{\cos x}}{1+\dfrac{1}{\cos x}}$$

$$=\frac{1}{\cos x+1}$$

따라서 $x=\dfrac{\pi}{4}$에서의 미분계수는

$$\frac{1}{\cos\dfrac{\pi}{4}+1}=\frac{1}{\dfrac{\sqrt{2}}{2}+1}=\frac{2}{2+\sqrt{2}}=2-\sqrt{2}$$

06 [1단계]

$g(x)=\dfrac{f(x)}{e^{x-2}}$에서

$$g'(x)=\frac{f'(x)\times e^{x-2}-f(x)\times(e^{x-2})'}{(e^{x-2})^2}$$

$$=\frac{\{f'(x)-f(x)\}\times e^{x-2}}{(e^{x-2})^2}$$

$$=\frac{f'(x)-f(x)}{e^{x-2}}$$

[2단계]

한편, $\displaystyle\lim_{x\to2}\dfrac{f(x)-3}{x-2}=5$에서 극한값이 존재하고 $x\to2$일

때 (분모)$\to0$이므로 (분자)$\to0$이어야 한다.

즉, $\displaystyle\lim_{x\to2}\{f(x)-3\}=0$에서

$$f(2)-3=0\qquad\therefore f(2)=3$$

$$\therefore\lim_{x\to2}\frac{f(x)-3}{x-2}=\lim_{x\to2}\frac{f(x)-f(2)}{x-2}$$

$$=f'(2)=5$$

[3단계]

$g'(x)=\dfrac{f'(x)-f(x)}{e^{x-2}}$이므로

$$g'(2)=\frac{f'(2)-f(2)}{e^{2-2}}=5-3=2$$

07 $f'(x)=\dfrac{(x^2+3)'}{x^2+3}=\dfrac{2x}{x^2+3}$이므로

$$f'(1)=\frac{2}{4}=\frac{1}{2}$$

08 $f\left(\dfrac{1}{2}x+1\right)=x^2+4x+3$의 양변을 x에 대하여 미분하면

$$f'\left(\frac{1}{2}x+1\right)\times\left(\frac{1}{2}x+1\right)'=2x+4$$

$$\frac{1}{2}f'\left(\frac{1}{2}x+1\right)=2x+4$$

$$\therefore f'\left(\frac{1}{2}x+1\right)=4x+8\qquad\qquad\cdots\cdots\ \unicode{x3359}$$

이때 $\dfrac{1}{2}x+1=3$에서

$$\frac{1}{2}x=2\qquad\therefore x=4$$

따라서 ㉠의 양변에 $x=4$를 대입하면

$$f'(3)=4\times4+8=16+8=24$$

다른 풀이

$\dfrac{1}{2}x+1=t$라고 하면

$$\frac{1}{2}x=t-1\qquad\therefore x=2(t-1)$$

따라서

$$f(t)=\{2(t-1)\}^2+4\times2(t-1)+3$$

$$=4t^2-1$$

이므로 $f'(t)=8t$

$$\therefore f'(3)=24$$

09 $h(x)=(f\circ g)(x)$이므로

$h'(x)=f'(g(x))g'(x)$

$\therefore\ h'(-1)=f'(g(-1))g'(-1)$

이때 $g(-1)=1-4-2=-5$이고

$$f'(x)=\frac{(x)'(x^2+1)-x(x^2+1)'}{(x^2+1)^2}$$
$$=\frac{(x^2+1)-x\times 2x}{(x^2+1)^2}$$
$$=\frac{-x^2+1}{(x^2+1)^2}$$

이므로

$$f'(g(-1))=f'(-5)=\frac{-24}{26^2}=-\frac{6}{169}$$

한편, $g'(x)=2x+4$이므로 $g'(-1)=2$

$$\therefore\ h'(-1)=-\frac{6}{169}\times 2=-\frac{12}{169}$$

따라서 $p=169,\ q=12$이므로

$p-q^2=169-12^2=169-144=25$

10 [1단계]

$(g\circ f)(\pi)=g(f(\pi))=g(0)=1$이므로

$$\lim_{x\to\pi}\frac{g(f(x))-1}{x-\pi}=\lim_{x\to\pi}\frac{g(f(x))-g(f(\pi))}{x-\pi}$$
$$=(g\circ f)'(\pi)$$

[2단계]

$(g\circ f)'(x)=g'(f(x))f'(x)$이고

$f'(x)=\cos x,\ g'(x)=e^x$이므로

$$\lim_{x\to\pi}\frac{g(f(x))-1}{x-\pi}=(g\circ f)'(\pi)$$
$$=g'(f(\pi))\times f'(\pi)$$
$$=-g'(0)$$
$$=-1$$

11 [1단계]

$x^{10}+ax+b$를 $(x-1)^2$으로 나누었을 때의 몫을 $Q(x)$라고 하면

$x^{10}+ax+b=(x-1)^2Q(x)$ $\qquad\cdots\cdots$ ㉠

[2단계]

㉠의 양변을 x에 대하여 미분하면

$$10x^9+a=2(x-1)Q(x)+(x-1)^2Q'(x)$$
$$=(x-1)\{2Q(x)+(x-1)Q'(x)\}\quad\cdots\cdots\ ㉡$$

㉠, ㉡의 양변에 $x=1$을 대입하면

$1+a+b=0,\ 10+a=0$

[3단계]

위의 식을 연립하여 풀면

$a=-10,\ b=9$

$\therefore\ a+2b=8$

12 $f'(x)=\dfrac{(x^2+2x)'}{x^2+2x}=\dfrac{2(x+1)}{x^2+2x}$이므로

$$\sum_{n=1}^{\infty}\frac{f'(n)}{n+1}=\sum_{n=1}^{\infty}\frac{2(n+1)}{n^2+2n}\times\frac{1}{n+1}$$
$$=\sum_{n=1}^{\infty}\frac{2}{n(n+2)}$$
$$=\lim_{n\to\infty}\sum_{k=1}^{n}\frac{2}{k(k+2)}$$
$$=\lim_{n\to\infty}\sum_{k=1}^{n}\left(\frac{1}{k}-\frac{1}{k+2}\right)$$
$$=\lim_{n\to\infty}\left\{\left(1-\frac{1}{3}\right)+\left(\frac{1}{2}-\frac{1}{4}\right)+\left(\frac{1}{3}-\frac{1}{5}\right)\right.$$
$$\left.+\cdots+\left(\frac{1}{n-1}-\frac{1}{n+1}\right)+\left(\frac{1}{n}-\frac{1}{n+2}\right)\right\}$$
$$=\lim_{n\to\infty}\left(1+\frac{1}{2}-\frac{1}{n+1}-\frac{1}{n+2}\right)=\frac{3}{2}$$

13 $y=x^{e^x}$의 양변에 자연로그를 취하면 $\ln y=\ln x^{e^x}$

$\therefore\ \ln y=e^x\ln x$

양변을 x에 대하여 미분하면

$$\frac{y'}{y}=(e^x)'\ln x+e^x(\ln x)'=e^x\ln x+\frac{e^x}{x}$$

$$\therefore\ y'=y\times\left(e^x\ln x+\frac{e^x}{x}\right)=x^{e^x}\times e^x\left(\ln x+\frac{1}{x}\right)$$

따라서 $x=1$에서의 미분계수는

$1^e\times e(\ln 1+1)=e$

14 $y'=\sqrt{f(x)}+x\times\dfrac{f'(x)}{2\sqrt{f(x)}}=\dfrac{2f(x)+xf'(x)}{2\sqrt{f(x)}}$

$x=2$에서의 미분계수가 4이므로

$$\frac{2f(2)+2f'(2)}{2\sqrt{f(2)}}=4$$

$$\frac{2\times 9+2f'(2)}{2\times 3}=4\,(\because f(2)=9)$$

$2f'(2)=6\qquad \therefore\ f'(2)=3$

15 $\dfrac{dx}{dt}=(t^3-3t^2+3)'=3t^2-6t,$

$\dfrac{dy}{dt}=(t^3+4t^2-5)'=3t^2+8t$

이므로

$$\frac{dy}{dx}=\frac{\dfrac{dy}{dt}}{\dfrac{dx}{dt}}=\frac{3t^2+8t}{3t^2-6t}=\frac{3t+8}{3t-6}$$

$$\therefore\ \lim_{t\to\infty}\frac{dy}{dx}=\lim_{t\to\infty}\frac{3t+8}{3t-6}=\lim_{t\to\infty}\frac{3+\dfrac{8}{t}}{3-\dfrac{6}{t}}=1$$

16 $\dfrac{dx}{dt}=(t^2+t-1)'=2t+1,\ \dfrac{dy}{dt}=\left(\dfrac{1}{2}t^2+at\right)'=t+a$

이므로

$$\frac{dy}{dx}=\frac{t+a}{2t+1}$$

$t=1$에 대응하는 점에서의 접선의 기울기가 2이므로

$$\frac{1+a}{2+1}=2,\ 1+a=6$$

$\therefore\ a=5$

17 $xy=10$의 양변을 x에 대하여 미분하면

$$\frac{d}{dx}(x)y+x\frac{d}{dx}(y)=\frac{d}{dx}(10)$$

$$y+x\frac{dy}{dx}=0$$

$$\therefore \frac{dy}{dx}=-\frac{y}{x} \ (단, \ x\neq 0)$$

따라서 $x=2$, $y=5$일 때의 $\dfrac{dy}{dx}$의 값은 $-\dfrac{5}{2}$

18 주어진 식의 양변을 x에 대하여 미분하면

$$-\sin xy \times \left(y+x\frac{dy}{dx}\right)+\frac{\pi}{6}-\frac{dy}{dx}=0$$

이 식에 $x=3$, $y=\dfrac{\pi}{2}$를 대입하면

$$-\sin \frac{3}{2}\pi \times \left(\frac{\pi}{2}+3\frac{dy}{dx}\right)+\frac{\pi}{6}-\frac{dy}{dx}=0$$

$$2\frac{dy}{dx}+\frac{2}{3}\pi=0$$

$$\therefore \frac{dy}{dx}=-\frac{\pi}{3}$$

19 [1단계]

함수 $f(x)$의 역함수가 $g(x)$이므로 $g(2)=a$, 즉

$f(a)=2$

이때 $f(x)=x^3+5x+2$이므로

$a^3+5a+2=2$

$a^3+5a=0$

$a(a^2+5)=0$

$\therefore a=0 \ (\because a^2+5>0)$

[2단계]

따라서 $f(x)=x^3+5x+2$에서

$f'(x)=3x^2+5$이므로

$$g'(2)=\frac{1}{f'(0)}=\frac{1}{5}$$

$\therefore p=5$

20 [1단계]

함수 $f(x)$의 역함수가 $g(x)$이므로 $f(g(x))=x$

이 식의 양변을 x에 대하여 미분하면

$f'(g(x))g'(x)=1$

$$\therefore g'(x)=\frac{1}{f'(g(x))}$$

[2단계]

점 (π, π)에서의 접선의 기울기는 $x=\pi$에서의 미분계수

$g'(\pi)$이므로

$$g'(\pi)=\frac{1}{f'(g(\pi))}=\frac{1}{f'(\pi)}$$

한편, $f(x)=x-\sin x$에서 $f'(x)=1-\cos x$이므로

$f'(\pi)=1-\cos \pi=2$

$$\therefore g'(\pi)=\frac{1}{f'(\pi)}=\frac{1}{2}$$

21 $(f \circ g)(x)=x$에서 $g(x)$가 $f(x)$의 역함수이므로

$$g'(x)=\frac{1}{f'(g(x))}$$

이때 $f(1)=-2$에서 $g(-2)=1$이고, $f'(1)=5$이므로

$$g'(-2)=\frac{1}{f'(1)}=\frac{1}{5}$$

$h(x)=xg(x)$이므로

$h'(x)=g(x)+xg'(x)$

$$\therefore h'(-2)=g(-2)-2g'(-2)=1-2\times \frac{1}{5}=\frac{3}{5}$$

22 $f(x)=\sqrt{3x+1}=(3x+1)^{\frac{1}{2}}$이므로

$$f'(x)=\frac{(3x+1)'}{2\sqrt{3x+1}}=\frac{3}{2\sqrt{3x+1}}$$

$$f''(x)=\frac{-3(\sqrt{3x+1})'}{2(\sqrt{3x+1})^2}$$

$$=\frac{-3\times \dfrac{3}{2\sqrt{3x+1}}}{2(3x+1)}$$

$$=-\frac{9}{4(3x+1)\sqrt{3x+1}}$$

$$\therefore f''(1)=-\frac{9}{4\times 4\times \sqrt{4}}=-\frac{9}{32}$$

23 $f(x)=\ln |\sin x|$에서

$$f'(x)=\frac{(\sin x)'}{\sin x}=\frac{\cos x}{\sin x}=\cot x$$

$f''(x)=(\cot x)'=-\csc^2 x$이므로

$$\lim_{h \to 0}\frac{f'\left(\dfrac{\pi}{3}+h\right)-f'\left(\dfrac{\pi}{3}\right)}{h}=f''\left(\frac{\pi}{3}\right)$$

$$=-\csc^2 \frac{\pi}{3}$$

$$=-\left(\frac{2}{\sqrt{3}}\right)^2$$

$$=-\frac{4}{3}$$

24 $y=e^x \sin x$에서

$y'=e^x \sin x+e^x \cos x$

$\quad =e^x(\sin x+\cos x)$

$y''=e^x(\sin x+\cos x)+e^x(\cos x-\sin x)$

$\quad =2e^x \cos x$

$y''+ay'+2y=0$에 y, y', y''을 대입하면

$2e^x \cos x+ae^x(\sin x+\cos x)+2e^x \sin x=0$

$e^x\{(a+2)\sin x+(a+2)\cos x\}=0$

$(a+2)\sin x+(a+2)\cos x=0 \ (\because e^x>0)$

$\therefore (a+2)(\sin x+\cos x)=0$

이 등식이 모든 실수 x에 대하여 성립하므로

$a+2=0$

$\therefore a=-2$

01 (1) $y=-x+1$　(2) $y=ex$　(3) $y=-\dfrac{2}{3}x-\dfrac{2}{3}+\ln 3$

(4) $y=-x+\pi$　　**02** 1　　**03** -2　　**04** $\dfrac{1}{4}$

05 $y=\dfrac{1}{4}x+1$　　**06** π　　**07** 1　　**08** $\dfrac{1}{2e}$

---

01 (1) $f(x)=\dfrac{1}{x+1}$로 놓으면

$$f'(x)=-\dfrac{1}{(x+1)^2}$$

이 곡선 위의 점 $(0, 1)$에서의 접선의 기울기는

$$f'(0)=-1$$

따라서 점 $(0, 1)$을 지나고 기울기가 -1인 접선의 방정식은

$$y-1=-x$$

$$\therefore y=-x+1$$

(2) $f(x)=e^x$으로 놓으면

$$f'(x)=e^x$$

이 곡선 위의 점 $(1, e)$에서의 접선의 기울기는

$$f'(1)=e$$

따라서 점 $(1, e)$를 지나고 기울기가 e인 접선의 방정식은

$$y-e=e(x-1)$$

$$\therefore y=ex$$

(3) $f(x)=\ln (x^2+2)$로 놓으면

$$f'(x)=\dfrac{2x}{x^2+2}$$

이 곡선 위의 점 $(-1, \ln 3)$에서의 접선의 기울기는

$$f'(-1)=-\dfrac{2}{3}$$

따라서 점 $(-1, \ln 3)$을 지나고 기울기가 $-\dfrac{2}{3}$인 접선의 방정식은

$$y-\ln 3=-\dfrac{2}{3}(x+1)$$

$$\therefore y=-\dfrac{2}{3}x-\dfrac{2}{3}+\ln 3$$

(4) $f(x)=\sin x$로 놓으면

$$f'(x)=\cos x$$

이 곡선 위의 점 $(\pi, 0)$에서의 접선의 기울기는

$$f'(\pi)=-1$$

따라서 점 $(\pi, 0)$을 지나고 기울기가 -1인 접선의 방정식은

$$y=-(x-\pi)$$

$$\therefore y=-x+\pi$$

02 $f(x)=xe^x$으로 놓으면 $f'(x)=e^x+xe^x=(x+1)e^x$

따라서 이 곡선 위의 점 $(0, 0)$에서의 접선의 기울기는

$$f'(0)=e^0=1$$

03 $f(x)=\ln x+1$로 놓으면 $f'(x)=\dfrac{1}{x}$

이 곡선 위의 점 $(1, 1)$에서의 접선의 기울기는

$$f'(1)=1$$

따라서 점 $(1, 1)$에서의 접선에 수직인 직선의 기울기는 -1이므로 직선의 방정식은

$$y-1=-(x-1)　　\therefore y=-x+2$$

즉, $a=-1$, $b=2$이므로 $ab=-2$

04 $f(x)=\sqrt{2x^2-1}$로 놓으면 $f'(x)=\dfrac{2x}{\sqrt{2x^2-1}}$

점 $(-1, 1)$에서의 접선의 기울기가 $f'(-1)=-2$이므로 접선의 방정식은

$$y-1=-2(x+1)　　\therefore y=-2x-1$$

접선의 x절편과 y절편이 각각 $-\dfrac{1}{2}$, -1이므로 구하는 넓이는

$$\dfrac{1}{2}\times\dfrac{1}{2}\times 1=\dfrac{1}{4}$$

05 $f(x)=\sqrt{x}$로 놓으면 $f'(x)=\dfrac{1}{2\sqrt{x}}$

접점의 좌표를 $(t, \sqrt{t})$라고 하면 $f'(t)=\dfrac{1}{4}$이므로

$$\dfrac{1}{2\sqrt{t}}=\dfrac{1}{4}, \sqrt{t}=2　　\therefore t=4$$

따라서 접점의 좌표가 $(4, 2)$이므로 구하는 접선의 방정식은

$$y-2=\dfrac{1}{4}(x-4)　　\therefore y=\dfrac{1}{4}x+1$$

06 $f(x)=\sin 2x$로 놓으면 $f'(x)=2\cos 2x$

직선 $y=-2x+1$에 평행하므로 구하는 접선의 기울기는 -2이고 접점의 좌표를 $(t, \sin 2t)$라고 하면

$$f'(t)=2\cos 2t=-2, \cos 2t=-1$$

$0\leq t\leq\pi$에서 $0\leq 2t\leq 2\pi$이므로

$$2t=\pi　　\therefore t=\dfrac{\pi}{2}$$

따라서 접점의 좌표가 $\left(\dfrac{\pi}{2}, 0\right)$이므로 접선의 방정식은

$$y=-2\left(x-\dfrac{\pi}{2}\right)　　\therefore y=-2x+\pi$$

즉, 구하는 y절편은 π이다.

07 $f(x)=x\ln x$로 놓으면 $f'(x)=\ln x+1$

접점의 좌표를 $(t, t\ln t)$라고 하면 이 점에서의 접선의 기울기는 $f'(t)=\ln t+1$이므로 접선의 방정식은

$$y-t\ln t=(\ln t+1)(x-t)　　\cdots\cdots ㉠$$

이 접선이 점 $(0, -1)$을 지나므로

$$-1-t\ln t=-t(\ln t+1), -t=-1$$

$$\therefore t=1$$

$t=1$을 ㉠에 대입하면 접선의 방정식은

$$y-0=1\times(x-1) \qquad \therefore y=x-1$$

이 직선이 점 $(2, a)$를 지나므로

$$a=2-1=1$$

08 $f(x)=ax^2$, $g(x)=\ln x$로 놓으면

$$f'(x)=2ax,\ g'(x)=\frac{1}{x}$$

두 곡선의 접점의 x좌표를 t라고 하면

$f(t)=g(t)$에서 $at^2=\ln t$ $\qquad$ ……㉠

$f'(t)=g'(t)$에서 $2at=\dfrac{1}{t}$

$$\therefore at^2=\frac{1}{2} \qquad\qquad ……㉡$$

㉡을 ㉠에 대입하면 $\ln t=\dfrac{1}{2}$ $\quad\therefore t=\sqrt{e}$

$t=\sqrt{e}$ 를 ㉡에 대입하면 $ae=\dfrac{1}{2}$ $\quad\therefore a=\dfrac{1}{2e}$

📗**11** 함수의 극대와 극소 p. 42

01 (1) $x\leq-2$ 또는 $x\geq2$에서 증가, $-2\leq x<0$ 또는 $0<x\leq2$에서 감소 (2) $x\geq0$에서 증가, $x\leq0$에서 감소

(3) $x\leq-2$ 또는 $x\geq0$에서 증가, $-2\leq x\leq0$에서 감소

(4) $x\geq1$에서 증가, $0<x\leq1$에서 감소

02 $\left[\dfrac{1}{2},\ \infty\right)$ $\qquad\qquad$ **03** $-1\leq a\leq0$

04 극댓값: $\dfrac{1}{4}$, 극솟값: $-\dfrac{1}{4}$ $\qquad$ **05** 0 $\qquad$ **06** 2

07 $a\leq-1$ 또는 $a\geq1$ $\qquad\qquad$ **08** -8

01 (1) $f'(x)=1-\dfrac{4}{x^2}=\dfrac{x^2-4}{x^2}=\dfrac{(x+2)(x-2)}{x^2}$

$f'(x)=0$에서 $x=-2$ 또는 $x=2$

함수 $f(x)$의 증가와 감소를 표로 나타내면 다음과 같다.

x	$\cdots$	-2	$\cdots$	(0)	$\cdots$	2	$\cdots$
$f'(x)$	$+$	0	$-$		$-$	0	$+$
$f(x)$	↗	-4	↘		↘	4	↗

따라서 함수 $f(x)$는

$x\leq-2$ 또는 $x\geq2$에서 증가하고,

$-2\leq x<0$ 또는 $0<x\leq2$에서 감소한다.

(2) $f'(x)=\dfrac{2}{3\sqrt[3]{x}}$

함수 $f(x)$의 증가와 감소를 표로 나타내면 다음과 같다.

x	$\cdots$	0	$\cdots$
$f'(x)$	$-$		$+$
$f(x)$	↘	0	↗

따라서 함수 $f(x)$는

$x\geq0$에서 증가하고, $x\leq0$에서 감소한다.

(3) $f'(x)=2xe^x+x^2e^x=(x^2+2x)e^x=x(x+2)e^x$

$f'(x)=0$에서 $x=-2$ 또는 $x=0$

함수 $f(x)$의 증가와 감소를 표로 나타내면 다음과 같다.

x	$\cdots$	-2	$\cdots$	0	$\cdots$
$f'(x)$	$+$	0	$-$	0	$+$
$f(x)$	↗	$\dfrac{4}{e^2}$	↘	0	↗

따라서 함수 $f(x)$는

$x\leq-2$ 또는 $x\geq0$에서 증가하고,

$-2\leq x\leq0$에서 감소한다.

(4) $f'(x)=1-\dfrac{1}{x}=\dfrac{x-1}{x}$

$f'(x)=0$에서 $x=1$

함수 $f(x)$의 증가와 감소를 표로 나타내면 다음과 같다.

x	(0)	$\cdots$	1	$\cdots$
$f'(x)$		$-$	0	$+$
$f(x)$		↘	1	↗

따라서 함수 $f(x)$는

$x\geq1$에서 증가하고, $0<x\leq1$에서 감소한다.

02 $f'(x)=e^{x^2-x-2}(x^2-x-2)'=(2x-1)e^{x^2-x-2}$

$f'(x)=0$에서 $2x-1=0$

$$\therefore x=\frac{1}{2}\ (\because e^{x^2-x-2}>0)$$

함수 $f(x)$의 증가와 감소를 표로 나타내면 다음과 같다.

x	$\cdots$	$\dfrac{1}{2}$	$\cdots$
$f'(x)$	$-$	0	$+$
$f(x)$	↘	$e^{-\frac{9}{4}}$	↗

따라서 함수 $f(x)$가 증가하는 구간은 $\left[\dfrac{1}{2},\ \infty\right)$이다.

03 $f'(x)=2axe^{-x}-(ax^2-1)e^{-x}$

$$=(-ax^2+2ax+1)e^{-x}$$

모든 실수 x에 대하여 $f(x)$가 증가하려면

$f'(x)\geq0$이어야 한다.

그런데 $e^{-x}>0$이므로 $-ax^2+2ax+1\geq0$이어야 한다.

모든 실수 x에 대하여 $-ax^2+2ax+1\geq0$, 즉

$ax^2-2ax-1\leq0$이려면

(i) $a=0$일 때, $-1\leq0$이므로 항상 성립

(ii) $a\neq0$일 때, $a<0$ $\qquad\qquad$ ……㉠

이차방정식 $ax^2-2ax-1=0$의 판별식을 D라고 하면

$D\leq0$이어야 하므로

$$\frac{D}{4}=(-a)^2+a=a(a+1)\leq0$$

$$\therefore -1\leq a\leq0 \qquad\qquad ……㉡$$

㉠, ㉡에서 $-1\leq a<0$

(i), (ii)에 의하여 구하는 a의 값의 범위는

$-1\leq a\leq0$

04 $f'(x) = \dfrac{(x^2+4) - x \times 2x}{(x^2+4)^2} = -\dfrac{(x^2-4)}{(x^2+4)^2}$

$\qquad = -\dfrac{(x+2)(x-2)}{(x^2+4)^2}$

$f'(x) = 0$에서 $x = -2$ 또는 $x = 2$

함수 $f(x)$의 증가와 감소를 표로 나타내면 다음과 같다.

x	$\cdots$	-2	$\cdots$	2	$\cdots$
$f'(x)$	$-$	0	$+$	0	$-$
$f(x)$	$\searrow$	$-\dfrac{1}{4}$	$\nearrow$	$\dfrac{1}{4}$	$\searrow$

따라서 함수 $f(x)$는

$x = 2$에서 극대이고 극댓값은 $f(2) = \dfrac{1}{4}$,

$x = -2$에서 극소이고 극솟값은 $f(-2) = -\dfrac{1}{4}$

05 $f(x) = x \ln \dfrac{1}{x} = x \ln x^{-1} = -x \ln x$이므로

$f'(x) = -\ln x - x \times \dfrac{1}{x} = -\ln x - 1$

$f'(x) = 0$에서 $\ln x = -1$ $\quad \therefore x = \dfrac{1}{e}$

함수 $f(x)$의 증가와 감소를 표로 나타내면 다음과 같다.

x	(0)	$\cdots$	$\dfrac{1}{e}$	$\cdots$
$f'(x)$		$+$	0	$-$
$f(x)$		$\nearrow$	$\dfrac{1}{e}$	$\searrow$

따라서 함수 $f(x)$는 $x = \dfrac{1}{e}$에서 극댓값 $f\left(\dfrac{1}{e}\right) = \dfrac{1}{e}$을 가

지므로

$a = \dfrac{1}{e}, \ b = \dfrac{1}{e}$

$\therefore a - b = 0$

06 $f'(x) = a \cos x - 2b \sin 2x$

함수 $f(x)$가 $x = \dfrac{\pi}{6}$에서 극댓값 $\dfrac{3}{2}$을 가지므로

$f\left(\dfrac{\pi}{6}\right) = \dfrac{3}{2}$에서 $\dfrac{a}{2} + \dfrac{b}{2} = \dfrac{3}{2}$

$\therefore a + b = 3 \qquad\qquad \cdots\cdots \ \bigcirc$

$f'\left(\dfrac{\pi}{6}\right) = 0$에서 $\dfrac{\sqrt{3}}{2}a - \sqrt{3}\,b = 0$

$\therefore a - 2b = 0 \qquad\qquad \cdots\cdots \ \bigcirc$

$\bigcirc$, $\bigcirc$을 연립하여 풀면

$a = 2, \ b = 1 \qquad \therefore ab = 2$

07 $f'(x) = a + \cos x$

이때 $f(x)$가 극값을 갖지 않으려면 $f'(x) \geq 0$ 또는

$f'(x) \leq 0$이어야 한다.

이때 $-1 \leq \cos x \leq 1$이므로

$a - 1 \leq a + \cos x \leq a + 1$

따라서 $a + 1 \leq 0$ 또는 $a - 1 \geq 0$이므로

$a \leq -1$ 또는 $a \geq 1$

08 $f'(x) = 3x^2 + 6x = 3x(x+2)$이므로

$f'(x) = 0$에서 $x = -2$ 또는 $x = 0$

$f''(x) = 6x + 6$이므로

$f''(-2) = -6 < 0, \ f''(0) = 6 > 0$

따라서 함수 $f(x)$는

$x = -2$에서 극대이고 극댓값은

$f(-2) = -1$

$x = 0$에서 극소이고 극솟값은

$f(0) = -5$

즉, $a = -2, \ b = -1, \ c = 0, \ d = -5$이므로

$a + b + c + d = -8$

■12 함수의 그래프   p. 44

01 (1) $(-1, 12)$ (2) $\left(-1, -\dfrac{1}{e^2}\right)$ (3) $(-\sqrt{2}, \ln 4)$,

$(\sqrt{2}, \ln 4)$ (4) (π, π) **02** $\sqrt{e}$ **03** 2

04 ③   **05** ㄱ, ㄷ   **06** -2π **07** 2

01 (1) $f(x) = x^3 + 3x^2 - 9x + 1$로 놓으면

$f'(x) = 3x^2 + 6x - 9 = 3(x+3)(x-1)$

$f''(x) = 6x + 6 = 6(x+1)$

$f'(x) = 0$에서 $x = -3$ 또는 $x = 1$

$f''(x) = 0$에서 $x = -1$

함수 $f(x)$의 증가와 감소를 표로 나타내면 다음과 같다.

x	$\cdots$	-3	$\cdots$	-1	$\cdots$	1	$\cdots$
$f'(x)$	$+$	0	$-$	$-$	$-$	0	$+$
$f''(x)$	$-$	$-$	$-$	0	$+$	$+$	$+$
$f(x)$	$\overset{\frown}{\nearrow}$	28	$\overset{\frown}{\searrow}$	12	$\underset{\smile}{\searrow}$	-4	$\underset{\smile}{\nearrow}$

따라서 곡선 $y = f(x)$는

$x < -1$일 때 $f''(x) < 0$이므로 위로 볼록,

$x > -1$일 때 $f''(x) > 0$이므로 아래로 볼록이고,

변곡점의 좌표는 $(-1, 12)$이다.

(2) $f(x) = xe^{2x}$으로 놓으면

$f'(x) = e^{2x} + 2xe^{2x} = (1 + 2x)e^{2x}$

$f''(x) = 2e^{2x} + 2(1+2x)e^{2x} = 4(x+1)e^{2x}$

$f'(x) = 0$에서 $x = -\dfrac{1}{2}$

$f''(x) = 0$에서 $x = -1$

함수 $f(x)$의 증가와 감소를 표로 나타내면 다음과 같다.

x	$\cdots$	-1	$\cdots$	$-\dfrac{1}{2}$	$\cdots$
$f'(x)$	$-$	$-$	$-$	0	$+$
$f''(x)$	$-$	0	$+$	$+$	$+$
$f(x)$	$\searrow$	$-\dfrac{1}{e^2}$	$\searrow$	$-\dfrac{1}{2e}$	$\nearrow$

따라서 곡선 $y=f(x)$는

$x<-1$일 때 $f''(x)<0$이므로 위로 볼록,

$x>-1$일 때 $f''(x)>0$이므로 아래로 볼록이고,

변곡점의 좌표는 $\left(-1,\ -\dfrac{1}{e^2}\right)$이다.

(3) $f(x)=\ln(x^2+2)$로 놓으면

$$f'(x)=\frac{2x}{x^2+2}$$

$$f''(x)=\frac{2(x^2+2)-2x\times 2x}{(x^2+2)^2}$$

$$=\frac{-2(x+\sqrt{2})(x-\sqrt{2})}{(x^2+2)^2}$$

$f'(x)=0$에서 $x=0$

$f''(x)=0$에서 $x=-\sqrt{2}$ 또는 $x=\sqrt{2}$

함수 $f(x)$의 증가와 감소를 표로 나타내면 다음과 같다.

x	$\cdots$	$-\sqrt{2}$	$\cdots$	0	$\cdots$	$\sqrt{2}$	$\cdots$
$f'(x)$	$-$	$-$	$-$	0	$+$	$+$	$+$
$f''(x)$	$-$	0	$+$	$+$	$+$	0	$-$
$f(x)$	$\frown$	$\ln 4$	$\searrow$	$\ln 2$	$\nearrow$	$\ln 4$	$\frown$

따라서 곡선 $y=f(x)$는

$x<-\sqrt{2}$ 또는 $x>\sqrt{2}$일 때 $f''(x)<0$이므로 위로 볼록,

$-\sqrt{2}<x<\sqrt{2}$일 때 $f''(x)>0$이므로 아래로 볼록이고,

변곡점의 좌표는 $(-\sqrt{2},\ \ln 4)$, $(\sqrt{2},\ \ln 4)$이다.

(4) $f(x)=x+2\sin x\,(0<x<2x)$로 놓으면

$$f'(x)=1+2\cos x,\quad f''(x)=-2\sin x$$

$f'(x)=0$에서

$$1+2\cos x=0,\ \cos x=-\frac{1}{2}$$

$$\therefore x=\frac{2}{3}\pi \text{ 또는 } x=\frac{4}{3}\pi$$

$f''(x)=0$에서 $x=\pi$

함수 $f(x)$의 증가와 감소를 표로 나타내면 다음과 같다.

x	(0)	$\cdots$	$\frac{2}{3}\pi$	$\cdots$	π	$\cdots$	$\frac{4}{3}\pi$	$\cdots$	(2π)
$f'(x)$		$+$	0	$-$	$-$	$-$	0	$+$	
$f''(x)$		$-$	$-$	$-$	0	$+$	$+$	$+$	
$f(x)$		$\nearrow$	극대	$\searrow$	π	$\searrow$	극소	$\nearrow$	

따라서 곡선 $y=f(x)$는

$x<\pi$일 때 $f''(x)<0$이므로 위로 볼록,

$x>\pi$일 때 $f''(x)>0$이므로 아래로 볼록이고,

변곡점의 좌표는 $(\pi,\ \pi)$이다.

02
$$f'(x)=2x\ln x+x^2\times\frac{1}{x}-4x$$

$$=2x\ln x-3x$$

$$f''(x)=2\ln x+2x\times\frac{1}{x}-3$$

$$=2\ln x-1$$

곡선 $y=f(x)$가 위로 볼록하려면 $f''(x)<0$이어야 하므로

$2\ln x-1<0,\ \ln x<\dfrac{1}{2}$

$$\therefore x<e^{\frac{1}{2}}$$

그런데 $x>0$이므로 $0<x<\sqrt{e}$

따라서 $\alpha=0,\ \beta=\sqrt{e}$이므로 $\beta-\alpha=\sqrt{e}$

03
$$f'(x)=\frac{4x}{x^2+1}$$

$$f''(x)=\frac{4(x^2+1)-4x\times 2x}{(x^2+1)^2}$$

$$=\frac{-4(x^2-1)}{(x^2+1)^2}$$

$$=\frac{-4(x+1)(x-1)}{(x^2+1)^2}$$

$f''(x)=0$에서 $x=-1$ 또는 $x=1$

$x=-1$, $x=1$의 좌우에서 $f''(x)$의 부호가 바뀌므로 변곡점의 좌표는 $(-1,\ 2\ln 2)$, $(1,\ 2\ln 2)$이다.

따라서 두 변곡점 사이의 거리는

$1-(-1)=2$

04 주어진 그래프를 이용하여 닫힌구간 $[a,\ f]$에서 $f''(x)$의 부호를 조사하면 다음과 같다.

x	a	$\cdots$	b	$\cdots$	c	$\cdots$	d	$\cdots$	e	$\cdots$	f
$f''(x)$	$-$	$-$	0	$+$	$+$	$+$	0	$-$	$-$	$-$	$-$

함수 $y=f(x)$의 그래프의 모양이 아래로 볼록하려면 $f''(x)>0$이어야 하므로 구하는 구간은 $(b,\ d)$이다.

05 ㄱ. $x^2+3\neq 0$이므로 정의역은 실수 전체의 집합이다. (참)

ㄴ. $f(-x)\neq -f(x)$이므로 곡선은 원점에 대하여 대칭이 아니다. (거짓)

ㄷ. $\dfrac{2}{x^2+3}\neq 0$이므로 곡선은 x축과 만나지 않는다. (참)

ㄹ. $f'(x)=\dfrac{-4x}{(x^2+3)^2}$

$$f''(x)=\frac{12(x+1)(x-1)}{(x^2+3)^3}$$

$f'(x)=0$에서 $x=0$

$f''(x)=0$에서 $x=-1$ 또는 $x=1$

함수 $f(x)$의 증가와 감소를 표로 나타내면 다음과 같다.

x	$\cdots$	-1	$\cdots$	0	$\cdots$	1	$\cdots$
$f'(x)$	$+$	$+$	$+$	0	$-$	$-$	$-$
$f''(x)$	$+$	0	$-$	$-$	$-$	0	$+$
$f(x)$	$\nearrow$	$\frac{1}{2}$	$\nearrow$	$\frac{2}{3}$	$\searrow$	$\frac{1}{2}$	$\searrow$

따라서 변곡점의 좌표는 $\left(-1,\ \dfrac{1}{2}\right)$, $\left(1,\ \dfrac{1}{2}\right)$의 2개이다.

(거짓)

따라서 옳은 것은 ㄱ, ㄷ이다.

참고

$f(-x)=\dfrac{2}{(-x)^2+3}=f(x)$이므로 곡선 $y=f(x)$는 y축에 대하여 대칭이다.

06 $f'(x)=2\cos x-1$

$f'(x)=0$에서 $\cos x=\dfrac{1}{2}$

$\therefore x=\dfrac{\pi}{3}$ 또는 $x=\dfrac{5}{3}\pi\ (\because\ 0\le x\le 2\pi)$

$0\le x\le 2\pi$에서 함수 $f(x)$의 증가와 감소를 표로 나타내면 다음과 같다.

x	0	$\cdots$	$\dfrac{\pi}{3}$	$\cdots$	$\dfrac{5}{3}\pi$	$\cdots$	2π
$f'(x)$		$+$	0	$-$	0	$+$	
$f(x)$	0	$\nearrow$	$\sqrt{3}-\dfrac{\pi}{3}$	$\searrow$	$-\sqrt{3}-\dfrac{5}{3}\pi$	$\nearrow$	-2π

따라서 함수 $f(x)$의

최댓값은 $f\left(\dfrac{\pi}{3}\right)=\sqrt{3}-\dfrac{\pi}{3}$,

최솟값은 $f\left(\dfrac{5}{3}\pi\right)=-\sqrt{3}-\dfrac{5}{3}\pi$

이므로 구하는 합은

$\sqrt{3}-\dfrac{\pi}{3}+\left(-\sqrt{3}-\dfrac{5}{3}\pi\right)=-2\pi$

07 $f'(x)=2xe^{-x}-x^2e^{-x}=x(2-x)e^{-x}$

$f'(x)=0$에서 $x=2\ (\because\ x>0)$

$x>0$에서 함수 $f(x)$의 증가와 감소를 표로 나타내면 다음과 같다.

x	(0)	$\cdots$	2	$\cdots$
$f'(x)$		$+$	0	$-$
$f(x)$		$\nearrow$	$\dfrac{4}{e^2}$	$\searrow$

따라서 함수 $f(x)$는 $x=2$에서 극대이며 최대이므로

$a=2$

실력 확인 문제 10 11 12 p. 46

01 $y=2x-e$	**02** ③	**03** 7	**04** $y=x-2$
05 ⑤	**06** $(1, e)$	**07** ①	**08** $\dfrac{1}{e}$
09 1			
10 $\dfrac{1}{2}$	**11** ③	**12** $\dfrac{11}{2}$	**13** 2π
14 2			
15 ④	**16** 2	**17** $2e$	**18** $2\sqrt{65}$
19 ④			
20 5	**21** 0	**22** ①	**23** $\dfrac{2}{3}$
24 1			

01 $f(x)=x\ln x$로 놓으면 점 (a, a)가 함수 $f(x)=x\ln x$의 그래프 위의 점이므로

$f(a)=a\ln a=a$에서 $\ln a=1\ (\because\ a>0)$

$\therefore a=e$

$f(x)=x\ln x$에서 $f'(x)=\ln x+x\times\dfrac{1}{x}=\ln x+1$

이때 점 (a, a), 즉 점 (e, e)에서의 접선의 기울기는

$f'(e)=\ln e+1=1+1=2$

따라서 구하는 접선의 방정식은

$y-e=2(x-e)\qquad\therefore\ y=2x-e$

02 $g(x)=\sin x$로 놓으면 $g'(x)=\cos x$이므로 $x=t$인 점에서의 접선의 기울기는

$f'(t)=\cos t$

따라서 점 $(t, \sin t)$에서의 접선의 방정식은

$y-\sin t=\cos t(x-t)$

이 식에 $y=0$을 대입하면

$-\sin t=\cos t(x-t)$

$x-t=-\dfrac{\sin t}{\cos t}\qquad\therefore\ x=t-\tan t$

따라서 $f(t)=t-\tan t$이므로

$\displaystyle\lim_{t\to 0}\dfrac{f(t)}{t}=\lim_{t\to 0}\dfrac{t-\tan t}{t}=\lim_{t\to 0}\left(1-\dfrac{\tan t}{t}\right)=1-1=0$

03 [1단계]

$y=x\sqrt{x}=x^{\frac{3}{2}}$에서 $y'=\dfrac{3}{2}x^{\frac{1}{2}}=\dfrac{3}{2}\sqrt{x}$

이므로 $x=1$인 점에서의 접선의 기울기는 $\dfrac{3}{2}$이다.

따라서 점 $(1, 1)$에서의 접선의 방정식은

$y-1=\dfrac{3}{2}(x-1)$

$\therefore\ y=\dfrac{3}{2}x-\dfrac{1}{2}$

[2단계]

두 직선 $y=\dfrac{3}{2}x-\dfrac{1}{2}$과 $y=-2x+10$의 교점의 x좌표는

$\dfrac{3}{2}x-\dfrac{1}{2}=-2x+10$에서

$\dfrac{7}{2}x=\dfrac{21}{2}\qquad\therefore\ x=3$

$x=3$을 $y=-2x+10$에 대입하면 $y=4$

따라서 교점의 좌표는 $(3, 4)$이므로

$a+b=3+4=7$

04 $f(x)=\ln(x-1)$로 놓으면 $f'(x)=\dfrac{1}{x-1}$

x축의 양의 방향과 이루는 각의 크기가 $45°$인 직선의 기울기는 1이므로 접점의 좌표를 $(a, \ln(a-1))$이라고 하면

$f'(a)=\dfrac{1}{a-1}=1\qquad\therefore\ a=2$

따라서 접점의 좌표가 $(2, 0)$이므로 구하는 직선의 방정식은

$y-0=1\times(x-2)$

$\therefore\ y=x-2$

05 [1단계]

$f(x)=3e^{x-1}$으로 놓으면 $f'(x)=3e^{x-1}$

점 A의 좌표를 $(t, 3e^{t-1})$이라고 하면 접선의 기울기는

$f'(t)=3e^{t-1}$이므로 접선의 방정식은

$y-3e^{t-1}=3e^{t-1}(x-t)$

이 접선이 원점 O를 지나므로 $-3e^{t-1}=-3te^{t-1}$

$\therefore t=1 \ (\because 3e^{t-1}>0)$

$\therefore \mathrm{A}(1,\,3)$

[2단계]

따라서 선분 OA의 길이는

$\overline{\mathrm{OA}}=\sqrt{1^2+3^2}=\sqrt{10}$

06 $f(x)=e^x$으로 놓으면 $f'(x)=e^x$

접점의 좌표를 $(a,\,e^a)$이라고 하면 이 점에서의 접선의 기울기는 $f'(a)=e^a$이므로 접선의 방정식은

$y-e^a=e^a(x-a)$

이 접선이 점 $(0,\,0)$을 지나므로

$-e^a=-ae^a \qquad \therefore a=1 \ (\because e^a>0)$

따라서 접점의 좌표는 $(1,\,e)$이다.

07 $f(x)=xe^{x-1}$으로 놓으면

$f'(x)=e^{x-1}+xe^{x-1}=(x+1)e^{x-1}$

접점의 좌표를 $(t,\,te^{t-1})$이라고 하면 이 점에서의 접선의 기울기는 $f'(t)=(t+1)e^{t-1}$이므로 접선의 방정식은

$y-te^{t-1}=(t+1)e^{t-1}(x-t)$

$\therefore y=(t+1)e^{t-1}x-t^2e^{t-1}$

이 직선이 점 $(a,\,0)$을 지나므로

$0=a(t+1)e^{t-1}-t^2e^{t-1}$

$0=e^{t-1}(t^2-at-a)$

$\therefore t^2-at-a=0 \ (\because e^{t-1}>0) \qquad \cdots\cdots \text{㉠}$

점 $(a,\,0)$에서 곡선 $y=xe^{x-1}$에 서로 다른 두 개의 접선을 그을 수 있으려면 이차방정식 ㉠이 서로 다른 두 실근을 가져야 한다. ㉠의 판별식을 D라고 하면

$D=a^2+4a>0,\ a(a+4)>0$

$\therefore a<-4$ 또는 $a>0$

따라서 자연수 a의 최솟값은 1이다.

08 함수 $f(x)=e^{ax}$의 그래프와 그 역함수의 그래프는 직선 $y=x$에 대하여 대칭이고, 두 그래프가 서로 접하므로 접점에서 그은 접선의 방정식은 $y=x$이다.

두 함수의 접점의 좌표를 $(t,\,e^{at})$이라고 하면 점 $(t,\,e^{at})$은 직선 $y=x$ 위에 있으므로

$t=e^{at} \qquad \cdots\cdots \text{㉠}$

또, $x=t$에서의 접선의 기울기는 1이므로 $f'(x)=ae^{ax}$에서

$ae^{at}=1 \qquad \cdots\cdots \text{㉡}$

㉠을 ㉡에 대입하면 $at=1$

$at=1$을 ㉡에 대입하면 $ae=1 \qquad \therefore a=\dfrac{1}{e}$

09 $0<x<\dfrac{\pi}{2}$일 때, 함수 $f(x)=ax+\cos x$가 증가하려면 $f'(x)\geq 0$이어야 한다.

$f(x)=ax+\cos x$에서 $f'(x)=a-\sin x$

$0<x<\dfrac{\pi}{2}$일 때, $0<\sin x<1$이므로

$a-1<a-\sin x<a$

즉, $a-1\geq 0$이어야 하므로 $a\geq 1$

따라서 구하는 실수 a의 최솟값은 1이다.

10 $f'(x)=2-\dfrac{1}{x}=\dfrac{2x-1}{x}$

$f'(x)=0$에서 $x=\dfrac{1}{2}$

$x>0$에서 함수 $f(x)$의 증가와 감소를 표로 나타내면 다음과 같다.

x	(0)	$\cdots$	$\dfrac{1}{2}$	$\cdots$
$f'(x)$		$-$	0	$+$
$f(x)$		$\searrow$	$1+\ln 2$	$\nearrow$

따라서 함수 $f(x)$는 $0<x\leq\dfrac{1}{2}$일 때 감소하므로

$\alpha=0,\ \beta=\dfrac{1}{2}$

$\therefore \alpha+\beta=\dfrac{1}{2}$

11 $f(x)=\dfrac{1}{2}x^2-a\ln x$에서 $f'(x)=x-\dfrac{a}{x}$

$f'(x)=0$에서 $x-\dfrac{a}{x}=0,\ x^2-a=0$

$\therefore x=\sqrt{a} \ (\because x>0)$

함수 $f(x)$의 극솟값이 0이므로 $f(\sqrt{a})=0$에서

$\dfrac{1}{2}a-a\ln\sqrt{a}=0$

$\dfrac{1}{2}-\dfrac{1}{2}\ln a=0,\ \ln a=1$

$\therefore a=e$

12 $f'(x)=\dfrac{(2ax-7)(x-1)-(ax^2-7x+b)}{(x-1)^2}$

$\qquad =\dfrac{ax^2-2ax+7-b}{(x-1)^2}$

함수 $f(x)$가 $x=2$에서 극솟값 -1을 가지므로

$f(2)=-1,\ f'(2)=0$

$4a-14+b=-1,\ 7-b=0$

두 식을 연립하여 풀면 $a=\dfrac{3}{2},\ b=7$

$\therefore b-a=\dfrac{11}{2}$

13 $f'(x)=1+a\cos x$

$f'(x)=0$에서

$1+a\cos x=0$

$\therefore \cos x=-\dfrac{1}{a} \qquad \cdots\cdots \text{㉠}$

㉠의 한 근을 $\theta\left(\dfrac{\pi}{2}<\theta<\pi\right)$

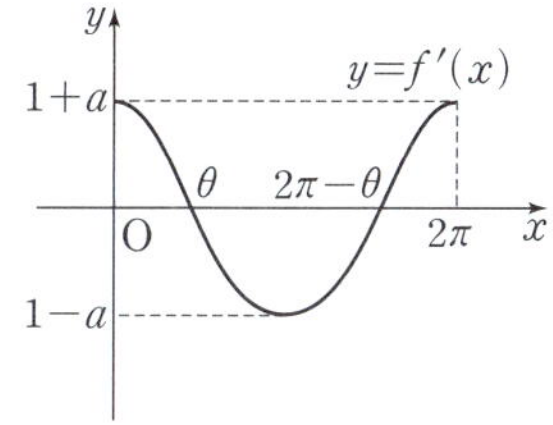

라고 하면 다른 한 근은 $2\pi-\theta$이므로 $0<x<2\pi$에서 함수 $f(x)$의 증가와 감소를 표로 나타내면 다음과 같다.

x	(0)	$\cdots$	θ	$\cdots$	$2\pi-\theta$	$\cdots$	(2π)
$f'(x)$		$+$	0	$-$	0	$+$	
$f(x)$		$\nearrow$	극대	$\searrow$	극소	$\nearrow$	

그런데 $f(x)$의 극솟값이 0이므로
$$f(2\pi-\theta)=(2\pi-\theta)+a\sin(2\pi-\theta)=0$$
$$2\pi-\theta-a\sin\theta=0$$
$$\therefore \theta+a\sin\theta=2\pi$$
따라서 구하는 $f(x)$의 극댓값은
$$f(\theta)=\theta+a\sin\theta=2\pi$$

14 $f'(x)=\dfrac{3}{x}-1-\dfrac{a}{x^2}=\dfrac{-x^2+3x-a}{x^2}$

함수 $f(x)$가 극댓값과 극솟값을 모두 가지려면 이차방정식 $-x^2+3x-a=0$이 $x>0$에서 서로 다른 두 실근을 가져야 한다.

(i) 이차방정식 $-x^2+3x-a=0$의 판별식을 D라고 하면
$$D=9-4a>0 \qquad \therefore a<\frac{9}{4}$$

(ii) 두 근의 합: $3>0$

(iii) 두 근의 곱: $a>0$

(i)~(iii)에 의하여 a의 값의 범위는
$$0<a<\frac{9}{4}$$
따라서 정수 a는 1, 2의 2개이다.

15 $f(x)=(2x-7)e^x$으로 놓으면
$$f'(x)=2e^x+(2x-7)e^x=(2x-5)e^x$$
$$f''(x)=2e^x+(2x-5)e^x=(2x-3)e^x$$
곡선 $y=f(x)$가 위로 볼록하려면 $f''(x)<0$이어야 하므로 $2x-3<0 \ (\because e^x>0)$
$$\therefore x<\frac{3}{2}$$
따라서 $a\leq\dfrac{3}{2}$이므로 실수 a의 최댓값은 $\dfrac{3}{2}$이다.

16 $f(x)=\dfrac{x^2}{e^x}-1=x^2e^{-x}-1$이므로
$$f'(x)=2xe^{-x}-x^2e^{-x}=(2x-x^2)e^{-x}$$
$$f''(x)=-e^{-x}(2x-x^2)+e^{-x}(2-2x)$$
$$=e^{-x}(x^2-4x+2)$$
$$f''(x)=0에서 x^2-4x+2=0 \ (\because e^{-x}>0)$$
$$\therefore x=2\pm\sqrt{2}$$
따라서 $x=2-\sqrt{2}$, $x=2+\sqrt{2}$의 좌우에서 $f''(x)$의 부호가 바뀌므로 변곡점의 개수는 2이다.

17 [1단계]
$$y'=2\ln ax\times\frac{1}{ax}\times a=\frac{2\ln ax}{x}$$

$$y''=\frac{2\left(\dfrac{1}{ax}\times a\right)\times x-2\ln ax}{x^2}$$
$$=\frac{2-2\ln ax}{x^2}$$

[2단계]
$y''=0$에서 $2-2\ln ax=0$
$$\ln ax=1 \qquad \therefore x=\frac{e}{a}$$
$x=\dfrac{e}{a}$의 좌우에서 $f''(x)$의 부호가 바뀌므로 변곡점의 좌표는 $\left(\dfrac{e}{a},\ 1\right)$이다.

[3단계]
이때, 변곡점 $\left(\dfrac{e}{a},\ 1\right)$이 직선 $y=2x$ 위에 있으므로
$$1=2\times\frac{e}{a} \qquad \therefore a=2e$$

18 $f'(x)=4x^3+12x^2$
$$f''(x)=12x^2+24x=12x(x+2)$$
$f''(x)=0$에서 $x=-2$ 또는 $x=0$
$x<-2$ 또는 $x>0$일 때 $f''(x)>0$,
$-2<x<0$일 때 $f''(x)<0$
즉, $x=-2$, $x=0$의 좌우에서 $f''(x)$의 부호가 바뀌므로 변곡점의 좌표는
$$(-2,\ -18),\ (0,\ -2)$$
따라서 두 변곡점 사이의 거리는
$$\sqrt{(0+2)^2+(-2+18)^2}=2\sqrt{65}$$

19 $f'(x)=\dfrac{\ln x-x\times\dfrac{1}{x}}{(\ln x)^2}=\dfrac{\ln x-1}{(\ln x)^2}$

$$f''(x)=\frac{\dfrac{1}{x}\times(\ln x)^2-(\ln x-1)\times 2\ln x\times\dfrac{1}{x}}{(\ln x)^4}$$
$$=\frac{2-\ln x}{x(\ln x)^3}$$
$f''(x)=0$에서 $2-\ln x=0 \qquad \therefore x=e^2$
$x=e^2$의 좌우에서 $f''(x)$의 부호가 바뀌므로 변곡점의 좌표는 $\left(e^2,\ \dfrac{e^2}{2}\right)$
$x=e^2$인 점에서의 접선의 기울기는 $f'(e^2)=\dfrac{1}{4}$이므로 이 점에서의 접선의 방정식은
$$y-\frac{e^2}{2}=\frac{1}{4}(x-e^2) \qquad \therefore y=\frac{1}{4}x+\frac{e^2}{4}$$
따라서 $a=\dfrac{1}{4}$, $b=\dfrac{e^2}{4}$이므로
$$\frac{b}{a}=e^2$$

20 $f(x)$가 극대가 되는 점의 x좌표는 4의 1개, 극소가 되는 점의 x좌표는 -2의 1개이므로 $a=2$
한편, $-2\leq x\leq 4$에서 $f''(x)$의 부호를 조사하면 다음과 같다.

x	-2	$\cdots$	0	$\cdots$	2	$\cdots$	3	$\cdots$	4
$f''(x)$	$+$	$+$	0	$-$	0	$+$	0	$-$	$-$

즉, $x=0$, $x=2$, $x=3$의 좌우에서 $f''(x)$의 부호가 바뀌므로 변곡점의 개수는 3이다.

$$\therefore b=3$$
$$\therefore a+b=5$$

21 $f'(x)=\sqrt{1-x^2}+x\times\dfrac{-2x}{2\sqrt{1-x^2}}=\dfrac{1-2x^2}{\sqrt{1-x^2}}$

$f'(x)=0$에서 $x=-\dfrac{\sqrt2}{2}$ 또는 $x=\dfrac{\sqrt2}{2}$

$-1\le x\le1$에서 함수 $f(x)$의 증가와 감소를 표로 나타내면 다음과 같다.

x	-1	$\cdots$	$-\dfrac{\sqrt2}{2}$	$\cdots$	$\dfrac{\sqrt2}{2}$	$\cdots$	1
$f'(x)$		$-$	0	$+$	0	$-$	
$f(x)$	0	$\searrow$	$-\dfrac12$	$\nearrow$	$\dfrac12$	$\searrow$	0

따라서 함수 $f(x)$의

최댓값은 $f\left(\dfrac{\sqrt2}{2}\right)=\dfrac12$,

최솟값은 $f\left(-\dfrac{\sqrt2}{2}\right)=-\dfrac12$

이므로 구하는 합은

$$\dfrac12-\dfrac12=0$$

22 $f'(x)=\ln x+x\times\dfrac1x+1=\ln x+2$

$f'(x)=0$에서 $\ln x+2=0$ $\quad\therefore x=e^{-2}$

$x>0$에서 함수 $f(x)$의 증가와 감소를 표로 나타내면 다음과 같다.

x	(0)	$\cdots$	e^{-2}	$\cdots$
$f'(x)$		$-$	0	$+$
$f(x)$		$\searrow$	$-e^{-2}+a$	$\nearrow$

따라서 함수 $f(x)$의 최솟값은

$$f\left(\dfrac{1}{e^2}\right)=-\dfrac{1}{e^2}+a$$

즉, $-\dfrac{1}{e^2}+a=1-\dfrac{1}{e^2}$이므로

$$a=1$$

23 $f'(x)=\dfrac{x^2-x+1-x(2x-1)}{(x^2-x+1)^2}$

$$=\dfrac{1-x^2}{(x^2-x+1)^2}$$

$$=\dfrac{(1+x)(1-x)}{(x^2-x+1)^2}$$

$f'(x)=0$에서 $x=-1$ 또는 $x=1$

$-2\le x\le2$에서 함수 $f(x)$의 증가와 감소를 표로 나타내면 다음과 같다.

x	-2	$\cdots$	-1	$\cdots$	1	$\cdots$	2
$f'(x)$		$-$	0	$+$	0	$-$	
$f(x)$	$-\dfrac27$	$\searrow$	$-\dfrac13$	$\nearrow$	1	$\searrow$	$\dfrac23$

따라서 함수 $f(x)$의 최댓값은 $f(1)=1$,

최솟값은 $f(-1)=-\dfrac13$이므로

$$M=1,\ m=-\dfrac13$$

$$\therefore M+m=\dfrac23$$

24 오른쪽 그림과 같이

$\angle\mathrm{AOB}=\theta\left(0<\theta<\dfrac{\pi}{2}\right)$라고 하면

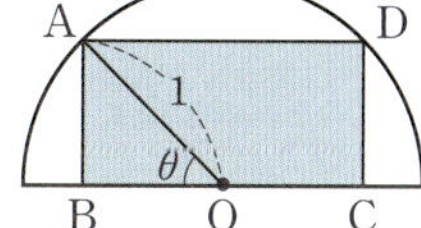

$\overline{\mathrm{AO}}=1$이므로

$\overline{\mathrm{AB}}=\sin\theta$, $\overline{\mathrm{BC}}=2\overline{\mathrm{BO}}=2\cos\theta$

직사각형 ABCD의 넓이를 $S(\theta)$라고 하면

$S(\theta)=\sin\theta\times2\cos\theta=2\sin\theta\cos\theta=\sin2\theta$

$$\therefore S'(\theta)=2\cos2\theta$$

$S'(\theta)=0$에서

$\cos2\theta=0$

$0<\theta<\dfrac{\pi}{2}$에서 $0<2\theta<\pi$이므로

$2\theta=\dfrac{\pi}{2}$ $\quad\therefore\theta=\dfrac{\pi}{4}$

함수 $S(\theta)$의 증가와 감소를 표로 나타내면 다음과 같다.

θ	0	$\cdots$	$\dfrac{\pi}{4}$	$\cdots$	$\dfrac{\pi}{2}$
$S'(\theta)$		$+$	0	$-$	
$S(\theta)$		$\nearrow$	극대	$\searrow$	

따라서 $S(\theta)$는 $\theta=\dfrac{\pi}{4}$일 때 극대이면서 최대이므로 직사각형 ABCD의 넓이의 최댓값은

$$S\left(\dfrac{\pi}{4}\right)=\sin\dfrac{\pi}{2}=1$$

■ **13** 방정식과 부등식에의 활용   p. 50

01 (1) 2 (2) 0 (3) 1 (4) 1   **02** 1   **03** 2π

04 -1 **05** (개) e^x-1, (내) 0, (대) 0

06 풀이 참조   **07** $a\le1$ **08** $\dfrac{1}{4e}$

---

01 (1) $f(x)=x-3\sqrt{x}+2$로 놓으면

$$f'(x)=1-\dfrac{3}{2\sqrt{x}}=\dfrac{2\sqrt{x}-3}{2\sqrt{x}}$$

$$f'(x)=0에서\ 2\sqrt{x}-3=0,\ \sqrt{x}=\dfrac{3}{2}$$

$$\therefore x=\frac{9}{4}$$

$x\geq0$에서 함수 $f(x)$의 증가와 감소를 표로 나타내고 그래프를 그리면 다음과 같다.

x	0	$\cdots$	$\frac{9}{4}$	$\cdots$
$f'(x)$		$-$	0	$+$
$f(x)$	2	$\searrow$	$-\frac{1}{4}$	$\nearrow$

따라서 함수
$f(x)=x-3\sqrt{x}+2$의
그래프와 x축의 교점이
2개이므로 주어진 방정
식의 실근의 개수는 2이
다.

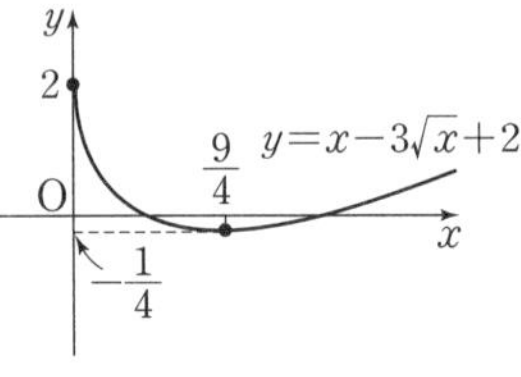

(2) $f(x)=e^x-x+1$로 놓으면
$$f'(x)=e^x-1$$
$f'(x)=0$에서 $e^x=1$ $\quad\therefore x=0$

함수 $f(x)$의 증가와 감소를 표로 나타내고 그래프를 그리면 다음과 같다.

x	$\cdots$	0	$\cdots$
$f'(x)$	$-$	0	$+$
$f(x)$	$\searrow$	2	$\nearrow$

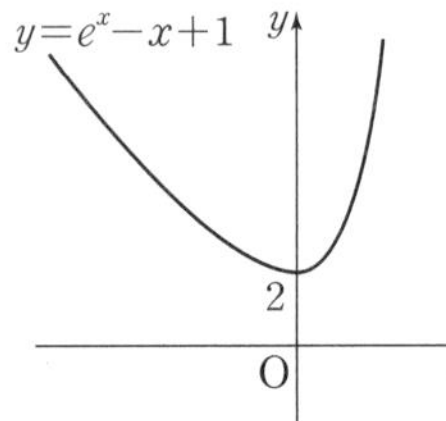

따라서 함수
$f(x)=e^x-x+1$의 그래프
와 x축이 만나지 않으므로
주어진 방정식의 실근의 개수는 0이다.

(3) $f(x)=\ln x-\dfrac{x}{e}$로 놓으면
$$f'(x)=\frac{1}{x}-\frac{1}{e}=\frac{e-x}{ex}$$
$f'(x)=0$에서 $x=e$

$x>0$에서 함수 $f(x)$의 증가와 감소를 표로 나타내고 그래프를 그리면 다음과 같다.

x	(0)	$\cdots$	e	$\cdots$
$f'(x)$		$+$	0	$-$
$f(x)$		$\nearrow$	0	$\searrow$

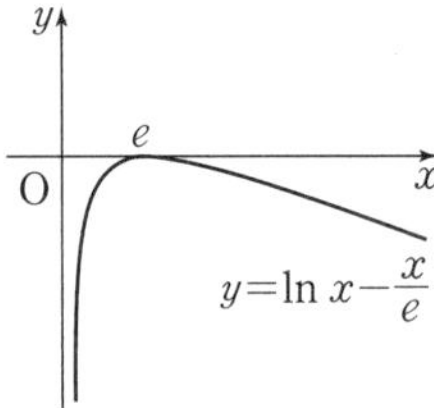

따라서 함수
$f(x)=\ln x-\dfrac{x}{e}$의 그래프와
x축의 교점이 1개이므로 주
어진 방정식의 실근의 개수는 1이다.

(4) $f(x)=x-\cos x$로 놓으면
$$f'(x)=1+\sin x\geq0\ (\because -1\leq\sin x\leq1)$$
이므로 함수 $f(x)$는 실수 전체의 구간에서 증가한다.
이때
$$f(0)=-1<0,\ f\left(\frac{\pi}{2}\right)=\frac{\pi}{2}>0$$
이므로 함수 $y=f(x)$의 그래프의 개형은 다음 그림과 같다.

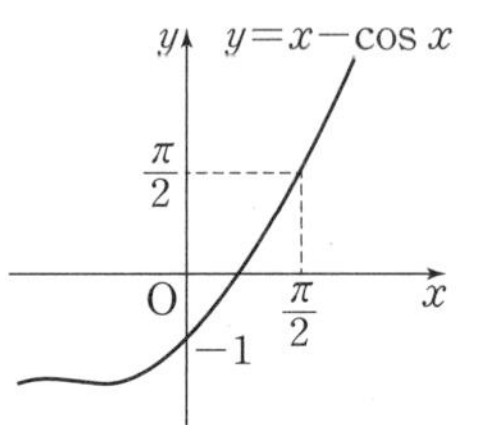

따라서 함수 $f(x)=x-\cos x$의 그래프와 x축의 교점이 1개이므로 주어진 방정식의 실근의 개수는 1이다.

02 주어진 방정식이 서로 다른 두 실근을 가지려면 곡선 $y=2\sqrt{x+1}-x$와 직선 $y=a$가 서로 다른 두 점에서 만나야 한다.
$f(x)=2\sqrt{x+1}-x$로 놓으면
$$f'(x)=\frac{1}{\sqrt{x+1}}-1=\frac{1-\sqrt{x+1}}{\sqrt{x+1}}$$
$f'(x)=0$에서
$$\sqrt{x+1}=1$$
$$x+1=1\quad\therefore x=0$$
$x\geq-1$에서 함수 $f(x)$의 증가와 감소를 표로 나타내고 그래프를 그리면 다음과 같다.

x	-1	$\cdots$	0	$\cdots$
$f'(x)$		$+$	0	$-$
$f(x)$	1	$\nearrow$	2	$\searrow$

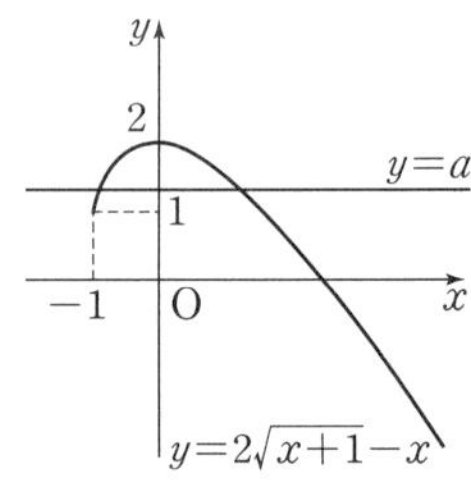

이때 곡선 $y=f(x)$와 직선
$y=a$가 서로 다른 두 점에서
만나야 하므로 실수 a의 값의
범위는 $1\leq a<2$
따라서 $\alpha=1$, $\beta=2$이므로
$$\beta-\alpha=1$$

03 주어진 방정식이 서로 다른 세 실근을 가지려면 곡선 $y=x+2\sin x$와 직선 $y=a$가 서로 다른 세 점에서 만나야 한다.
$f(x)=x+2\sin x$로 놓으면
$$f'(x)=1+2\cos x$$
$f'(x)=0$에서
$$\cos x=-\frac{1}{2}$$
$$\therefore x=\frac{2}{3}\pi \text{ 또는 } x=\frac{4}{3}\pi\ (\because 0\leq x\leq2\pi)$$
$0\leq x\leq2\pi$에서 함수 $f(x)$의 증가와 감소를 표로 나타내고 그래프를 그리면 다음과 같다.

x	0	$\cdots$	$\frac{2}{3}\pi$	$\cdots$	$\frac{4}{3}\pi$	$\cdots$	2π
$f'(x)$		$+$	0	$-$	0	$+$	
$f(x)$	0	$\nearrow$	$\frac{2}{3}\pi+\sqrt{3}$	$\searrow$	$\frac{4}{3}\pi-\sqrt{3}$	$\nearrow$	2π

이때 곡선 $y=f(x)$와 직선 $y=a$가 서로 다른 세 점에서 만나야 하므로 실수 a의 값의 범위는

$\dfrac{4}{3}\pi-\sqrt{3}<a<\dfrac{2}{3}\pi+\sqrt{3}$

따라서 $a=\dfrac{4}{3}\pi-\sqrt{3}$,

$\beta=\dfrac{2}{3}\pi+\sqrt{3}$이므로

$a+\beta=2\pi$

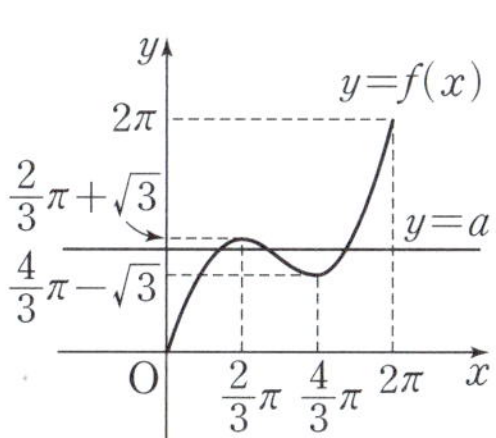

04 방정식 $\ln x=x+a$가 오직 한 개의 실근을 가지려면 다음 그림과 같이 곡선 $y=\ln x$와 직선 $y=x+a$가 접해야 한다.

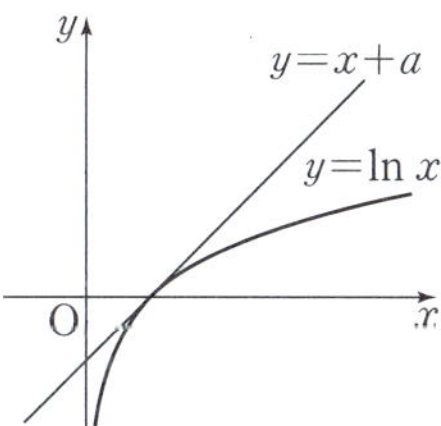

$f(x)=\ln x,\ g(x)=x+a$로 놓으면

$f'(x)=\dfrac{1}{x},\ g'(x)=1$

접점의 x좌표를 t라고 하면

$f(t)=g(t)$에서 $\ln t=t+a$ $\qquad$ …… ㉠

$f'(t)=g'(t)$에서 $\dfrac{1}{t}=1$ $\qquad$ …… ㉡

㉡에서 $t=1$이므로 이것을 ㉠에 대입하면

$0=1+a$

$\therefore a=-1$

05 $e^x\geq x+1$에서 $e^x-x-1\geq0$

$f(x)=e^x-x-1$로 놓으면 $f'(x)=\boxed{e^x-1}$

$f'(x)=0$에서 $e^x=1$

$\therefore x=\boxed{0}$

함수 $f(x)$의 증가와 감소를 표로 나타내면 다음과 같다.

x	$\cdots$	$\boxed{0}$	$\cdots$
$f'(x)$	$-$	0	$+$
$f(x)$	$\searrow$	$\boxed{0}$	$\nearrow$

따라서 함수 $f(x)$의 최솟값은 $\boxed{0}$ 이므로

$f(x)\geq0$ $\qquad\therefore e^x\geq x+1$

$\therefore$ ㈎ e^x-1, ㈏ 0, ㈐ 0

06 $f(x)=x\ln x-x+1$로 놓으면

$f'(x)=\ln x+x\times\dfrac{1}{x}-1=\ln x$

$f'(x)=0$에서 $\ln x=0$

$\therefore x=1$

$x>0$에서 함수 $f(x)$의 증가와 감소를 표로 나타내면 다음과 같다.

x	(0)	$\cdots$	1	$\cdots$
$f'(x)$		$-$	0	$+$
$f(x)$		$\searrow$	0	$\nearrow$

따라서 함수 $f(x)$의 최솟값은 $f(1)=0$이므로

$f(x)\geq0$

$\therefore x\ln x-x+1\geq0$

07 $f(x)=\cos x+\dfrac{1}{2}x^2-a$로 놓으면

$f'(x)=-\sin x+x$

$f''(x)=-\cos x+1$

$-1\leq\cos x\leq1$이므로

$0\leq-\cos x+1\leq2$

즉, $x>0$일 때 $f''(x)\geq0$이므로 $f'(x)$는 증가함수이고

$f'(0)=0$이므로

$f'(x)>0$

따라서 $x>0$일 때 $f'(x)>0$이고 $f(x)$는 증가함수이므로

$f(x)>0$이 항상 성립하려면

$f(0)=1-a\geq0$ $\qquad\therefore a\leq1$

08 $\ln x\leq2ax^2$에서 $\dfrac{\ln x}{2x^2}\leq a$

$f(x)=\dfrac{\ln x}{2x^2}$로 놓으면

$f'(x)=\dfrac{\dfrac{1}{x}\times2x^2-\ln x\times4x}{(2x^2)^2}=\dfrac{1-2\ln x}{2x^3}$

$f'(x)=0$에서 $1-2\ln x=0\ (\because x>0)$

$\ln x=\dfrac{1}{2}$

$\therefore x=\sqrt{e}$

$x>0$에서 함수 $f(x)$의 증가와 감소를 표로 나타내면 다음과 같다.

x	(0)	$\cdots$	$\sqrt{e}$	$\cdots$
$f'(x)$		$+$	0	$-$
$f(x)$		$\nearrow$	$\dfrac{1}{4e}$	$\searrow$

함수 $f(x)$는 $x=\sqrt{e}$에서 극대이면서 최대이므로

$f(x)\leq f(\sqrt{e})$

즉, $\dfrac{\ln x}{2x^2}\leq\dfrac{1}{4e}$

따라서 $a\geq\dfrac{1}{4e}$이므로 a의 최솟값은 $\dfrac{1}{4e}$이다.

■ 14 속도와 가속도 p. 52

01 ⑴ -1 ⑵ 속도: 1, 가속도: -2 $\qquad$ **02** $-\dfrac{1}{2}$

03 $\dfrac{\pi}{12}$ $\quad$ **04** 4 $\quad$ **05** ⑴ $\vec{v}=(-\sin t,\ \cos t),\ |\vec{v}|=1$

⑵ $\vec{a}=(-\cos t,\ -\sin t),\ |\vec{a}|=1$ $\qquad$ **06** $\sqrt{2}$

07 $(0,\ 2)$ $\quad$ **08** 0

01 (1) $f(t)=2\sin t-\sin 2t-t$로 놓으면

시각 $t=0$에서 $t=\pi$까지의 점 P의 평균속도는

$$\frac{f(\pi)-f(0)}{\pi-0}$$

$$=\frac{(2\sin\pi-\sin 2\pi-\pi)-(2\sin 0-\sin 0-0)}{\pi-0}$$

$$=\frac{-\pi}{\pi}=-1$$

(2) 점 P의 시각 t에서의 속도는

$$v(t)=f'(t)=2\cos t-2\cos 2t-1$$

따라서 시각 $t=\dfrac{\pi}{2}$에서의 점 P의 속도는

$$v\left(\frac{\pi}{2}\right)=2\cos\frac{\pi}{2}-2\cos\pi-1=0+2-1=1$$

또, 점 P의 시각 t에서의 가속도는

$$a(t)=v'(t)=-2\sin t+4\sin 2t$$

따라서 시각 $t=\dfrac{\pi}{2}$에서의 점 P의 가속도는

$$a\left(\frac{\pi}{2}\right)=-2\sin\frac{\pi}{2}+4\sin\pi=-2$$

02 $f(t)=2\ln(t+1)+t$로 놓으면 점 P의 시각 t에서의 속도는

$$v(t)=f'(t)=\frac{2}{t+1}+1$$

$\dfrac{2}{t+1}+1=2$에서

$\dfrac{2}{t+1}=1,\ t+1=2$

$\therefore t=1$

이때 점 P의 가속도는

$$a(t)=v'(t)=-\frac{2}{(t+1)^2}$$

따라서 $t=1$일 때의 가속도는

$$a(1)=-\frac{1}{2}$$

03 $f(t)=t+\cos 2t$로 놓으면 점 P의 시각 t에서의 속도는

$$v(t)=f'(t)=1-2\sin 2t$$

운동 방향을 바꿀 때의 속도는 0이므로 $t=a$일 때 점 P의 속도가 0이라고 하면

$1-2\sin 2a=0,\ \sin 2a=\dfrac{1}{2}$

$a>0$이므로 $a=\dfrac{\pi}{12},\ \dfrac{5}{12}\pi,\ \dfrac{13}{12}\pi,\ \dfrac{17}{12}\pi,\ \cdots$

따라서 점 P가 처음으로 운동 방향을 바꾸는 시각은

$t=\dfrac{\pi}{12}$이다.

04 $f(t)=\sin 2t+\sqrt{3}\cos 2t$로 놓으면 점 P의 시각 t에서의 속도는

$$v(t)=f'(t)$$

$$=2\cos 2t-2\sqrt{3}\sin 2t$$

$$=4\sin\left(2t+\frac{5}{6}\pi\right)$$

이때 $-4\le 4\sin\left(2t+\dfrac{5}{6}\pi\right)\le 4$이므로 $|v(t)|$의 최댓값은 4이다.

따라서 점 P의 속력의 최댓값은 4이다.

05 (1) $\dfrac{dx}{dt}=-\sin t,\ \dfrac{dy}{dt}=\cos t$

이므로 점 P의 시각 t에서의 속도 $\vec{v}$는

$$\vec{v}=(-\sin t,\ \cos t)$$

$$\therefore |\vec{v}|=\sqrt{(-\sin t)^2+(\cos t)^2}=1$$

(2) $\dfrac{d^2x}{dt^2}=-\cos t,\ \dfrac{d^2y}{dt^2}=-\sin t$

이므로 점 P의 가속도 $\vec{a}$는

$$\vec{a}=(-\cos t,\ -\sin t)$$

$$\therefore |\vec{a}|=\sqrt{(-\cos t)^2+(-\sin t)^2}=1$$

06 $\dfrac{dx}{dt}=1,\ \dfrac{dy}{dt}=\dfrac{1}{\sqrt{t}}$

이므로 점 P의 시각 t에서의 속도 $\vec{v}$는

$$\vec{v}=\left(1,\ \frac{1}{\sqrt{t}}\right)$$

따라서 $t=1$에서의 점 P의 속도는 $\vec{v}=(1,\ 1)$이므로 속력은

$$|\vec{v}|=\sqrt{1^2+1^2}=\sqrt{2}$$

07 $\dfrac{dx}{dt}=t-\dfrac{1}{t},\ \dfrac{dy}{dt}=2$

이므로 점 P의 시각 t에서의 속도를 $\vec{v}$라고 하면

$$\vec{v}=\left(t-\frac{1}{t},\ 2\right)$$

따라서 시각 t에서의 점 P의 속력은

$$\sqrt{\left(t-\frac{1}{t}\right)^2+2^2}=\sqrt{\left(t+\frac{1}{t}\right)^2}=t+\frac{1}{t}\ (\because t>0)$$

이때 $t>0$이므로 산술평균과 기하평균의 관계에 의하여

$t+\dfrac{1}{t}\ge 2\sqrt{t\times\dfrac{1}{t}}=2$ (단, 등호는 $t=1$일 때 성립한다.)

따라서 점 P의 속력이 최소가 되는 순간의 속도는 $t=1$일 때 $(0,\ 2)$이다.

08 $\dfrac{dx}{dt}=e^t\sin t+e^t\cos t,\ \dfrac{dy}{dt}=-\sin t$

$$\frac{d^2x}{dt}=e^t\sin t+e^t\cos t+e^t\cos t-e^t\sin t=2e^t\cos t$$

$$\frac{d^2y}{dt^2}=-\cos t$$

이므로 점 P의 시각 t에서의 가속도 $\vec{a}$는

$$\vec{a}=(2e^t\cos t,\ -\cos t)$$

따라서 가속도의 크기는

$$|\vec{a}|=\sqrt{(2e^t\cos t)^2+(-\cos t)^2}$$

$$=|\cos t|\sqrt{4e^{2t}+1}$$

이때 $0\le|\cos t|\le 1,\ \sqrt{4e^{2t}+1}>1$이므로 가속도의 크기의 최솟값은 0이다.

01 2	02 2	03 2	04 0	05 ①
06 $a \leq 2$	07 $\dfrac{1}{e}$	08 e	09 1	10 ③
11 ②	12 $\sqrt{5}$			

01 $f(x)=4\ln x+\ln(10-x)$로 놓으면 로그의 진수 조건에 의하여 $x>0$, $10-x>0$

$\therefore 0<x<10$

$f'(x)=\dfrac{4}{x}-\dfrac{1}{10-x}=\dfrac{5(x-8)}{x(x-10)}$

$f'(x)=0$에서 $x-8=0$

$\therefore x=8$

$0<x<10$에서 함수 $f(x)$의 증가와 감소를 표로 나타내고 그래프를 그리면 다음과 같다.

x	(0)	$\cdots$	8	$\cdots$	(10)
$f'(x)$		$+$	0	$-$	
$f(x)$		↗	$13\ln 2$	↘	

따라서 함수 $y=f(x)$의 그래프와 x축의 교점이 2개이므로 주어진 방정식의 서로 다른 실근의 개수는 2이다.

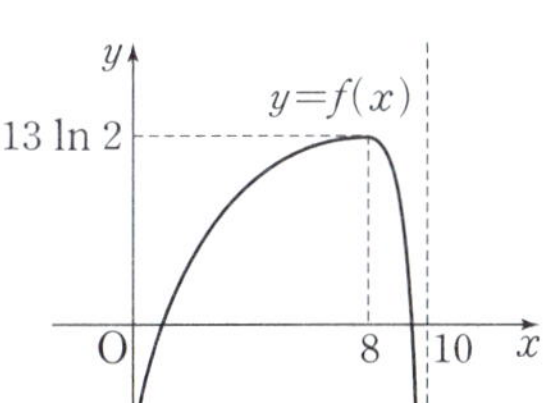

02 $f(x)=a^x+a^{-x}$으로 놓으면

$f'(x)=a^x\ln a-a^{-x}\ln a$

$\qquad =(a^x-a^{-x})\ln a$

$f'(x)=0$에서 $a^x-a^{-x}=0$ $(\because a>1)$

$a^{2x}=1$ $\qquad \therefore x=0$

함수 $f(x)$의 증가와 감소를 표로 나타내고 그래프를 그리면 다음과 같다.

x	$\cdots$	0	$\cdots$
$f'(x)$	$-$	0	$+$
$f(x)$	↘	2	↗

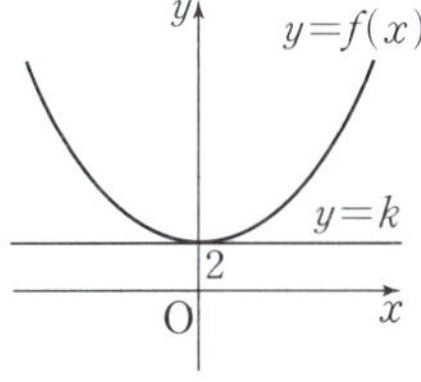

따라서 주어진 방정식이 한 개의 실근을 가지려면 $y=f(x)$의 그래프와 직선 $y=k$가 한 점에서 만나야 하므로

$k=2$

03 $-\dfrac{\pi}{2}\leq x\leq\dfrac{\pi}{2}$에서 방정식 $\sin 2x=ax$가 서로 다른 세 실근을 가지려면 오른쪽 그림과 같이 $-\dfrac{\pi}{2}\leq x\leq\dfrac{\pi}{2}$에서 곡선

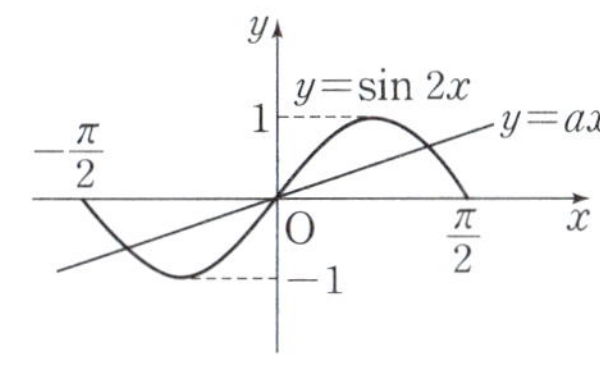

$y=\sin 2x$와 직선 $y=ax$가 서로 다른 세 점에서 만나야 한다.

$y=\sin 2x$에서 $y'=2\cos 2x$이므로 점 $(0,0)$에서의 접선의 방정식은

$y-0=2\cos 0\times(x-0)$

$\therefore y=2x$

따라서 곡선 $y=\sin 2x$와 직선 $y=ax$가 서로 다른 세 점에서 만나려면 $0\leq a<2$

따라서 정수 a는 0, 1의 2개이다.

04 [1단계]

$f'(x)=ax+3\cos x+1$

$f''(x)=a-3\sin x$

곡선 $y=f(x)$가 변곡점을 가지려면 방정식 $f''(x)=0$이 실근을 갖고, 그 근의 좌우에서 $f''(x)$의 부호가 바뀌어야 한다.

$f''(x)=0$에서 $a-3\sin x=0$

$\therefore 3\sin x=a$

[2단계]

이 방정식이 실근을 가지려면 곡선 $y=3\sin x$와 직선 $y=a$가 만나야 하므로 오른쪽 그림에서 $-3\leq a\leq 3$

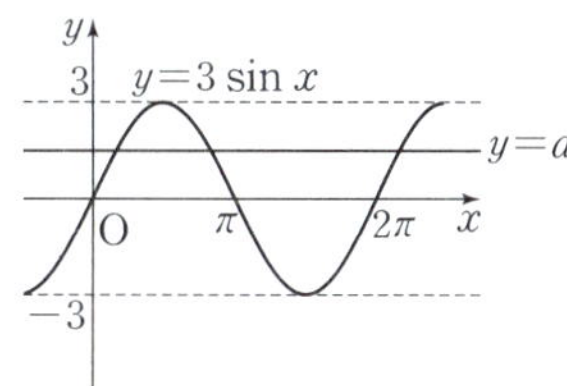

[3단계]

이때, $a=-3$ 또는 $a=3$이면

$f''(x)=-3(1+\sin x)$ 또는 $f''(x)=3(1-\sin x)$

$f''(x)=0$을 만족시키는 x의 값의 좌우에서 $f''(x)$의 부호가 바뀌지 않는다.

즉, 변곡점이 될 수 없다.

$\therefore -3<a<3$

따라서 모든 정수 a의 값의 합은

$-2-1+0+1+2=0$

05 $x\ln x-3x+2+a\leq 0$에서

$3x-x\ln x-2\geq a$

$f(x)=3x-x\ln x-2$로 놓으면

$f'(x)=3-\left(\ln x+x\times\dfrac{1}{x}\right)=2-\ln x$

$f'(x)=0$에서 $\ln x=2$

$\therefore x=e^2$

함수 $f(x)$의 증가와 감소를 표로 나타내면 다음과 같다.

x	e	$\cdots$	e^2	$\cdots$	e^3
$f'(x)$		$+$	0	$-$	
$f(x)$	$2e-2$	↗	e^2-2	↘	-2

따라서 $f(x)$의 최솟값은 $f(e^3)=-2$이므로

$e\leq x\leq e^3$에서 $f(x)\geq a$가 성립하려면

$a\leq -2$

따라서 실수 a의 최댓값은 -2이다.

06 $0<x<\dfrac{\pi}{4}$일 때, 부등식 $\tan 2x>ax$가 성립하려면 다음 그림과 같이 곡선 $y=\tan 2x$가 직선 $y=ax$보다 위쪽에 있어야 한다.

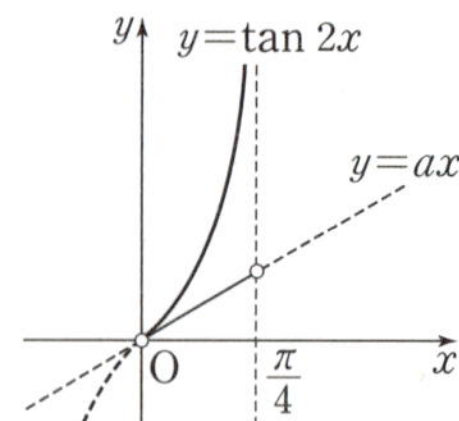

$f(x)=\tan 2x$로 놓으면 $f'(x)=2\sec^2 2x$

$y=ax$는 원점을 지나는 직선이고 $f'(0)=2\sec^2 0=2$이므로 $0<x<\dfrac{\pi}{4}$에서 주어진 부등식이 성립하려면

$a\leq 2$

07 $f(x)\leq g(x)$에서 $\dfrac{\ln x^2}{x}\leq ax$

$x>0$이므로 $\dfrac{2\ln x}{x^2}\leq a$

$h(x)=\dfrac{2\ln x}{x^2}$로 놓으면

$$h'(x)=\frac{2\times\frac{1}{x}\times x^2-2\ln x\times 2x}{x^4}=\frac{2(1-2\ln x)}{x^3}$$

$h'(x)=0$에서 $1-2\ln x=0$ $\quad\therefore x=\sqrt{e}$

$x>0$에서 함수 $h(x)$의 증가와 감소를 표로 나타내면 다음과 같다.

x	(0)	$\cdots$	$\sqrt{e}$	$\cdots$
$h'(x)$		$+$	0	$-$
$h(x)$		$\nearrow$	$\dfrac{1}{e}$	$\searrow$

따라서 함수 $h(x)$는 $x=\sqrt{e}$에서 최댓값 $h(\sqrt{e})=\dfrac{1}{e}$을 갖는다.

즉, $x>0$에서 $f(x)\leq g(x)$이려면 $h(x)=\dfrac{2\ln x}{x^2}\leq\dfrac{1}{e}$에서 $\dfrac{1}{e}\leq a$이어야 하므로 실수 a의 최솟값은 $\dfrac{1}{e}$이다.

08 [1단계]

$f(x)=ax+1$, $g(x)=e^x$, $h(x)=bx+1$이라고 하자.

주어진 부등식을 만족시키려면 다음 그림과 같이 $0\leq x\leq 1$에서 곡선 $y=g(x)$가 직선 $y=f(x)$보다 위쪽에 있거나 접해야 하고, 직선 $y=h(x)$보다 아래쪽에 있거나 $x=1$인 점에서 만나야 한다.

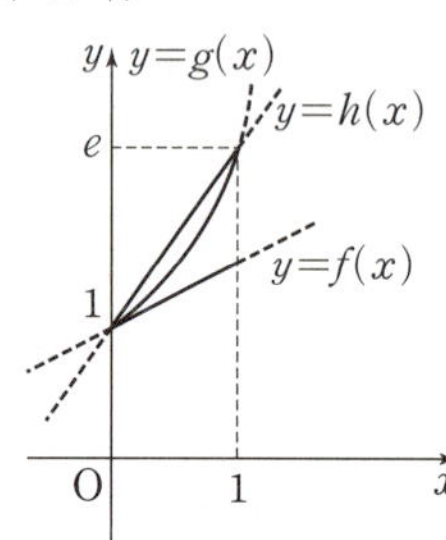

$g'(x)=e^x$에서 $g'(0)=1$

이때 $g(0)=1$이므로 $f(x)\leq g(x)$이려면 직선 $y=f(x)$의 기울기 a의 값의 범위가 $a\leq 1$이어야 한다.

[2단계]

또, 두 점 $(0, g(0))$, $(1, g(1))$, 즉 $(0, 1)$, $(1, e)$를 지나는 직선의 기울기가

$\dfrac{e-1}{1-0}=e-1$

이므로 $g(x)\leq h(x)$이려면 직선 $y=h(x)$의 기울기 b의 값의 범위가 $b\geq e-1$이어야 한다.

[3단계]

따라서 $M=1$, $m=e-1$이므로

$M+m=1+e-1=e$

09 점 P의 시각 t에서의 속도를 $v(t)$, 가속도를 $a(t)$라고 하면

$$v(t)=f'(t)$$
$$=\pi p\cos\pi t-\pi q\sin\pi t$$
$$a(t)=f''(t)$$
$$=-\pi^2 p\sin\pi t-\pi^2 q\cos\pi t$$

이때 $v(3)=-2\pi$이므로

$\pi p\cos 3\pi-\pi q\sin 3\pi=-2\pi$

$-\pi p=-2\pi$

$\therefore p=2$

또, $a(3)=\pi^2$이므로

$-\pi^2 p\sin 3\pi-\pi^2 q\cos 3\pi=\pi^2$

$\pi^2 q=\pi^2$

$\therefore q=1$

$\therefore p-q=1$

10 $\dfrac{dx}{dt}=1+\dfrac{2}{t^2}$, $\dfrac{dy}{dt}=2-\dfrac{1}{t^2}$

이므로 점 P의 시각 t에서의 속도는

$$\vec{v}=\left(1+\frac{2}{t^2},\ 2-\frac{1}{t^2}\right)$$

이므로 점 P의 시각 $t=1$에서의 속도는

$\left(1+\dfrac{2}{1},\ 2-\dfrac{1}{1}\right)$, 즉 $(3, 1)$

따라서 점 P의 시각 $t=1$에서의 속력은

$\sqrt{3^2+1^2}=\sqrt{10}$

11 $\dfrac{dx}{dt}=ae^t$, $\dfrac{dy}{dt}=e^t+te^t=e^t(1+t)$

이므로 점 P의 시각 t에서의 속도는

$\vec{v}=(ae^t,\ e^t(1+t))$

따라서 점 P의 속력은

$\sqrt{(ae^t)^2+\{e^t(1+t)\}^2}=e^t\sqrt{a^2+(1+t)^2}$

$t=1$에서의 점 P의 속력이 $2\sqrt{2}e$이므로

$e\sqrt{a^2+2^2}=2\sqrt{2}e$

$\sqrt{a^2+4}=\sqrt{8}$

$a^2=4$

$\therefore a=2\ (\because a>0)$

12 $\dfrac{dx}{dt}=2at-a\cos t,\ \dfrac{dy}{dt}=1+a\sin t$

$\dfrac{d^2x}{dt^2}=2a+a\sin t,\ \dfrac{d^2y}{dt^2}=a\cos t$

이므로 점 P의 시각 t에서의 가속도는

$\vec{a}=(2a+a\sin t,\ a\cos t)$

따라서 $t=\pi$에서의 가속도는 $(2a,\ -a)$이므로 가속도의 크기는

$\sqrt{4a^2+a^2}=\sqrt{5}\,a\ (\because\ a>0)$

이때 가속도의 크기가 5이므로

$\sqrt{5}\,a=5$

$\therefore\ a=\sqrt{5}$

---

01 (1) $\dfrac{4}{7}x\sqrt[4]{x^3}+C$　(2) $-\dfrac{2}{\sqrt{x}}+C$　(3) $e^{x+1}+C$

(4) $-\dfrac{3}{3^x\ln 3}+C$　(5) $-2\cos x-\sin x+C$

(6) $x+\sin x+C$　　　**02** $F(x)=\dfrac{1}{2}x^2-\dfrac{2}{3}x\sqrt{x}+\dfrac{1}{6}$

03 $\dfrac{e^2}{2}+1$　**04** 4　　　**05** 2　　　**06** $3\ln 2$

07 1　　　**08** $\pi+2$

---

01 (1) $\displaystyle\int \sqrt[4]{x^3}\,dx=\int x^{\frac{3}{4}}\,dx$

$$=\dfrac{1}{\frac{3}{4}+1}x^{\frac{3}{4}+1}+C$$

$$=\dfrac{4}{7}x^{\frac{7}{4}}+C$$

$$=\dfrac{4}{7}x\sqrt[4]{x^3}+C$$

(2) $\displaystyle\int \dfrac{1}{x\sqrt{x}}\,dx=\int x^{-\frac{3}{2}}\,dx$

$$=\dfrac{1}{-\frac{3}{2}+1}x^{-\frac{3}{2}+1}+C$$

$$=-2x^{-\frac{1}{2}}+C$$

$$=-\dfrac{2}{\sqrt{x}}+C$$

(3) $\displaystyle\int e^{x+1}\,dx=e\int e^x\,dx=e^{x+1}+C$

(4) $\displaystyle\int 3^{1-x}\,dx=3\int\left(\dfrac{1}{3}\right)^x dx=3\times\dfrac{\left(\frac{1}{3}\right)^x}{\ln\frac{1}{3}}+C$

$$=-\dfrac{3}{3^x\ln 3}+C$$

(5) $\displaystyle\int(2\sin x-\cos x)\,dx=2\int\sin x\,dx-\int\cos x\,dx$

$$=-2\cos x-\sin x+C$$

(6) $\sin^2 x=1-\cos^2 x$이므로

$\displaystyle\int\dfrac{\sin^2 x}{1-\cos x}\,dx=\int\dfrac{1-\cos^2 x}{1-\cos x}\,dx$

$$=\int\dfrac{(1-\cos x)(1+\cos x)}{1-\cos x}\,dx$$

$$=\int(1+\cos x)\,dx$$

$$=x+\sin x+C$$

02 $F(x)=\displaystyle\int(x-\sqrt{x})\,dx=\int x\,dx-\int\sqrt{x}\,dx$

$$=\int x\,dx-\int x^{\frac{1}{2}}\,dx$$

$$=\dfrac{1}{2}x^2-\dfrac{2}{3}x^{\frac{3}{2}}+C$$

$$=\dfrac{1}{2}x^2-\dfrac{2}{3}x\sqrt{x}+C$$

이때 $F(1)=0$이므로

$$\frac{1}{2}-\frac{2}{3}+C=0 \qquad \therefore C=\frac{1}{6}$$

$$\therefore F(x)=\frac{1}{2}x^2-\frac{2}{3}x\sqrt{x}+\frac{1}{6}$$

03 $f(x)=\displaystyle\int f'(x)dx=\int\left(x+\frac{1}{x}\right)dx$

$$=\int x\,dx+\int\frac{1}{x}\,dx$$

$$=\frac{1}{2}x^2+\ln|x|+C$$

이때 $f(1)=\dfrac{1}{2}$이므로

$$\frac{1}{2}+C=\frac{1}{2} \qquad \therefore C=0$$

따라서 $f(x)=\dfrac{1}{2}x^2+\ln|x|$이므로

$$f(e)=\frac{e^2}{2}+1$$

04 접선의 기울기가 $2e^x$이므로

$$f'(x)=2e^x$$

$$\therefore f(x)=\int f'(x)dx=\int 2e^x dx=2e^x+C$$

한편, 곡선 $y=f(x)$가 원점을 지나므로 $f(0)=0$에서

$2+C=0 \quad \therefore C=-2$

따라서 $f(x)=2e^x-2$이므로

$$f(\ln 3)=2e^{\ln 3}-2=2\times 3-2=4$$

05 $\displaystyle\int\frac{e^{2x}-1}{e^x-1}dx=\int\frac{(e^x)^2-1}{e^x-1}dx$

$$=\int\frac{(e^x-1)(e^x+1)}{e^x-1}dx$$

$$=\int(e^x+1)dx$$

$$=e^x+x+C$$

따라서 $a=1,\ b=1$이므로 $a+b=2$

06 $\displaystyle\int 2^{3x+1}dx=\int 2^{3x}\times 2\,dx$

$$=2\int 8^x dx$$

$$=2\times\frac{8^x}{\ln 8}+C$$

$$=\frac{2\times 2^{3x}}{3\ln 2}+C$$

$$=\frac{2^{3x+1}}{3\ln 2}+C$$

$$\therefore a=3\ln 2$$

07 $f(x)=\displaystyle\int f'(x)dx=\int\cos x\,dx=\sin x+C$

$$\therefore f\left(\frac{\pi}{2}\right)-f(0)=\left(\sin\frac{\pi}{2}+C\right)-(\sin 0+C)=1$$

08 $f(x)=\displaystyle\int\frac{\cos^2 x}{1-\sin x}dx$

$$=\int\frac{1-\sin^2 x}{1-\sin x}dx$$

$$=\int\frac{(1-\sin x)(1+\sin x)}{1-\sin x}dx$$

$$=\int(1+\sin x)dx$$

$$=x-\cos x+C$$

이때 $f(0)=0$이므로

$-\cos 0+C=0 \qquad \therefore C=1$

따라서 $f(x)=x-\cos x+1$이므로

$$f(\pi)=\pi-\cos\pi+1=\pi-(-1)+1=\pi+2$$

■ 16 치환적분법과 부분적분법 p. 58

01 (1) $\dfrac{(3x+1)^6}{18}+C$ (2) $\dfrac{1}{3}(2x-1)\sqrt{2x-1}+C$

(3) $\dfrac{1}{2}(\ln x)^2+C$ (4) $\dfrac{1}{3}\sin^3 x+C$

(5) $\dfrac{1}{2}\ln(x^2+3)+C$ (6) $-\ln|\cos x|+C$ **02** 2

03 e^2 **04** $1,\ x,\ x,\ x,\ x\ln x-x+C$ **05** $e-\dfrac{2}{e}$

06 2 **07** $x(\ln x)^2-2x\ln x+2x+C$

---

01 (1) $3x+1=t$로 놓으면

$$3\frac{dx}{dt}=1 \qquad \therefore dx=\frac{1}{3}dt$$

$$\therefore \int(3x+1)^5 dx=\int t^5\times\frac{1}{3}dt=\int\frac{1}{3}t^5\,dt$$

$$=\frac{1}{3}\times\frac{1}{6}t^6+C$$

$$=\frac{1}{18}t^6+C$$

$$=\frac{(3x+1)^6}{18}+C$$

(2) $\sqrt{2x-1}=t$로 놓고 양변을 제곱하면

$$2x-1=t^2$$

$$2\frac{dx}{dt}=2t \qquad \therefore dx=t\,dt$$

$$\therefore \int\sqrt{2x-1}\,dx=\int t\times t\,dt=\int t^2\,dt$$

$$=\frac{1}{3}t^3+C$$

$$=\frac{1}{3}(\sqrt{2x-1})^3+C$$

$$=\frac{1}{3}(2x-1)\sqrt{2x-1}+C$$

(3) $\ln x=t$로 놓으면

$$\frac{1}{x}\times\frac{dx}{dt}=1 \qquad \therefore dx=x\,dt$$

$$\therefore \int \frac{\ln x}{x}dx=\int \frac{1}{x}\times t\times x\,dt=\int t\,dt$$

$$=\frac{1}{2}t^2+C$$

$$=\frac{1}{2}(\ln x)^2+C$$

(4) $\sin x=t$로 놓으면

$$\cos x\frac{dx}{dt}=1 \qquad \therefore dx=\frac{1}{\cos x}\,dt$$

$$\therefore \int \sin^2 x\cos x\,dx=\int t^2\times \cos x\times \frac{1}{\cos x}dt$$

$$=\int t^2dt=\frac{1}{3}t^3+C$$

$$=\frac{1}{3}\sin^3 x+C$$

(5) $x^2+3=t$로 놓으면

$$2x\frac{dx}{dt}=1 \qquad \therefore dx=\frac{1}{2x}dt$$

$$\therefore \int \frac{x}{x^2+3}dx=\int \frac{x}{t}\times \frac{1}{2x}dt$$

$$=\int \frac{1}{2t}dt$$

$$=\frac{1}{2}\ln |t|+C$$

$$=\frac{1}{2}\ln(x^2+3)+C\ (\because x^2+3>0)$$

(6) $\tan x=\dfrac{\sin x}{\cos x}$이므로 $\cos x=t$로 놓으면

$$-\sin x\times \frac{dx}{dt}=1 \qquad \therefore dx=-\frac{1}{\sin x}dt$$

$$\therefore \int \tan x\,dx=\int \frac{\sin x}{\cos x}\,dx$$

$$=\int \frac{\sin x}{t}\times \left(-\frac{1}{\sin x}\right)dt$$

$$=\int \left(-\frac{1}{t}\right)dt$$

$$=-\ln |t|+C$$

$$=-\ln |\cos x|+C$$

02 $\sqrt{x^2+1}=t$로 놓고 양변을 제곱하면

$$x^2+1=t^2$$

$$2x\frac{dx}{dt}=2t \qquad \therefore dx=\frac{t}{x}dt$$

$$\therefore \int \frac{2x}{\sqrt{x^2+1}}dx=\int \frac{2x}{t}\times \frac{t}{x}dt=\int 2\,dt$$

$$=2t+C$$

$$=2\sqrt{x^2+1}+C$$

$$\therefore a=2$$

03 $\dfrac{f'(x)}{f(x)}=2$에서

$$\int \frac{f'(x)}{f(x)}dx=\int 2\,dx$$

$$\ln f(x)=2x+C\ (\because f(x)>0)$$

$$f'(0)=2$$이므로 $f(x)=e^{2x+C}$ ······ ㉠

이때 $\dfrac{f'(x)}{f(x)}=2$에서 $f(x)=\dfrac{f'(x)}{2}$

$$\therefore f(0)=\frac{f'(0)}{2}=\frac{2}{2}=1$$

㉠에 $x=0$을 대입하면 $f(0)=e^C$

즉, $1=e^C$이므로 $C=0$

따라서 $f(x)=e^{2x}$이므로 $f(1)=e^2$

04 $f(x)=\ln x,\ g'(x)=\boxed{1}$로 놓으면

$$f'(x)=\frac{1}{x},\ g(x)=\boxed{x}$$

$$\int \ln x\,dx=\ln x\times \boxed{x}-\int \frac{1}{x}\times \boxed{x}\,dx$$

$$=x\ln x-\int dx$$

$$=\boxed{x\ln x-x+C}$$

05 $g(x)=x,\ h'(x)=e^{-x}$으로 놓으면

$$g'(x)=1,\ h(x)=-e^{-x}$$

$$\therefore f(x)=\int xe^{-x}dx$$

$$=x\times (-e^{-x})-\int 1\times (-e^{-x})dx$$

$$=-xe^{-x}+\int e^{-x}dx$$

$$=-xe^{-x}-e^{-x}+C$$

이때 $f(-1)=e$이므로

$$e-e+C=e \qquad \therefore C=e$$

따라서 $f(x)=-xe^{-x}-e^{-x}+e$이므로

$$f(1)=-e^{-1}-e^{-1}+e=e-\frac{2}{e}$$

06 $f(x)=x,\ g'(x)=\cos x$로 놓으면

$$f'(x)=1,\ g(x)=\sin x$$

$$\therefore \int x\cos x\,dx=x\sin x-\int 1\times \sin x\,dx$$

$$=x\sin x+\cos x+C$$

따라서 $a=1,\ b=1$이므로 $a+b=2$

07 $f(x)=(\ln x)^2,\ g'(x)=1$로 놓으면

$$f'(x)=\frac{2\ln x}{x},\ g(x)=x$$

$$\therefore \int (\ln x)^2dx=x(\ln x)^2-\int \frac{2\ln x}{x}\times x\,dx$$

$$=x(\ln x)^2-2\int \ln x\,dx \qquad \cdots\cdots ㉠$$

$\int \ln x\,dx$에서 $u(x)=\ln x,\ v'(x)=1$로 놓으면

$$u'(x)=\frac{1}{x},\ v(x)=x$$

$$\therefore \int \ln x\,dx=x\ln x-\int \frac{1}{x}\times x\,dx$$

$$=x\ln x-\int dx \qquad \cdots\cdots ㉡$$

ㄴ을 ㄱ에 대입하면

$$\int (\ln x)^2\,dx = x(\ln x)^2 - 2\left(x\ln x - \int dx\right)$$
$$= x(\ln x)^2 - 2(x\ln x - x) + C$$
$$= x(\ln x)^2 - 2x\ln x + 2x + C$$

실력 확인 문제

15 16 p. 60

01 $\dfrac{1}{3}$	02 $\dfrac{4}{35}x^{\frac{7}{2}}+\dfrac{3}{5}x+C$	03 23	04 $e^{x-2}+C$
05 $\dfrac{8^x}{\ln 8}-x+C$	06 ④	07 ①	08 e^3+2
09 ④	10 $\dfrac{e^2}{2}$	11 $\dfrac{\pi}{8}$	12 -1

01
$$\int \frac{x-1}{\sqrt{x}-1}\,dx = \int \frac{(\sqrt{x}-1)(\sqrt{x}+1)}{\sqrt{x}-1}\,dx$$
$$= \int (\sqrt{x}+1)\,dx$$
$$= \int (x^{\frac{1}{2}}+1)\,dx$$
$$= \frac{2}{3}x^{\frac{3}{2}}+x+C$$
$$= \frac{2}{3}x\sqrt{x}+x+C$$

따라서 $a=\dfrac{2}{3}$, $b=1$이므로

$$b-a=\frac{1}{3}$$

02 $f'(x)=x\sqrt{x}$이므로
$$f(x)=\int f'(x)\,dx = \int x\sqrt{x}\,dx$$
$$= \int x^{\frac{3}{2}}\,dx$$
$$= \frac{2}{5}x^{\frac{5}{2}}+C_1$$
$$= \frac{2}{5}x^2\sqrt{x}+C_1$$

이때 $f(1)=1$이므로

$$\frac{2}{5}+C_1=1 \qquad \therefore C_1=\frac{3}{5}$$

따라서 $f(x)=\dfrac{2}{5}x^2\sqrt{x}+\dfrac{3}{5}$이므로 함수 $f(x)$의 부정적분은

$$\int f(x)\,dx = \int \left(\frac{2}{5}x^2\sqrt{x}+\frac{3}{5}\right)dx$$
$$= \int \left(\frac{2}{5}x^{\frac{5}{2}}+\frac{3}{5}\right)dx$$
$$= \frac{2}{5}\int x^{\frac{5}{2}}\,dx + \int \frac{3}{5}\,dx$$
$$= \frac{2}{5}\times \frac{2}{7}x^{\frac{7}{2}}+\frac{3}{5}x+C$$
$$= \frac{4}{35}x^{\frac{7}{2}}+\frac{3}{5}x+C$$

03 [1단계]
$$f'(x)=\begin{cases} 3\sqrt{x} & (x>1) \\ 2x & (x<1) \end{cases} \text{에서}$$
$$f(x)=\begin{cases} 2x^{\frac{3}{2}}+C_1 & (x\geq 1) \\ x^2+C_2 & (x<1) \end{cases} \text{(단, } C_1,\ C_2\text{는 적분상수이다.)}$$

[2단계]
$f(4)=13$이므로
$$f(4)=2\times 4^{\frac{3}{2}}+C_1=13$$
$$16+C_1=13$$
$$\therefore C_1=-3$$

[3단계]
$$\therefore f(x)=\begin{cases} 2x^{\frac{3}{2}}-3 & (x\geq 1) \\ x^2+C_2 & (x<1) \end{cases}$$

이때 함수 $f(x)$가 모든 실수 x에서 연속이므로 함수 $f(x)$는 $x=1$에서도 연속이어야 한다.

즉, $\displaystyle\lim_{x\to 1-}f(x)=\lim_{x\to 1+}f(x)$에서

$$\lim_{x\to 1-}(x^2+C_2)=\lim_{x\to 1+}(2x^{\frac{3}{2}}-3)$$
$$1+C_2=2-3$$
$$\therefore C_2=-2$$

[4단계]
따라서 $f(x)=\begin{cases} 2x^{\frac{3}{2}}-3 & (x\geq 1) \\ x^2-2 & (x<1) \end{cases}$ 이므로

$$f(-5)=(-5)^2-2=23$$

04 $y=\ln x+2$로 놓으면
$$y-2=\ln x \qquad \therefore x=e^{y-2}$$
x와 y를 서로 바꾸면 $y=e^{x-2}$
따라서 $g(x)=e^{x-2}$이므로
$$\int g(x)\,dx = \int e^{x-2}\,dx$$
$$= \int e^x \times e^{-2}\,dx$$
$$= e^{-2}\int e^x\,dx$$
$$= e^{-2}\times e^x+C$$
$$= e^{x-2}+C$$

05
$$\int (2^x-1)(4^x+2^x+1)\,dx$$
$$= \int (2^x-1)\{(2^x)^2+2^x+1\}\,dx$$
$$= \int (2^{3x}-1)\,dx$$
$$= \int (8^x-1)\,dx$$
$$= \frac{8^x}{\ln 8}-x+C$$

06 $x^2-x+1=t$로 놓으면

$$(2x-1)\frac{dx}{dt}=1 \qquad \therefore dx=\frac{1}{2x-1}dt$$

$$\therefore f(x)=\int (2x-1)(x^2-x+1)^4 dx$$

$$=\int t^4\,dt=\frac{1}{5}t^5+C$$

$$=\frac{1}{5}(x^2-x+1)^5+C$$

이때 $f(0)=1$이므로

$$\frac{1}{5}+C=1 \qquad \therefore C=\frac{4}{5}$$

따라서 $f(x)=\frac{1}{5}(x^2-x+1)^5+\frac{4}{5}$이므로

$f(x)$를 $x-1$로 나누었을 때의 나머지는

$$f(1)=\frac{1}{5}+\frac{4}{5}=1$$

07 $\ln x=t$로 놓으면

$$\frac{1}{x}\times\frac{dx}{dt}=1 \qquad \therefore dx=x\,dt$$

$$\therefore \int \frac{\cos(\ln x)}{x}dx=\int \cos t\,dt$$

$$=\sin t+C$$

$$=\sin(\ln x)+C$$

08 $\lim_{h\to 0}\dfrac{f(x+h)-f(x)}{h}=2xe^{x^2-1}$에서

$$f'(x)=2xe^{x^2-1}$$

$x^2-1=t$로 놓으면

$$2x\frac{dx}{dt}=1 \qquad \therefore dx=\frac{1}{2x}dt$$

$$\therefore f(x)=\int f'(x)dx$$

$$=\int 2xe^{x^2-1}dx$$

$$=\int e^t\,dt=e^t+C$$

$$=e^{x^2-1}+C$$

이때 $f(1)=3$이므로

$$1+C=3 \qquad \therefore C=2$$

따라서 $f(x)=e^{x^2-1}+2$이므로

$$f(2)=e^3+2$$

09 $g(x)=x,\ h'(x)=e^x$으로 놓으면

$$g'(x)=1,\ h(x)=e^x$$

$$\therefore f(x)=\int xe^x\,dx$$

$$=xe^x-\int e^x\,dx$$

$$=xe^x-e^x+C$$

이때 $f(0)=0$이므로

$$-1+C=0 \qquad \therefore C=1$$

따라서 $f(x)=xe^x-e^x+1$이므로

$$f(1)=e-e+1=1$$

10 [1단계]

$\{e^{f(x)}\}'=2x\ln x\times e^{f(x)}$에서

$$e^{f(x)}\times f'(x)=2x\ln x\times e^{f(x)}$$

$$\therefore f'(x)=2x\ln x$$

즉, $f(x)=\int f'(x)dx=\int 2x\ln x\,dx$이므로

$u(x)=\ln x,\ v'(x)=2x$로 놓으면

$$u'(x)=\frac{1}{x},\ v(x)=x^2$$

$$\therefore f(x)=\int 2x\ln x\,dx$$

$$=x^2\ln x-\int \frac{1}{x}\times x^2\,dx$$

$$=x^2\ln x-\int x\,dx$$

$$=x^2\ln x-\frac{1}{2}x^2+C$$

[2단계]

이때 $f(1)=-\dfrac{1}{2}$이므로

$$\ln 1-\frac{1}{2}+C=-\frac{1}{2}$$

$$\therefore C=0$$

따라서 $f(x)=x^2\ln x-\dfrac{1}{2}x^2$이므로

$$f(e)=e^2\ln e-\frac{e^2}{2}=\frac{e^2}{2}$$

11 [1단계]

곡선 $y=f(x)$ 위의 점 (x, y)에서의 접선의 기울기는

$f'(x)$이므로 $f'(x)=x\cos 2x$

$g(x)=x,\ h'(x)=\cos 2x$로 놓으면

$$g'(x)=1,\ h(x)=\frac{1}{2}\sin 2x$$

$$\therefore f(x)=\int f'(x)dx$$

$$=\int x\cos 2x\,dx$$

$$=x\times\frac{1}{2}\sin 2x-\int 1\times\frac{1}{2}\sin 2x\,dx$$

$$=\frac{1}{2}x\sin 2x+\frac{1}{4}\cos 2x+C$$

[2단계]

이때 $f(0)=\dfrac{1}{4}$이므로

$$\frac{1}{4}+C=\frac{1}{4}$$

$$\therefore C=0$$

따라서 $f(x)=\dfrac{1}{2}x\sin 2x+\dfrac{1}{4}\cos 2x$이므로

$$f\left(\frac{\pi}{4}\right)=\frac{1}{2}\times\frac{\pi}{4}\times 1+\frac{1}{4}\times 0=\frac{\pi}{8}$$

12 [1단계]

$g(x)=x^2,\ h'(x)=\sin x$로 놓으면

$$g'(x)=2x,\ h(x)=-\cos x$$

$$\therefore f(x)=\int x^2\sin x\,dx$$
$$=x^2\times(-\cos x)-\int 2x\times(-\cos x)dx$$
$$=-x^2\cos x+2\int x\cos x\,dx \qquad \cdots\cdots \ \textcircled{\small{つ}}$$

[2단계]

$\int x\cos x\,dx$에서

$u(x)=x,\ v'(x)=\cos x$로 놓으면
$u'(x)=1,\ v(x)=\sin x$
$$\therefore \int x\cos x\,dx=x\sin x-\int \sin x\,dx$$
$$=x\sin x+\cos x+C_1 \qquad \cdots\cdots \ \textcircled{\small{L}}$$

$\textcircled{\small{L}}$을 $\textcircled{\small{つ}}$에 대입하면
$$f(x)=-x^2\cos x+2(x\sin x+\cos x+C_1)$$
$$=(2-x^2)\cos x+2x\sin x+C$$

[3단계]

이때, $f\left(\dfrac{\pi}{2}\right)=\pi$이므로

$\pi=0+\pi+C \qquad \therefore C=0$

따라서 $f(x)=(2-x^2)\cos x+2x\sin x$이므로
$$f(\pi)=(2-\pi^2)\times(-1)+2\pi\times 0$$
$$=\pi^2-2$$

즉, $a=1,\ b=-2$이므로
$a+b=-1$

■ 17 여러 가지 함수의 정적분　　　p. 62

01 (1) $\dfrac{9}{2}$　(2) 4　(3) $\dfrac{\pi}{4}$　(4) $\dfrac{\pi}{2}$　(5) $3e^2-1$　(6) -2π

02 21　　**03** $\dfrac{1}{e}+e^2-3$　　**04** 5　　**05** 1

06 $\dfrac{17}{8}\pi$　**07** -1　**08** $1-\dfrac{3}{e^2}$

01 (1) $x^2-1=t$로 놓으면
$$2x\dfrac{dx}{dt}=1 \qquad \therefore dx=\dfrac{1}{2x}dt$$

$x=-1$일 때 $t=0$, $x=2$일 때 $t=3$이므로
$$\int_{-1}^{2}x(x^2-1)^2dx=\int_{0}^{3}x\times t^2\times\dfrac{1}{2x}dt$$
$$=\dfrac{1}{2}\int_{0}^{3}t^2\,dt$$
$$=\dfrac{1}{2}\left[\dfrac{1}{3}t^3\right]_{0}^{3}$$
$$=\dfrac{1}{2}\times 9=\dfrac{9}{2}$$

(2) $\ln x=t$로 놓으면
$$\dfrac{1}{x}\times\dfrac{dx}{dt}=1 \qquad \therefore dx=x\,dt$$

$x=e$일 때 $t=1$, $x=e^3$일 때 $t=3$이므로
$$\int_{e}^{e^3}\dfrac{\ln x}{x}dx=\int_{1}^{3}t\,dt=\left[\dfrac{1}{2}t^2\right]_{1}^{3}$$
$$=\dfrac{9}{2}-\dfrac{1}{2}=4$$

(3) $x=\sin\theta\left(-\dfrac{\pi}{2}\leq\theta\leq\dfrac{\pi}{2}\right)$로 놓으면
$$\dfrac{dx}{d\theta}=\cos\theta \qquad \therefore dx=\cos\theta\,d\theta$$

$x=0$일 때 $\theta=0$, $x=1$일 때 $\theta=\dfrac{\pi}{2}$이므로
$$\int_{0}^{1}\sqrt{1-x^2}dx=\int_{0}^{\frac{\pi}{2}}\sqrt{1-\sin^2\theta}\times\cos\theta\,d\theta$$
$$=\int_{0}^{\frac{\pi}{2}}\cos^2\theta\,d\theta$$
$$=\int_{0}^{\frac{\pi}{2}}\dfrac{1+\cos 2\theta}{2}d\theta$$
$$=\dfrac{1}{2}\left[\theta+\dfrac{1}{2}\sin 2\theta\right]_{0}^{\frac{\pi}{2}}$$
$$=\dfrac{\pi}{4}$$

(4) $x=\sin\theta\left(-\dfrac{\pi}{2}\leq\theta\leq\dfrac{\pi}{2}\right)$로 놓으면
$$\dfrac{dx}{d\theta}=\cos\theta \qquad \therefore dx=\cos\theta\,d\theta$$

$x=0$일 때 $\theta=0$, $x=1$일 때 $\theta=\dfrac{\pi}{2}$이므로
$$\int_{0}^{1}\dfrac{1}{\sqrt{1-x^2}}dx=\int_{0}^{\frac{\pi}{2}}\dfrac{1}{\sqrt{1-\sin^2\theta}}\cos\theta\,d\theta$$
$$=\int_{0}^{\frac{\pi}{2}}\dfrac{1}{\cos\theta}\times\cos\theta\,d\theta$$
$$=\int_{0}^{\frac{\pi}{2}}d\theta=\left[\theta\right]_{0}^{\frac{\pi}{2}}$$
$$=\dfrac{\pi}{2}$$

(5) $f(x)=x+2,\ g'(x)=e^x$으로 놓으면
$f'(x)=1,\ g(x)=e^x$
$$\therefore \int_{0}^{2}(x+2)e^x\,dx=\left[(x+2)e^x\right]_{0}^{2}-\int_{0}^{2}1\times e^x\,dx$$
$$=4e^2-2-\left[e^x\right]_{0}^{2}$$
$$=4e^2-2-(e^2-1)$$
$$=3e^2-1$$

(6) $f(x)=x,\ g'(x)=\sin x$로 놓으면
$f'(x)=1,\ g(x)=-\cos x$
$$\therefore \int_{0}^{2\pi}x\sin x\,dx$$
$$=\left[-x\cos x\right]_{0}^{2\pi}-\int_{0}^{2\pi}(-\cos x)dx$$
$$=-2\pi+\left[\sin x\right]_{0}^{2\pi}$$
$$=-2\pi$$

02 $\displaystyle\int_{1}^{6}\left(\dfrac{1}{x+1}+\dfrac{1}{x}\right)dx=\int_{1}^{6}\dfrac{1}{x+1}dx+\int_{1}^{6}\dfrac{1}{x}dx$
$$=\left[\ln|x+1|\right]_{1}^{6}+\left[\ln|x|\right]_{1}^{6}$$

$$=\ln 7-\ln 2+\ln 6$$
$$=\ln \frac{7\times 6}{2}$$
$$=\ln 21$$

$$\therefore a=21$$

03 $e^x-1=0$에서 $e^x=1$ $\therefore x=0$

즉, $|e^x-1|=\begin{cases} e^x-1 & (x\geq 0) \\ -e^x+1 & (x<0) \end{cases}$ 이므로

$$\int_{-1}^{2}|e^x-1|dx$$
$$=\int_{-1}^{0}(-e^x+1)dx+\int_{0}^{2}(e^x-1)dx$$
$$=\Big[-e^x+x\Big]_{-1}^{0}+\Big[e^x-x\Big]_{0}^{2}$$
$$=\frac{1}{e}+e^2-3$$

04 $x^2+x+1=t$로 놓으면

$$(2x+1)\frac{dx}{dt}=1 \qquad \therefore dx=\frac{1}{2x+1}dt$$

$x=0$일 때 $t=1$, $x=2$일 때 $t=7$이므로

$$\int_{0}^{2}\frac{4x+2}{x^2+x+1}dx=\int_{0}^{2}\frac{2(2x+1)}{x^2+x+1}dx$$
$$=\int_{1}^{7}\frac{2}{t}dt=\Big[2\ln|t|\Big]_{1}^{7}$$
$$=2\ln 7$$

따라서 $a=2$, $b=7$이므로 $b-a=5$

05 $\ln x=t$로 놓으면

$$\frac{1}{x}\times\frac{dx}{dt}=1 \qquad \therefore dx=x\,dt$$

$x=1$일 때 $t=0$, $x=e$일 때 $t=1$이므로

$$\int_{1}^{e}\frac{3(\ln x)^2}{x}dx=\int_{0}^{1}3t^2\,dt$$
$$=\Big[t^3\Big]_{0}^{1}=1$$

06 $\int_{0}^{3}\sqrt{9-x^2}\,dx$에서 $x=3\sin\theta\left(-\frac{\pi}{2}\leq\theta\leq\frac{\pi}{2}\right)$로 놓으면

$$\frac{dx}{d\theta}=3\cos\theta \qquad \therefore dx=3\cos\theta\,d\theta$$

$x=0$일 때 $\theta=0$, $x=3$일 때 $\theta=\frac{\pi}{2}$이므로

$$\int_{0}^{3}\sqrt{9-x^2}\,dx=\int_{0}^{\frac{\pi}{2}}\sqrt{9(1-\sin^2\theta)}\times 3\cos\theta\,d\theta$$
$$=\int_{0}^{\frac{\pi}{2}}3\cos\theta\times 3\cos\theta\,d\theta$$
$$=9\int_{0}^{\frac{\pi}{2}}\cos^2\theta\,d\theta$$
$$=9\int_{0}^{\frac{\pi}{2}}\frac{1+\cos 2\theta}{2}\,d\theta$$
$$=9\Big[\frac{\theta}{2}+\frac{1}{4}\sin 2\theta\Big]_{0}^{\frac{\pi}{2}}$$
$$=9\times\frac{\pi}{4}=\frac{9}{4}\pi$$

한편, $\int_{0}^{2}\frac{1}{x^2+4}dx$에서 $x=2\tan\theta\left(-\frac{\pi}{2}<\theta<\frac{\pi}{2}\right)$로 놓으면

$$\frac{dx}{d\theta}=2\sec^2\theta \qquad \therefore dx=2\sec^2\theta\,d\theta$$

$x=0$일 때 $\theta=0$, $x=2$일 때 $\theta=\frac{\pi}{4}$이므로

$$\int_{0}^{2}\frac{1}{x^2+4}dx=\int_{0}^{\frac{\pi}{4}}\frac{1}{4(\tan^2\theta+1)}\times 2\sec^2\theta\,d\theta$$
$$=\int_{0}^{\frac{\pi}{4}}\frac{2\sec^2\theta}{4\sec^2\theta}d\theta\ (\because\ \tan^2\theta+1=\sec^2\theta)$$
$$=\frac{1}{2}\int_{0}^{\frac{\pi}{4}}d\theta$$
$$=\frac{1}{2}\Big[\theta\Big]_{0}^{\frac{\pi}{4}}=\frac{\pi}{8}$$

따라서 $a=\frac{9}{4}\pi$, $b=\frac{\pi}{8}$이므로

$$a-b=\frac{9}{4}\pi-\frac{\pi}{8}=\frac{17}{8}\pi$$

07 $f(x)=2-x$, $g'(x)=e^x$으로 놓으면

$$f'(x)=-1,\ g(x)=e^x$$

$$\therefore \int_{0}^{1}(2-x)e^x dx=\Big[(2-x)e^x\Big]_{0}^{1}+\int_{0}^{1}e^x dx$$
$$=e-2+\Big[e^x\Big]_{0}^{1}$$
$$=2e-3$$

따라서 $a=2$, $b=-3$이므로 $a+b=-1$

08 $\int_{1}^{e}\frac{\ln x}{x^2}dx+\int_{e}^{e^2}\frac{\ln x}{x^2}dx=\int_{1}^{e^2}\frac{\ln x}{x^2}dx$

$f(x)=\ln x$, $g'(x)=\frac{1}{x^2}$로 놓으면

$$f'(x)=\frac{1}{x},\ g(x)=-\frac{1}{x}$$

$$\therefore \int_{1}^{e^2}\frac{\ln x}{x^2}dx=\Big[-\frac{1}{x}\ln x\Big]_{1}^{e^2}+\int_{1}^{e^2}\frac{1}{x^2}dx$$
$$=-\frac{2}{e^2}+\Big[-\frac{1}{x}\Big]_{1}^{e^2}$$
$$=1-\frac{3}{e^2}$$

▣ 18 정적분으로 정의된 함수   p. 64

01 (1) $f(x)=2e^{2x}-e^x$ (2) $f(x)=\ln x-2$
(3) $f(x)=2\cos 2x-3\sin 3x$

02 (1) $f(x)=e^x+1-e^2$ (2) $f(x)=\ln x+\frac{1}{2-e}$

03 $3e-2$ **04** -1 **05** 2 **06** $f(x)=e^x-2\sin x$
07 $e-1$ **08** $\sqrt{3}$

01 (1) 주어진 등식의 양변을 x에 대하여 미분하면
$$f(x)=2e^{2x}-e^x$$

(2) 주어진 등식의 양변을 x에 대하여 미분하면
$$f(x)=\ln x+x\times\frac{1}{x}-3=\ln x-2$$

(3) 주어진 등식의 양변을 x에 대하여 미분하면
$$f(x)=2\cos 2x-3\sin 3x$$

02 (1) $\displaystyle\int_0^2 f(t)dt=k$ (k는 상수) $\qquad\cdots\cdots$ ㉠

로 놓으면
$$f(x)=e^x+k \qquad\cdots\cdots ㉡$$
㉡을 ㉠에 대입하면
$$k=\int_0^2 f(t)dt$$
$$=\int_0^2 (e^t+k)dt$$
$$=\Big[e^t+kt\Big]_0^2$$
$$=e^2+2k-1$$
즉, $k=e^2+2k-1$에서
$$k=1-e^2$$
$$\therefore f(x)=e^x+1-e^2$$

(2) $\displaystyle\int_1^e f(t)dt=k$ (k는 상수) $\qquad\cdots\cdots$ ㉠

로 놓으면
$$f(x)=\ln x+k \qquad\cdots\cdots ㉡$$
㉡을 ㉠에 대입하면
$$k=\int_1^e f(t)dt$$
$$=\int_1^e (\ln t+k)dt$$
$$=\Big[t\ln t-t+kt\Big]_1^e$$
$$=ek+1-k$$
즉, $k=ek+1-k$에서
$$(2-e)k=1$$
$$\therefore k=\frac{1}{2-e}$$
$$\therefore f(x)=\ln x+\frac{1}{2-e}$$

03 $f(x)=e^x+\displaystyle\int_0^1 xf(t)dt=e^x+x\int_0^1 f(t)dt$

$\displaystyle\int_0^1 f(t)dt=k$ (k는 상수) $\qquad\cdots\cdots$ ㉠

로 놓으면
$$f(x)=e^x+kx \qquad\cdots\cdots ㉡$$
㉡을 ㉠에 대입하면
$$k=\int_0^1 (e^t+kt)dt=\Big[e^t+\frac{1}{2}kt^2\Big]_0^1$$
$$=e+\frac{1}{2}k-1$$

즉, $k=e+\dfrac{1}{2}k-1$에서 $\dfrac{1}{2}k=e-1$
$$\therefore k=2(e-1)$$
따라서 $f(x)=e^x+2(e-1)x$이므로
$$f(1)=e+2(e-1)=3e-2$$

04 주어진 등식의 양변에 $x=0$을 대입하면
$$\int_0^0 f(t)dt=e^0+ae^0$$
$$0=1+a \qquad\therefore a=-1$$

05 $\displaystyle\int_0^x f(t)dt=a\sin x-\cos 2x+b$의 양변에 $x=0$을 대입

하면
$$0=-1+b \qquad\therefore b=1$$
$\displaystyle\int_0^x f(t)dt=a\sin x-\cos 2x+1$의 양변을 x에 대하여 미

분하면
$$f(x)=a\cos x+2\sin 2x$$
$f(\pi)=-1$이므로 이 식의 양변에 $x=\pi$를 대입하면
$$f(\pi)=-a=-1 \qquad\therefore a=1$$
$$\therefore a+b=2$$

06 $\displaystyle\int_0^x (x-t)f(t)dt=e^x+2\sin x$에서

$$x\int_0^x f(t)dt-\int_0^x tf(t)dt=e^x+2\sin x \qquad\cdots\cdots ㉠$$
㉠의 양변을 x에 대하여 미분하면
$$\int_0^x f(t)dt+xf(x)-xf(x)=e^x+2\cos x$$
$$\therefore \int_0^x f(t)dt=e^x+2\cos x \qquad\cdots\cdots ㉡$$

㉡의 양변을 x에 대하여 미분하면
$$f(x)=e^x-2\sin x$$

07 $F'(x)=f(x)$라고 하면
$$\lim_{h\to 0}\frac{1}{h}\int_1^{1+h} f(t)dt=\lim_{h\to 0}\frac{F(1+h)-F(1)}{h}$$
$$=F'(1)=f(1)$$
$$=e+\cos\pi$$
$$=e-1$$

08 $f(t)=\sqrt{2^t+1}$ 로 놓고 $f(t)$의 한 부정적분을 $F(t)$라고 하

면
$$\lim_{x\to 1}\frac{1}{x-1}\int_1^x \sqrt{2^t+1}\,dt=\lim_{x\to 1}\frac{1}{x-1}\int_1^x f(t)dt$$
$$=\lim_{x\to 1}\frac{1}{x-1}\Big[F(t)\Big]_1^x$$
$$=\lim_{x\to 1}\frac{F(x)-F(1)}{x-1}$$
$$=F'(1)=f(1)$$
$$=\sqrt{2+1}=\sqrt{3}$$

01 $\dfrac{n(n+1)(2n+1)}{6}$, $\dfrac{(n+1)(2n+1)}{6n^2}$, $\dfrac{1}{3}$

02 (가) $\dfrac{h}{n}$, (나) $6n^2$, (다) $\dfrac{\pi r^2 h}{3}$　　**03** $a=4$, $b=4$

04 (1) 2　(2) 39　(3) $e-1$　(4) 0　　**05** 15

---

01 이들 직사각형의 넓이의 합을 S_n이라고 하면

$$S_n=\frac{1}{n}\times\left(\frac{1}{n}\right)^2+\frac{1}{n}\times\left(\frac{2}{n}\right)^2+\frac{1}{n}\times\left(\frac{3}{n}\right)^2+\cdots$$
$$+\frac{1}{n}\times\left(\frac{n}{n}\right)^2$$

$$=\frac{1}{n^3}(1^2+2^2+3^2+\cdots+n^2)$$

$$=\frac{1}{n^3}\times\boxed{\frac{n(n+1)(2n+1)}{6}}$$

$$=\boxed{\frac{(n+1)(2n+1)}{6n^2}}$$

따라서 구하는 넓이 S는

$$S=\lim_{n\to\infty}S_n$$
$$=\lim_{n\to\infty}\frac{(n+1)(2n+1)}{6n^2}$$
$$=\boxed{\frac{1}{3}}$$

02 원뿔을 자른 단면의 반지름의 길이는 위에서부터 차례대로

$$\frac{r}{n},\ \frac{2r}{n},\ \frac{3r}{n},\ \cdots,\ \frac{(n-1)r}{n}$$

각 단면을 밑면으로 하고, 높이가 $\boxed{\dfrac{h}{n}}$인 $(n-1)$개의 원
기둥의 부피의 합을 V_n이라고 하면

$$V_n=\frac{h}{n}\left[\pi\left(\frac{r}{n}\right)^2+\pi\left(\frac{2r}{n}\right)^2+\pi\left(\frac{3r}{n}\right)^2+\cdots\right.$$
$$\left.+\pi\left\{\frac{(n-1)r}{n}\right\}^2\right]$$

$$=\frac{\pi r^2 h}{n^3}\{1^2+2^2+3^2+\cdots+(n-1)^2\}$$

$$=\frac{\pi r^2 h}{n^3}\times\sum_{k=1}^{n-1}k^2$$

$$=\frac{\pi r^2 h}{n^3}\times\frac{(n-1)n(2n-1)}{6}$$

$$=\frac{\pi r^2 h(n-1)(2n-1)}{\boxed{6n^2}}$$

$$\therefore V=\lim_{n\to\infty}V_n=\boxed{\frac{\pi r^2 h}{3}}$$

$$\therefore \text{(가) }\frac{h}{n},\ \text{(나) }6n^2,\ \text{(다) }\frac{\pi r^2 h}{3}$$

03 $\displaystyle\int_1^5 x^4\,dx=\lim_{n\to\infty}\sum_{k=1}^{n}\left(1+\frac{ak}{n}\right)^4\times\frac{b}{n}$ 에서

$$\frac{b}{n}=\frac{5-1}{n}=\frac{4}{n},\ 1+a=5,\ a=b$$
$$\therefore a=4,\ b=4$$

04 (1) $\dfrac{2k}{n}$ 를 x로 바꾸면 $\dfrac{2}{n}$ 는 dx가 되고 적분구간은 닫힌구간
$[0,\,2]$가 되므로

$$\lim_{n\to\infty}\sum_{k=1}^{n}\left(\frac{2k}{n}\right)^3\times\frac{1}{n}=\int_0^2 x^3\times\frac{1}{2}\,dx$$
$$=\frac{1}{2}\int_0^2 x^3\,dx$$
$$=\frac{1}{2}\left[\frac{1}{4}x^4\right]_0^2$$
$$=\frac{1}{2}\times 4=2$$

(2) $2+\dfrac{3k}{n}$ 를 x로 바꾸면 $\dfrac{3}{n}$ 은 dx가 되고 적분구간은 닫힌
구간 $[2,\,5]$가 되므로

$$\lim_{n\to\infty}\sum_{k=1}^{n}\left(2+\frac{3k}{n}\right)^2\times\frac{3}{n}=\int_2^5 x^2\,dx$$
$$=\left[\frac{1}{3}x^3\right]_2^5$$
$$=\frac{117}{3}=39$$

(3) $\dfrac{k}{n}$ 를 x로 바꾸면 $\dfrac{1}{n}$ 은 dx가 되고 적분구간은 닫힌구간
$[0,\,1]$이 되므로

$$\lim_{n\to\infty}\sum_{k=1}^{n}\frac{e^{\frac{k}{n}}}{n}=\lim_{n\to\infty}\sum_{k=1}^{n}e^{\frac{k}{n}}\times\frac{1}{n}$$
$$=\int_0^1 e^x\,dx$$
$$=\left[e^x\right]_0^1=e-1$$

(4) $\dfrac{k\pi}{n}$ 를 x로 바꾸면 $\dfrac{\pi}{n}$ 는 dx가 되고 적분구간은 닫힌구간
$[0,\,\pi]$가 되므로

$$\lim_{n\to\infty}\sum_{k=1}^{n}\frac{\pi}{n}\cos\frac{k\pi}{n}=\int_0^\pi \cos x\,dx=\left[\sin x\right]_0^\pi=0$$

참고

(2) $\dfrac{3k}{n}$ 를 x로 바꾸면 $\dfrac{3}{n}$ 은 dx가 되고 적분구간은 닫힌구간
$[0,\,3]$이 되므로

$$\lim_{n\to\infty}\sum_{k=1}^{n}\left(2+\frac{3k}{n}\right)^2\times\frac{3}{n}=\int_0^3 (2+x)^2\,dx$$
$$=\left[\frac{1}{3}(2+x)^3\right]_0^3=39$$

05 $$\lim_{n\to\infty}\frac{4}{n}\left\{\left(1+\frac{1}{n}\right)^3+\left(1+\frac{2}{n}\right)^3+\left(1+\frac{3}{n}\right)^3+\right.$$
$$\left.\cdots+\left(1+\frac{n}{n}\right)^3\right\}$$

$$=\lim_{n\to\infty}\frac{4}{n}\sum_{k=1}^{n}\left(1+\frac{k}{n}\right)^3$$

$$=\lim_{n\to\infty}\sum_{k=1}^{n}4\left(1+\frac{k}{n}\right)^3\times\frac{1}{n}$$

$1+\dfrac{k}{n}$ 를 x로 바꾸면 $\dfrac{1}{n}$ 은 dx가 되고 적분구간은 닫힌구간
$[1,\,2]$가 되므로

$$\lim_{n\to\infty}\sum_{k=1}^{n}4\left(1+\frac{k}{n}\right)^3\times\frac{1}{n}=\int_1^2 4x^3\,dx=\left[x^4\right]_1^2$$
$$=16-1=15$$

$01\ \dfrac{2}{3}$	$02\ \dfrac{\pi}{6}$	$03\ \pi+2$	$04\ \dfrac{4}{3}$	$05\ ③$
$06\ 4$	$07\ ①$	$08\ 25$	$09\ \dfrac{1}{4}$	$10\ ②$
$11\ ④$	$12\ ①$	$13\ 3$	$14\ 1-e$	$15\ e-1$
$16\ 2$	$17\ \dfrac{4}{3}$	$18\ ①$	$19\ \ln 2$	$20\ \dfrac{4}{3\pi}$
$21\ \dfrac{19}{3}$	$22\ -2$	$23\ 3$	$24\ 3$	

01
$$\int_1^4 \frac{(1-\sqrt{x})^2}{\sqrt{x}}dx=\int_1^4 \frac{x-2\sqrt{x}+1}{\sqrt{x}}dx$$
$$=\int_1^4 \left(\sqrt{x}-2+\frac{1}{\sqrt{x}}\right)dx$$
$$=\int_1^4 \left(x^{\frac{1}{2}}-2+x^{-\frac{1}{2}}\right)dx$$
$$=\left[\frac{2}{3}x^{\frac{3}{2}}-2x+2x^{\frac{1}{2}}\right]_1^4$$
$$=\left(\frac{2}{3}\times 8-8+4\right)-\left(\frac{2}{3}\times 1-2+2\right)$$
$$=\frac{2}{3}$$

02
$$\int_0^a (\sin x+\cos x)^2\,dx-\int_0^a (\sin x-\cos x)^2\,dx$$
$$=\int_0^a 4\sin x\cos x\,dx=\int_0^a 2\sin 2x\,dx$$
$$=\left[-\cos 2x\right]_0^a$$
$$=-\cos 2a+1$$
즉, $-\cos 2a+1=\dfrac{1}{2}$ 이므로
$$\cos 2a=\frac{1}{2},\ 2a=\frac{\pi}{3}\ \left(\because 0<a<\frac{\pi}{2}\right)$$
$$\therefore a=\frac{\pi}{6}$$

03
$$\int_0^{2\pi} f(x)dx=\int_0^{\pi} f(x)dx+\int_{\pi}^{2\pi} f(x)dx$$
$$=\int_0^{\pi}\sin x\,dx+\int_{\pi}^{2\pi}(\cos x+1)dx$$
$$=\left[-\cos x\right]_0^{\pi}+\left[\sin x+x\right]_{\pi}^{2\pi}$$
$$=1-(-1)+(2\pi-\pi)$$
$$=\pi+2$$

04
$$\int_0^1 \frac{1}{x^2+3x+2}dx=\int_0^1 \frac{1}{(x+1)(x+2)}dx$$
$$=\int_0^1 \left(\frac{1}{x+1}-\frac{1}{x+2}\right)dx$$
$$=\left[\ln|x+1|-\ln|x+2|\right]_0^1$$
$$=(\ln 2-\ln 3)-(-\ln 2)$$
$$=2\ln 2-\ln 3$$
$$=\ln 4-\ln 3=\ln\frac{4}{3}$$

$$\therefore k=\frac{4}{3}$$

05 $f(x)=x^2\sin x$ 라고 하면
$$f(-x)=(-x)^2\sin(-x)=-x^2\sin x=-f(x)$$
이므로 $f(x)$는 기함수이다.
또, $g(x)=\cos 2x$ 라고 하면
$$g(-x)=\cos(-2x)=\cos 2x=g(x)$$
이므로 $g(x)$는 우함수이다.
$$\therefore \int_{-\pi}^{\pi}(x^2\sin x+\cos 2x)dx$$
$$=\int_{-\pi}^{\pi}x^2\sin x\,dx+\int_{-\pi}^{\pi}\cos 2x\,dx$$
$$=2\int_0^{\pi}\cos 2x\,dx$$
$$=2\left[\frac{1}{2}\sin 2x\right]_0^{\pi}=0$$

참고
(우함수)$\times$(우함수)$=$(우함수),
(기함수)$\times$(기함수)$=$(우함수),
(우함수)$\times$(기함수)$=$(기함수)
이다.
따라서 x^2은 우함수, $\sin x$는 기함수이므로 $x^2\sin x$는 기함수이다.

06 $\sin x=0$에서 $x=\pi$
즉, $|\sin x|=\begin{cases}\sin x & (0\le x\le\pi)\\ -\sin x & (\pi<x\le 2\pi)\end{cases}$ 이므로
$$\int_0^{2\pi}|\sin x|\,dx$$
$$=\int_0^{\pi}\sin x\,dx+\int_{\pi}^{2\pi}(-\sin x)dx$$
$$=\left[-\cos x\right]_0^{\pi}+\left[\cos x\right]_{\pi}^{2\pi}$$
$$=2+2=4$$

다른 풀이
$f(x)=|\sin x|$ 라고 하면 $f(x)=f(x+\pi)$
즉, $f(x)$는 주기가 π인 주기함수이므로
$$\int_0^{2\pi}|\sin x|\,dx=2\int_0^{\pi}\sin x\,dx$$
$$=2\left[-\cos x\right]_0^{\pi}$$
$$=2\times(1+1)=4$$

07 $e^x=t$로 놓으면
$$e^x\frac{dx}{dt}=1 \qquad \therefore dx=\frac{1}{e^x}dt$$
$x=-1$일 때 $t=e^{-1}$, $x=1$일 때 $t=e$이므로
$$\int_{-1}^{1}\frac{1}{e^x+1}dx=\int_{e^{-1}}^{e}\frac{1}{t+1}\times\frac{1}{e^x}dt$$
$$=\int_{e^{-1}}^{e}\frac{1}{t(t+1)}dt$$
$$=\int_{e^{-1}}^{e}\left(\frac{1}{t}-\frac{1}{t+1}\right)dt$$

$$=\Big[\ln|t|-\ln|t+1|\Big]_{e^{-1}}^{e}$$
$$=\{1-\ln(e+1)\}-\{-1-\ln(e^{-1}+1)\}$$
$$=2-\ln(e+1)+\ln\frac{e+1}{e}$$
$$=2+\ln\frac{e+1}{e(e+1)}$$
$$=2+(-1)$$
$$=1$$

08 $2x-1=t$로 놓으면

$$2\frac{dx}{dt}=1$$

$$\therefore dx=\frac{1}{2}dt$$

$x=1$일 때 $t=1$, $x=a$일 때 $t=2a-1$이므로

$$\int_{1}^{a}\sqrt{2x-1}\,dx=\int_{1}^{2a-1}\sqrt{t}\times\frac{1}{2}dt$$
$$=\frac{1}{2}\int_{1}^{2a-1}t^{\frac{1}{2}}dt$$
$$=\frac{1}{2}\Big[\frac{2}{3}t^{\frac{3}{2}}\Big]_{1}^{2a-1}$$
$$=\frac{1}{3}(2a-1)^{\frac{3}{2}}-\frac{1}{3}$$

따라서 $\dfrac{1}{3}(2a-1)^{\frac{3}{2}}-\dfrac{1}{3}=114$이므로

$$(2a-1)^{\frac{3}{2}}=343=7^3$$
$$2a-1=(7^3)^{\frac{2}{3}}=49$$
$$\therefore a=25$$

09 $x=a\tan\theta\left(-\dfrac{\pi}{2}<\theta<\dfrac{\pi}{2}\right)$로 놓으면

$$\frac{dx}{d\theta}=a\sec^2\theta\qquad\therefore dx=a\sec^2\theta\,d\theta$$

$x=0$일 때 $\theta=0$, $x=a$일 때 $\theta=\dfrac{\pi}{4}$이므로

$$\int_{0}^{a}\frac{1}{a^2+x^2}dx=\int_{0}^{\frac{\pi}{4}}\frac{1}{a^2+a^2\tan^2\theta}\times a\sec^2\theta\,d\theta$$
$$=\int_{0}^{\frac{\pi}{4}}\frac{1}{a^2(1+\tan^2\theta)}\times a\sec^2\theta\,d\theta$$
$$=\int_{0}^{\frac{\pi}{4}}\frac{a\sec^2\theta}{a^2\sec^2\theta}d\theta$$
$$=\int_{0}^{\frac{\pi}{4}}\frac{1}{a}\,d\theta$$
$$=\Big[\frac{1}{a}\theta\Big]_{0}^{\frac{\pi}{4}}$$
$$=\frac{\pi}{4a}$$

따라서 $\dfrac{\pi}{4a}=\pi$이므로 $a=\dfrac{1}{4}$

10 $x=2\sin\theta\left(-\dfrac{\pi}{2}\leq\theta\leq\dfrac{\pi}{2}\right)$로 놓으면

$$\frac{dx}{d\theta}=2\cos\theta\qquad\therefore dx=2\cos\theta\,d\theta$$

$x=0$일 때 $\theta=0$, $x=2$일 때 $\theta=\dfrac{\pi}{2}$이므로

$$\int_{0}^{2}\sqrt{4-x^2}\,dx=\int_{0}^{\frac{\pi}{2}}\sqrt{4-4\sin^2\theta}\times2\cos\theta\,d\theta$$
$$=\int_{0}^{\frac{\pi}{2}}\sqrt{4(1-\sin^2\theta)}\times2\cos\theta\,d\theta$$
$$=\int_{0}^{\frac{\pi}{2}}4\cos^2\theta\,d\theta=4\int_{0}^{\frac{\pi}{2}}\frac{1+\cos2\theta}{2}d\theta$$
$$=2\int_{0}^{\frac{\pi}{2}}(1+\cos2\theta)d\theta$$
$$=2\Big[\theta+\frac{1}{2}\sin2\theta\Big]_{0}^{\frac{\pi}{2}}$$
$$=2\times\frac{\pi}{2}=\pi$$

따라서 원의 넓이가 π이므로 이 원의 반지름의 길이는 1이다.

11 [1단계]

$$f(x)=\int_{0}^{x}\frac{1}{1+e^{-t}}dt=\int_{0}^{x}\frac{e^t}{e^t+1}dt$$

$1+e^t=s$로 놓으면

$$e^t dt=ds\qquad\therefore dt=\frac{1}{e^t}ds$$

이때 $t=0$일 때 $s=2$, $t=x$일 때 $s=1+e^x$이므로

$$f(x)=\int_{2}^{1+e^x}\frac{1}{s}ds=\Big[\ln s\Big]_{2}^{1+e^x}$$
$$=\ln(1+e^x)-\ln2$$
$$=\ln\frac{1+e^x}{2}$$

[2단계]

$$(f\circ f)(a)=f\Big(\ln\frac{1+e^a}{2}\Big)=\ln\frac{1+e^{\ln\frac{1+e^a}{2}}}{2}$$

이때 로그의 성질에 의하여

$$e^{\ln\frac{1+e^a}{2}}=\Big(\frac{1+e^a}{2}\Big)^{\ln e}=\frac{1+e^a}{2}$$

이므로

$$(f\circ f)(a)=\ln\frac{1+\frac{1+e^a}{2}}{2}=\ln\frac{3+e^a}{4}$$

[3단계]

$(f\circ f)(a)=\ln5$이므로

$$\ln\frac{3+e^a}{4}=\ln5$$

즉, $\dfrac{3+e^a}{4}=5$이므로

$$e^a=17$$
$$\therefore a=\ln17$$

12 주어진 등식의 양변을 x에 대하여 미분하면

$$f'(x)=(1-2\sin x)\cos x$$

$f'(x)=0$에서

$$\sin x=\frac{1}{2}\text{ 또는 }\cos x=0$$

$$\therefore x=\frac{\pi}{6}\left(\because\ 0<x<\frac{\pi}{2}\right)$$

$0<x<\dfrac{\pi}{2}$에서 함수 $f(x)$의 증가와 감소를 표로 나타내면 다음과 같다.

x	(0)	$\cdots$	$\dfrac{\pi}{6}$	$\cdots$	$\left(\dfrac{\pi}{2}\right)$
$f'(x)$		$+$	0	$-$	
$f(x)$		$\nearrow$	극대	$\searrow$	

따라서 함수 $f(x)$는 $x=\dfrac{\pi}{6}$에서 극대이므로 극댓값은

$$f\left(\frac{\pi}{6}\right)=\int_0^{\frac{\pi}{6}}(1-2\sin t)\cos t\,dt$$

$$=\int_0^{\frac{\pi}{6}}(\cos t-2\sin t\cos t)dt$$

$$=\int_0^{\frac{\pi}{6}}(\cos t-\sin 2t)dt$$

$$=\left[\sin t+\frac{1}{2}\cos 2t\right]_0^{\frac{\pi}{6}}$$

$$=\left(\frac{1}{2}+\frac{1}{2}\times\frac{1}{2}\right)-\frac{1}{2}=\frac{1}{4}$$

13 주어진 등식의 양변을 x에 대하여 미분하면

$$f'(x)=x+1+\frac{2}{x+1}-\left(x+\frac{2}{x}\right)$$

$$=1+\frac{2}{x+1}-\frac{2}{x}$$

$$=\frac{x^2+x-2}{x(x+1)}$$

$$=\frac{(x+2)(x-1)}{x(x+1)}$$

$f'(x)=0$에서 $x=1$ $(\because\ x>0)$

$x>0$에서 함수 $f(x)$의 증가와 감소를 표로 나타내면 다음과 같다.

x	(0)	$\cdots$	1	$\cdots$
$f'(x)$		$-$	0	$+$
$f(x)$		$\searrow$	극소	$\nearrow$

따라서 함수 $f(x)$는 $x=1$에서 극소이면서 최소이므로 최솟값은

$$f(1)=\int_1^2\left(t+\frac{2}{t}\right)dt$$

$$=\left[\frac{1}{2}t^2+2\ln|t|\right]_1^2$$

$$=2+2\ln 2-\frac{1}{2}$$

$$=\frac{3}{2}+2\ln 2$$

즉, $a=\dfrac{3}{2}$, $b=2$이므로 $ab=3$

14 $xf(x)=x^2e^x+\displaystyle\int_1^x f(t)dt$ $\qquad\cdots\cdots$ ㉠

㉠의 양변을 x에 대하여 미분하면

$$f(x)+xf'(x)=2xe^x+x^2e^x+f(x)$$

$$f'(x)=2e^x+xe^x$$

$$\therefore f(x)=\int f'(x)dx=\int(2e^x+xe^x)dx$$

$$=2e^x+\int xe^x dx$$

$\displaystyle\int xe^x dx$에서 $u(x)=x$, $v'(x)=e^x$으로 놓으면

$u'(x)=1$, $v(x)=e^x$이므로

$$\int xe^x dx=xe^x-\int e^x dx=xe^x-e^x+C$$

$$\therefore f(x)=2e^x+(xe^x-e^x+C)$$

$$=(1+x)e^x+C \qquad\cdots\cdots$$ ㉡

㉠, ㉡에 $x=1$을 각각 대입하면

$$f(1)=e,\ f(1)=2e+C$$

즉, $e=2e+C$이므로 $C=-e$

따라서 $f(x)=(1+x)e^x-e$이므로

$$f(0)=1-e$$

15 $\displaystyle\int_0^1 tf(t)dt=k$ (k는 상수) $\qquad\cdots\cdots$ ㉠

로 놓으면

$$f(x)=e^{x^2}+k \qquad\cdots\cdots$$ ㉡

㉡을 ㉠에 대입하면

$$k=\int_0^1 t(e^{t^2}+k)dt$$

$$=\int_0^1(te^{t^2}+kt)dt$$

$$=\int_0^1 te^{t^2}dt+\int_0^1 kt\,dt$$

$$=\int_0^1 te^{t^2}dt+\left[\frac{1}{2}kt^2\right]_0^1$$

$\displaystyle\int_0^1 te^{t^2}dt$에서 $t^2=x$로 놓으면

$$2t\frac{dt}{dx}=1 \qquad \therefore dt=\frac{1}{2t}dx$$

$t=0$일 때 $x=0$, $t=1$일 때 $x=1$이므로

$$\int_0^1 te^{t^2}dt=\int_0^1 e^x\times\frac{1}{2}dx=\int_0^1\frac{1}{2}e^x dx$$

$$\therefore \int_0^1 te^{t^2}dt+\left[\frac{1}{2}kt^2\right]_0^1=\int_0^1\frac{1}{2}e^x dx+\frac{1}{2}k$$

$$=\left[\frac{1}{2}e^x\right]_0^1+\frac{1}{2}k$$

$$=\frac{1}{2}e-\frac{1}{2}+\frac{1}{2}k$$

즉, $k=\dfrac{1}{2}e-\dfrac{1}{2}+\dfrac{1}{2}k$이므로 $\dfrac{1}{2}k=\dfrac{1}{2}e-\dfrac{1}{2}$

$$\therefore k=e-1$$

$$\therefore \int_0^1 xf(x)dx=k=e-1$$

16 $f(t)=e^{2(t-1)}-\sin\pi t$의 한 부정적분을 $F(t)$라고 하면

$$\int_1^{x^2}\{e^{2(t-1)}-\sin\pi t\}dt=\left[F(t)\right]_1^{x^2}=F(x^2)-F(1)$$

$$\therefore \lim_{x\to 1}\frac{1}{x-1}\int_1^{x^2}\{e^{2(t-1)}-\sin\pi t\}dt$$

$$=\lim_{x\to 1}\frac{F(x^2)-F(1)}{x-1}$$

$$=\lim_{x\to 1}\frac{F(x^2)-F(1)}{x^2-1}\times(x+1)$$

$$=2F'(1)=2f(1)=2\times 1=2$$

17 닫힌구간 $[0, 2]$를 n등분하면
양 끝 점을 포함한 각 분점의 x
좌표는

$0, \dfrac{2}{n}, \dfrac{4}{n}, \cdots, \dfrac{2n-2}{n}, \dfrac{2n}{n}$

이므로 오른쪽 그림의 n개의 직
사각형의 넓이의 합을 S_n이라
고 하면

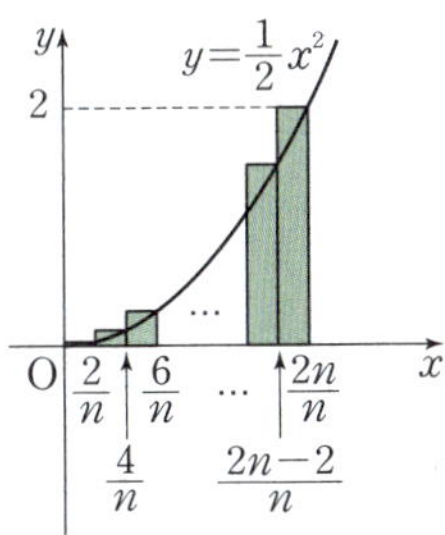

$$S_n = \frac{1}{2} \times \left(\frac{2}{n}\right)^2 \times \frac{2}{n} + \frac{1}{2} \times \left(\frac{4}{n}\right)^2 \times \frac{2}{n} + \cdots$$
$$+ \frac{1}{2} \times \left(\frac{2n}{n}\right)^2 \times \frac{2}{n}$$

$$= \sum_{k=1}^{n} \frac{1}{2} \times \left(\frac{2k}{n}\right)^2 \times \frac{2}{n}$$
$$= \sum_{k=1}^{n} 4\left(\frac{k}{n}\right)^2 \times \frac{1}{n}$$
$$= \frac{4}{n^3} \sum_{k=1}^{n} k^2$$
$$= \frac{4}{n^3} \times \frac{n(n+1)(2n+1)}{6}$$
$$= \frac{2(n+1)(2n+1)}{3n^2}$$

따라서 구하는 넓이 S는

$$S = \lim_{n \to \infty} S_n = \lim_{n \to \infty} \frac{2(n+1)(2n+1)}{3n^2} = \frac{4}{3}$$

18 닫힌구간 $[0, 1]$을 n 등분하면
양 끝 점을 포함한 각 분점의 x
좌표는

$0, \dfrac{1}{n}, \dfrac{2}{n}, \dfrac{3}{n}, \cdots, \dfrac{n-1}{n}, \dfrac{n}{n}$

이므로 오른쪽 그림의 n개의 직
사각형의 넓이의 합을 S_n이라
고 하면

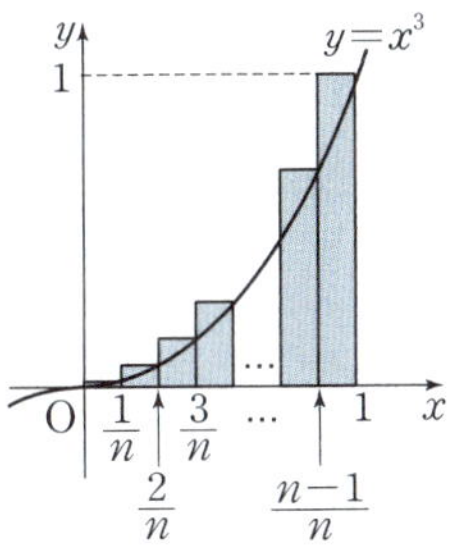

$$S_n = \frac{1}{n}\left(\frac{1}{n}\right)^3 + \frac{1}{n}\left(\frac{2}{n}\right)^3 + \frac{1}{n}\left(\frac{3}{n}\right)^3 + \cdots$$
$$+ \frac{1}{n}\left(\frac{n-1}{n}\right)^3 + \frac{1}{n}\left(\frac{n}{n}\right)^3$$

$$= \frac{1}{n} \sum_{k=1}^{n} \left(\frac{k}{n}\right)^3$$

따라서 도형의 넓이를 나타내는 식은

$$\lim_{n \to \infty} S_n = \lim_{n \to \infty} \sum_{k=1}^{n} \left(\frac{k}{n}\right)^3 \times \frac{1}{n}$$

19 $1 + \dfrac{k}{n}$를 x로 바꾸면 $\dfrac{1}{n}$은 dx가 되고 적분구간은 닫힌구
간 $[1, 2]$가 되므로

$$\lim_{n \to \infty} \sum_{k=1}^{n} f\left(1 + \frac{k}{n}\right) \times \frac{1}{n} = \int_1^2 f(x)dx$$
$$= \int_1^2 \frac{1}{x}dx$$
$$= \left[\ln x\right]_1^2$$
$$= \ln 2$$

20
$$\lim_{n \to \infty} \frac{1}{n} \sum_{k=1}^{n} \sin^3 \frac{k\pi}{n} = \lim_{n \to \infty} \frac{1}{\pi} \sum_{k=1}^{n} \sin^3 \frac{k\pi}{n} \times \frac{\pi}{n}$$
$$= \frac{1}{\pi} \int_0^{\pi} \sin^3 x \, dx$$

$\displaystyle\int_0^{\pi} \sin^3 x \, dx = \int_0^{\pi} \sin x (1 - \cos^2 x) dx$이므로
$\cos x = t$로 놓으면

$$-\sin x \, dx = dt \qquad \therefore \ dx = -\frac{1}{\sin x} dt$$

$x = 0$일 때 $t = 1$, $x = \pi$일 때 $t = -1$이므로

$$\frac{1}{\pi} \int_0^{\pi} \sin^3 x \, dx = \frac{1}{\pi} \int_0^{\pi} \sin x \times \sin^2 x \, dx$$
$$= \frac{1}{\pi} \int_0^{\pi} \sin x (1 - \cos^2 x) dx$$
$$= \frac{1}{\pi} \int_1^{-1} (1 - t^2) \times (-1) dt$$
$$= \frac{1}{\pi} \int_{-1}^{1} (1 - t^2) dt$$
$$= \frac{1}{\pi} \left[t - \frac{1}{3}t^3\right]_{-1}^{1}$$
$$= \frac{1}{\pi} \left\{\frac{2}{3} - \left(-\frac{2}{3}\right)\right\}$$
$$= \frac{4}{3\pi}$$

21
$$\lim_{n \to \infty} \frac{1}{n} \left\{f\left(\frac{1}{n}\right) + f\left(\frac{2}{n}\right) + f\left(\frac{3}{n}\right) + \cdots + f\left(\frac{n}{n}\right)\right\}$$
$$= \lim_{n \to \infty} \frac{1}{n} \sum_{k=1}^{n} f\left(\frac{k}{n}\right)$$
$$= \int_0^1 f(x)dx$$
$$= \int_0^1 (x+2)^2 dx$$
$$= \left[\frac{1}{3}(x+2)^3\right]_0^1$$
$$= \frac{1}{3}(27 - 8)$$
$$= \frac{19}{3}$$

22 [1단계]
$$\lim_{n \to \infty} \frac{\pi}{n^2}\left(\cos \frac{\pi}{n} + 2\cos \frac{2\pi}{n} + 3\cos \frac{3\pi}{n} + \cdots \right.$$
$$\left. + n\cos \frac{n\pi}{n}\right)$$

$$= \lim_{n \to \infty} \frac{\pi}{n^2} \sum_{k=1}^{n} k \cos \frac{k\pi}{n}$$
$$= \pi \lim_{n \to \infty} \sum_{k=1}^{n} \frac{k}{n} \cos \frac{k}{n}\pi \times \frac{1}{n}$$

$\dfrac{k}{n}$를 x로 바꾸면 $\dfrac{1}{n}$은 dx가 되고 적분구간은 닫힌구간
$[0, 1]$이 되므로

$$\pi \lim_{n \to \infty} \sum_{k=1}^{n} \frac{k}{n} \cos \frac{k}{n}\pi \times \frac{1}{n} = \pi \int_0^1 x \cos \pi x \, dx$$

[2단계]
$f(x) = x$, $g'(x) = \cos \pi x$로 놓으면
$$f'(x) = 1, \ g(x) = \frac{\sin \pi x}{\pi}$$

$$\therefore \pi\int_0^1 x\cos\pi x\,dx$$

$$=\pi\left(\left[\,x\times\frac{\sin\pi x}{\pi}\,\right]_0^1-\int_0^1\frac{\sin\pi x}{\pi}\,dx\right)$$

$$=\pi\left(0-\left[\,-\frac{\cos\pi x}{\pi^2}\,\right]_0^1\right)$$

$$=-\frac{2}{\pi}$$

$$\therefore a=-2$$

23 [1단계]

주어진 등식의 좌변의 분모, 분자를 각각 n으로 나누면

$$\lim_{n\to\infty}\sum_{k=1}^{n}\frac{1}{\sqrt{4n^2-(n+k)^2}}$$

$$=\lim_{n\to\infty}\sum_{k=1}^{n}\frac{\dfrac{1}{n}}{\sqrt{4-\left(1+\dfrac{k}{n}\right)^2}}$$

$$=\lim_{n\to\infty}\sum_{k=1}^{n}\frac{1}{\sqrt{4-\left(1+\dfrac{k}{n}\right)^2}}\times\frac{1}{n}$$

$1+\dfrac{k}{n}$를 x로 바꾸면 $\dfrac{1}{n}$은 dx가 되고 적분구간은 닫힌구간 $[1,\,2]$가 되므로

$$\lim_{n\to\infty}\sum_{k=1}^{n}\frac{1}{\sqrt{4-\left(1+\dfrac{k}{n}\right)^2}}\times\frac{1}{n}$$

$$=\int_1^2\frac{1}{\sqrt{4-x^2}}\,dx$$

[2단계]

$\displaystyle\int_1^2\frac{1}{\sqrt{4-x^2}}\,dx$에서 $x=2\sin\theta\left(-\dfrac{\pi}{2}\le\theta\le\dfrac{\pi}{2}\right)$로 놓으면

$$\frac{dx}{d\theta}=2\cos\theta$$

$$\therefore dx=2\cos\theta\,d\theta$$

$x=1$일 때 $\theta=\dfrac{\pi}{6}$, $x=2$일 때 $\theta=\dfrac{\pi}{2}$이므로

$$\lim_{n\to\infty}\sum_{k=1}^{n}\frac{1}{\sqrt{4n^2-(n+k)^2}}$$

$$=\int_1^2\frac{1}{\sqrt{4-x^2}}\,dx$$

$$=\int_{\frac{\pi}{6}}^{\frac{\pi}{2}}\frac{1}{\sqrt{4-(2\sin\theta)^2}}\times 2\cos\theta\,d\theta$$

$$=\int_{\frac{\pi}{6}}^{\frac{\pi}{2}}\frac{\cos\theta}{\sqrt{1-\sin^2\theta}}\,d\theta$$

$$=\int_{\frac{\pi}{6}}^{\frac{\pi}{2}}\frac{\cos\theta}{\cos\theta}\,d\theta$$

$$=\int_{\frac{\pi}{6}}^{\frac{\pi}{2}}d\theta$$

$$=\left[\,\theta\,\right]_{\frac{\pi}{6}}^{\frac{\pi}{2}}$$

$$=\frac{\pi}{2}-\frac{\pi}{6}=\frac{\pi}{3}$$

$$\therefore a=3$$

24
$$\lim_{n\to\infty}\frac{1^5+2^5+3^5+\cdots+n^5}{n^3(1^2+2^2+3^2+\cdots+n^2)}$$

$$=\lim_{n\to\infty}\frac{\displaystyle\sum_{k=1}^{n}k^5}{n^3\displaystyle\sum_{k=1}^{n}k^2}$$

$$=\lim_{n\to\infty}\frac{\dfrac{1}{n^6}\displaystyle\sum_{k=1}^{n}k^5}{\dfrac{1}{n^3}\displaystyle\sum_{k=1}^{n}k^2}$$

$$=\lim_{n\to\infty}\frac{\dfrac{1}{n}\displaystyle\sum_{k=1}^{n}\dfrac{k^5}{n^5}}{\dfrac{1}{n}\displaystyle\sum_{k=1}^{n}\dfrac{k^2}{n^2}}$$

$$=\frac{\displaystyle\lim_{n\to\infty}\frac{1}{n}\sum_{k=1}^{n}\left(\frac{k}{n}\right)^5}{\displaystyle\lim_{n\to\infty}\frac{1}{n}\sum_{k=1}^{n}\left(\frac{k}{n}\right)^2}$$

$$=\frac{\displaystyle\int_0^1 x^5\,dx}{\displaystyle\int_0^1 x^2\,dx}$$

$$=\frac{\left[\dfrac{1}{6}x^6\right]_0^1}{\left[\dfrac{1}{3}x^3\right]_0^1}$$

$$=\frac{\dfrac{1}{6}}{\dfrac{1}{3}}$$

$$=\frac{1}{2}$$

따라서 $p=2,\ q=1$이므로

$$p+q=3$$

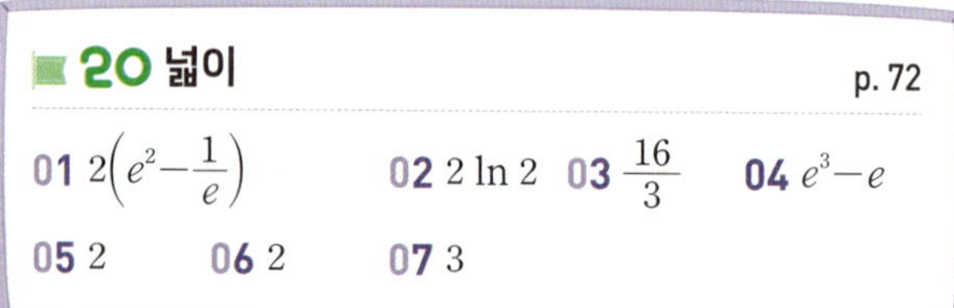

01 오른쪽 그림에서 구하는 넓이는

$$\int_{-1}^{2}2e^x\,dx=2\left[\,e^x\,\right]_{-1}^{2}=2\left(e^2-\frac{1}{e}\right)$$

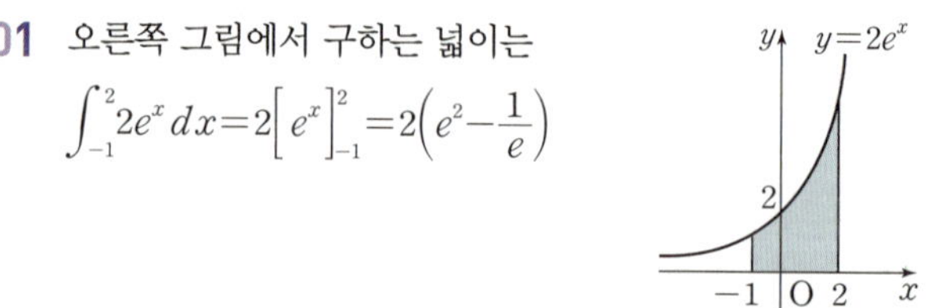

02 구하는 넓이는

$$\int_{-1}^{1}\frac{2x}{x^2+1}\,dx=\int_{-1}^{0}\left(-\frac{2x}{x^2+1}\right)dx+\int_0^1\frac{2x}{x^2+1}\,dx$$

$$=\left[\,-\ln|x^2+1|\,\right]_{-1}^{0}+\left[\,\ln|x^2+1|\,\right]_0^1$$

$$=\ln 2+\ln 2$$

$$=2\ln 2$$

03 오른쪽 그림에서 구하는 넓이는

$$\int_{-3}^{1}\sqrt{1-y}\,dy$$

$$=\left[-\frac{2}{3}(1-y)^{\frac{3}{2}}\right]_{-3}^{1}$$

$$=\frac{16}{3}$$

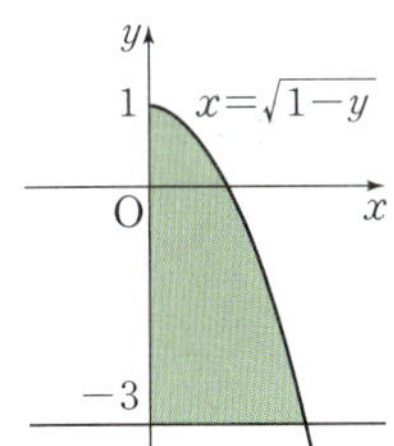

04 $y=\ln x$에서 $x=e^y$

따라서 오른쪽 그림에서 구하는 넓이는

$$\int_{1}^{3}e^y\,dy=\left[e^y\right]_{1}^{3}=e^3-e$$

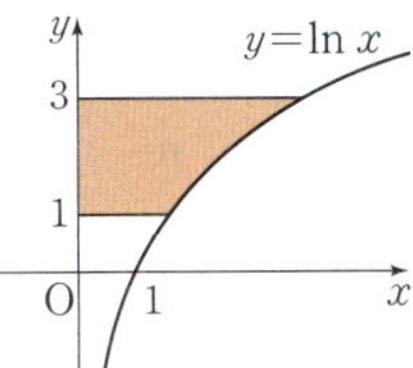

05 곡선 $y=\dfrac{1}{x}$과 직선 $y=x$의 교점의 x좌표는 $\dfrac{1}{x}=x$에서

$x^2=1$ $\quad\therefore x=1\ (\because x>0)$

또, 곡선 $y=\dfrac{1}{x}$과 직선 $y=\dfrac{1}{4}x$의 교점의 x좌표는

$\dfrac{1}{x}=\dfrac{1}{4}x$에서 $x^2=4$ $\quad\therefore x=2\ (\because x>0)$

따라서 구하는 넓이는

$$\int_{0}^{1}\left(x-\frac{1}{4}x\right)dx+\int_{1}^{2}\left(\frac{1}{x}-\frac{1}{4}x\right)dx$$

$$=\int_{0}^{1}\frac{3}{4}x\,dx+\int_{1}^{2}\left(\frac{1}{x}-\frac{1}{4}x\right)dx$$

$$=\left[\frac{3}{8}x^2\right]_{0}^{1}+\left[\ln|x|-\frac{1}{8}x^2\right]_{1}^{2}$$

$$=\frac{3}{8}+\ln 2-\frac{3}{8}$$

$$=\ln 2$$

$$\therefore a=2$$

06 $y=e^x$에서 $x=\ln y$

$y=e^{-x}$에서 $-x=\ln y$

$\therefore x=-\ln y$

따라서 구하는 넓이는

$$\int_{1}^{e}\{\ln y-(-\ln y)\}dy$$

$$=\int_{1}^{e}2\ln y\,dy$$

$$=2\left[y\ln y-y\right]_{1}^{e}$$

$$=2\{(e\ln e-e)-(-1)\}=2$$

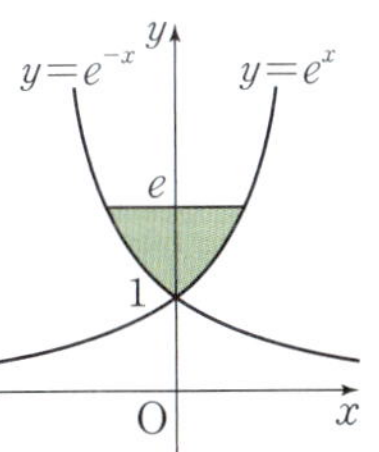

07 곡선 $y=\dfrac{1}{x}$과 두 직선 $x=1$, $x=9$ 및 x축으로 둘러싸인 부분의 넓이를 S_1이라고 하면

$$S_1=\int_{1}^{9}\frac{1}{x}\,dx=\left[\ln|x|\right]_{1}^{9}$$

$$=2\ln 3$$

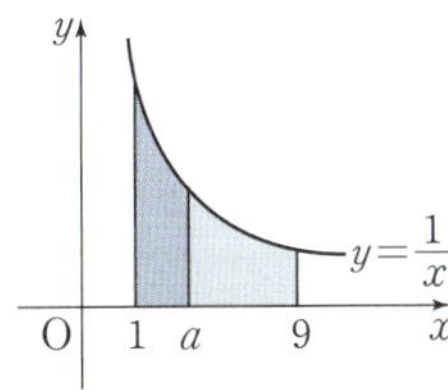

곡선 $y=\dfrac{1}{x}$과 두 직선 $x=1$, $x=a$ 및 x축으로 둘러싸인 부분의 넓이를 S_2라고 하면

$$S_2=\int_{1}^{a}\frac{1}{x}\,dx=\left[\ln|x|\right]_{1}^{a}=\ln a$$

이때 $S_2=\dfrac{1}{2}S_1$이므로 $\ln a=\ln 3$ $\quad\therefore a=3$

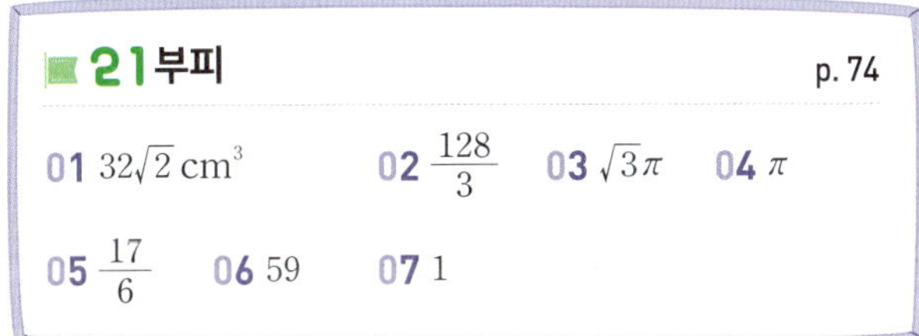

01 밑면으로부터의 물의 높이가 $x\,\mathrm{cm}$일 때, 수면의 넓이를 $S(x)\mathrm{cm}^2$라고 하면

$$S(x)=3\sqrt{x}$$

이므로 부피 V는

$$V=\int_{0}^{8}3\sqrt{x}\,dx=\int_{0}^{8}3x^{\frac{1}{2}}\,dx$$

$$=\left[2x^{\frac{3}{2}}\right]_{0}^{8}=32\sqrt{2}$$

따라서 구하는 부피는 $32\sqrt{2}\,\mathrm{cm}^3$이다.

02 단면의 넓이를 $S(x)$라고 하면

$$S(x)=(\sqrt{16-x^2})^2=16-x^2$$

따라서 구하는 부피 V는

$$V=\int_{0}^{4}S(x)dx$$

$$=\int_{0}^{4}(16-x^2)dx$$

$$=\left[16x-\frac{1}{3}x^3\right]_{0}^{4}$$

$$=64-\frac{64}{3}$$

$$=\frac{128}{3}$$

03 깊이가 $x\left(0\le x\le\dfrac{\pi}{3}\right)$일 때, 수면의 넓이 $S(x)$는

$$S(x)=\pi\sec^2 x$$

따라서 용기에 담긴 물의 부피 V는

$$V=\int_{0}^{\frac{\pi}{3}}\pi\sec^2 x\,dx=\pi\left[\tan x\right]_{0}^{\frac{\pi}{3}}=\sqrt{3}\,\pi$$

04 단면의 넓이를 $S(t)$라고 하면

$$S(t)=(\sin t-\cos t)^2=1-2\sin t\cos t$$

$$=1-\sin 2t$$

따라서 구하는 부피 V는

$$V=\int_{\frac{\pi}{4}}^{\frac{5}{4}\pi}S(t)dt$$

$$=\int_{\frac{\pi}{4}}^{\frac{5}{4}\pi}(1-\sin 2t)dt$$

$$=\left[t+\frac{1}{2}\cos 2t\right]_{\frac{\pi}{4}}^{\frac{5}{4}\pi}$$

$$=\frac{5}{4}\pi-\frac{\pi}{4}=\pi$$

05 $0\le t\le 1$인 직선 $x=t(0\le t\le 1)$를 포함하고 x축에 수직인 평면으로 자른 단면의 넓이를 $S(t)$라고 하면
$$S(t)=(\sqrt{t}+1)^2=t+2\sqrt{t}+1$$
따라서 입체도형의 부피 V는
$$V=\int_0^1 S(t)dt$$

$$=\int_0^1 (t+2\sqrt{t}+1)dt$$

$$=\left[\frac{1}{2}t^2+\frac{4}{3}t\sqrt{t}+t\right]_0^1$$

$$=\frac{1}{2}+\frac{4}{3}+1$$

$$=\frac{17}{6}$$

06 직선 $x=t\ (1\le t\le 2)$를 포함하고 x축에 수직인 평면으로 자른 단면의 넓이를 $S(t)$라고 하면
$$S(t)=\frac{\sqrt{3}}{4}\left(2t+\frac{1}{t}\right)^2=\frac{\sqrt{3}}{4}\left(4t^2+4+\frac{1}{t^2}\right)$$
따라서 입체도형의 부피 V는
$$V=\int_1^2 S(t)dt$$

$$=\int_1^2 \frac{\sqrt{3}}{4}\left(4t^2+4+\frac{1}{t^2}\right)dt$$

$$=\frac{\sqrt{3}}{4}\left[\frac{4}{3}t^3+4t-\frac{1}{t}\right]_1^2$$

$$=\frac{83}{24}\sqrt{3}$$

따라서 $p=24$, $q=83$이므로
$$q-p=59$$

07 주어진 입체도형을 x축에 수직인 평면으로 자른 단면의 넓이를 $S(x)$라고 하면
$$S(x)=\frac{1}{2}\times\pi\times(\sqrt{\sin x})^2=\frac{\pi}{2}\sin x$$
따라서 입체도형의 부피는
$$\int_0^\pi S(x)dx=\int_0^\pi \frac{\pi}{2}\sin x\,dx$$

$$=\frac{\pi}{2}\Big[-\cos x\Big]_0^\pi$$

$$=\frac{\pi}{2}(1+1)$$

$$=\pi$$

$$\therefore a=1$$

01 (1) e^t-t-1 (2) $e-2$ (3) $e-2$ **02** $\dfrac{11}{4}$

03 $\dfrac{8\sqrt{10}}{3}$ **04** $\dfrac{\pi}{2}$ **05** 160   **06** 12   **07** $e-\dfrac{1}{e}$

01 (1) 시각 t에서의 점 P의 위치를 x라고 하면
$$x=0+\int_0^t (e^t-1)dt=\Big[e^t-t\Big]_0^t$$

$$=e^t-t-1$$

(2) $\displaystyle\int_0^1 (e^t-1)dt=\Big[e^t-t\Big]_0^1=e-2$

(3) $\displaystyle\int_0^1 |e^t-1|dt-\int_0^1 (e^t-1)dt$

$$=\Big[e^t-t\Big]_0^1=e-2$$

02 시각 t에서 점 P의 위치를 $x(t)$라고 할 때 시각 $t=3$에서 점 P의 위치는
$$x(3)=x(0)+\int_0^3 v(t)dt$$

$$=2+\int_0^3 \frac{1}{(t+1)^2}dt$$

$$=2+\int_0^3 (t+1)^{-2}dt$$

$$=2+\left[-\frac{1}{t+1}\right]_0^3$$

$$=2-\frac{1}{4}+1$$

$$=\frac{11}{4}$$

03 $\dfrac{dx}{dt}=4t$, $\dfrac{dy}{dt}=-\dfrac{4}{3}t$이므로 시각 $t=0$에서 $t=2$까지 점 P가 움직인 거리는
$$s=\int_0^2 \sqrt{(4t)^2+\left(-\frac{4}{3}t\right)^2}\,dt$$

$$=\int_0^2 \frac{4\sqrt{10}}{3}t\,dt$$

$$=\frac{4\sqrt{10}}{3}\left[\frac{1}{2}t^2\right]_0^2$$

$$=\frac{8\sqrt{10}}{3}$$

04 $\dfrac{dx}{dt}=-\sin t$, $\dfrac{dy}{dt}=\cos t$이고, $\sin^2 t+\cos^2 t=1$이므로

시각 $t=0$에서 $t=\dfrac{\pi}{2}$까지 점 P가 움직인 거리는
$$s=\int_0^{\frac{\pi}{2}} \sqrt{(-\sin t)^2+(\cos t)^2}\,dt$$

$$=\int_0^{\frac{\pi}{2}} dt=\Big[t\Big]_0^{\frac{\pi}{2}}$$

$$=\frac{\pi}{2}$$

05 $\dfrac{dx}{dt}=6t$, $\dfrac{dy}{dt}=-2t$이므로 구하는 곡선의 길이는

$$l=\int_0^2 \sqrt{(6t)^2+(-2t)^2}\,dt$$
$$=\int_0^2 2\sqrt{10}\,t\,dt$$
$$=\Big[\sqrt{10}\,t^2\Big]_0^2$$
$$=4\sqrt{10}$$
$$\therefore\ l^2=(4\sqrt{10})^2=160$$

06 $\dfrac{dy}{dx}=\dfrac{1}{3}\times\dfrac{3}{2}\times(x^2+2)^{\frac{1}{2}}\times 2x=x\sqrt{x^2+2}$이므로

구하는 곡선의 길이는

$$\int_0^3 \sqrt{1+\Big(\dfrac{dy}{dx}\Big)^2}\,dx=\int_0^3\sqrt{1+x^2(x^2+2)}\,dx$$
$$=\int_0^3\sqrt{(x^2+1)^2}\,dx$$
$$=\int_0^3 (x^2+1)\,dx$$
$$=\Big[\dfrac{1}{3}x^3+x\Big]_0^3$$
$$=12$$

07 $\dfrac{dy}{dx}=\dfrac{1}{2}(e^x-e^{-x})$이므로 구하는 곡선의 길이는

$$\int_{-1}^1 \sqrt{1+\Big\{\dfrac{1}{2}(e^x-e^{-x})\Big\}^2}\,dx$$
$$=\int_{-1}^1\sqrt{\dfrac{1}{4}(e^x+e^{-x})^2}\,dx$$
$$=\int_{-1}^1 \dfrac{1}{2}(e^x+e^{-x})\,dx$$
$$=2\int_0^1 \dfrac{1}{2}(e^x+e^{-x})\,dx$$
$$=\Big[e^x-e^{-x}\Big]_0^1$$
$$=e-\dfrac{1}{e}$$

참고

$f(x)=e^x+e^{-x}$이라고 하면

$f(-x)=e^{-x}+e^x=f(x)$

이므로 함수 $f(x)$는 우함수이다.

실력 확인 문제

20 21 22 p. 78

01 $\dfrac{1}{4}$	**02** 2	**03** ①	**04** $\dfrac{1}{2}$	**05** ④
06 ①	**07** $2(e^2-1)$ cm³	**08** 5	**09** 12	
10 $\dfrac{128}{3}$	**11** $\dfrac{\sqrt{3}}{16}\pi$	**12** $e-2$	**13** ②	**14** 8π
15 $\dfrac{3}{2}$	**16** 3	**17** ③	**18** ④	

01 함수 $y=\cos 2x$의 그래프는 오른쪽 그림과 같으므로 구하는 넓이는

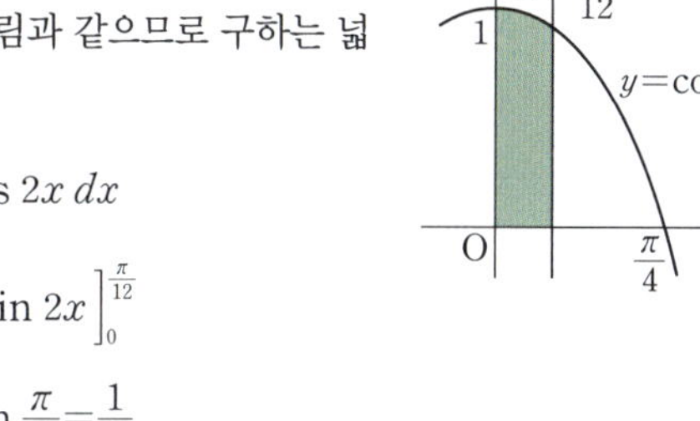

$$\int_0^{\frac{\pi}{12}}\cos 2x\,dx$$
$$=\Big[\dfrac{1}{2}\sin 2x\Big]_0^{\frac{\pi}{12}}$$
$$=\dfrac{1}{2}\sin\dfrac{\pi}{6}=\dfrac{1}{4}$$

02 $\tan\dfrac{x}{2}=\dfrac{\sin\dfrac{x}{2}}{\cos\dfrac{x}{2}}=\dfrac{(-2)\times\Big(-\dfrac{1}{2}\sin\dfrac{x}{2}\Big)}{\cos\dfrac{x}{2}}$

$$-\dfrac{(-2)\times\Big(\cos\dfrac{x}{2}\Big)'}{\cos\dfrac{x}{2}}$$

이므로

$$\int\tan\dfrac{x}{2}\,dx=-2\int\dfrac{\Big(\cos\dfrac{x}{2}\Big)'}{\cos\dfrac{x}{2}}\,dx$$
$$=-2\ln\Big|\cos\dfrac{x}{2}\Big|+C$$

따라서 곡선 $y=\tan\dfrac{x}{2}$와 직선 $x=\dfrac{\pi}{2}$ 및 x축으로 둘러싸인 부분의 넓이는

$$\int_0^{\frac{\pi}{2}}\tan\dfrac{x}{2}\,dx=\Big[-2\ln\Big|\cos\dfrac{x}{2}\Big|\Big]_0^{\frac{\pi}{2}}$$
$$=-2\ln\dfrac{\sqrt{2}}{2}=\ln 2$$
$$\therefore\ a=2$$

03 $y=e^x$에서 $y'=e^x$

접점의 좌표를 $(t,\ e^t)$이라고 하면

접선의 방정식은

$y-e^t=e^t(x-t)$

$\therefore\ y=e^t x-e^t(t-1)$

이 직선이 원점을 지나므로

$-e^t(t-1)=0$ $\therefore\ t=1\ (\because\ e^t>0)$

따라서 접선의 방정식은 $y=ex$이므로 구하는 넓이는

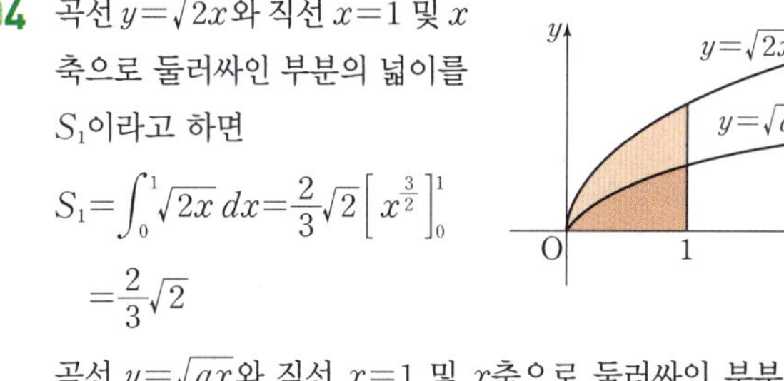

$$\int_0^1(e^x-ex)\,dx=\Big[e^x-\dfrac{e}{2}x^2\Big]_0^1=\dfrac{e}{2}-1$$

04 곡선 $y=\sqrt{2x}$와 직선 $x=1$ 및 x축으로 둘러싸인 부분의 넓이를 S_1이라고 하면

$$S_1=\int_0^1\sqrt{2x}\,dx=\dfrac{2}{3}\sqrt{2}\Big[x^{\frac{3}{2}}\Big]_0^1$$
$$=\dfrac{2}{3}\sqrt{2}$$

곡선 $y=\sqrt{ax}$와 직선 $x=1$ 및 x축으로 둘러싸인 부분의 넓이를 S_2라고 하면

$$S_2=\int_0^1\sqrt{ax}\,dx=\dfrac{2}{3}\sqrt{a}\Big[x^{\frac{3}{2}}\Big]_0^1=\dfrac{2}{3}\sqrt{a}$$

이때 $S_2=\dfrac{1}{2}S_1$이므로

$$\dfrac{2}{3}\sqrt{a}=\dfrac{\sqrt{2}}{3}$$

$$\sqrt{a}=\dfrac{1}{\sqrt{2}} \qquad \therefore a=\dfrac{1}{2}$$

05 두 곡선 $y=f(x)$, $y=g(x)$의 교점의 x좌표는 곡선
$y=f(x)$와 직선 $y=x$의 교점의 좌표와 같으므로
$\sqrt{3x-2}=x$에서
$3x-2=x^2$, $x^2-3x+2=0$
$(x-1)(x-2)=0$
$\therefore x=1$ 또는 $x=2$

오른쪽 그림과 같이 구하는 넓이는 직선 $y=x$에 의하여 이등분되고, 빗금친 부분의 넓이는

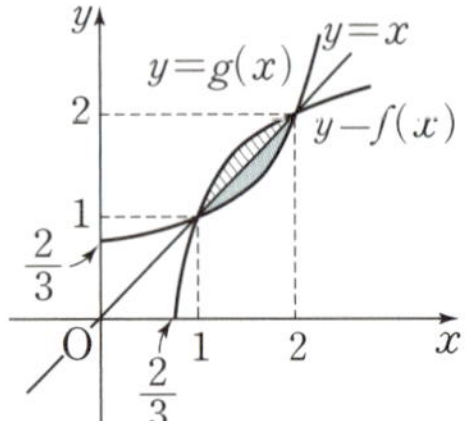

$$\int_1^2 (\sqrt{3x-2}-x)dx$$
$$=\int_1^2 (3x-2)^{\frac{1}{2}}dx-\int_1^2 x\,dx$$
$$=\left[\dfrac{2}{9}(3x-2)^{\frac{3}{2}}\right]_1^2-\left[\dfrac{1}{2}x^2\right]_1^2$$
$$=\dfrac{14}{9}-\dfrac{3}{2}=\dfrac{1}{18}$$

따라서 구하는 넓이는 빗금친 부분의 넓이의 2배이므로 $\dfrac{1}{9}$
이다.

06 [1단계]

A의 넓이와 B의 넓이가 같으므로 직선 $y=-2x+a$와
$x=1$ 및 x축, y축으로 둘러싸인 부분의 넓이와 곡선
$y=e^{2x}$과 직선 $x=1$ 및 x축, y축으로 둘러싸인 부분의 넓이가 같다.

[2단계]

직선 $y=-2x+a$와 $x=1$ 및 x축, y축으로 둘러싸인 부분의 넓이는

$$\int_0^1 (-2x+a)dx=\left[-x^2+ax\right]_0^1$$
$$=-1+a \qquad\qquad \cdots\cdots\ \text{㉠}$$

곡선 $y=e^{2x}$과 직선 $x=1$ 및 x축, y축으로 둘러싸인 부분의 넓이는

$$\int_0^1 e^{2x}dx=\left[\dfrac{1}{2}e^{2x}\right]_0^1=\dfrac{e^2-1}{2} \qquad \cdots\cdots\ \text{㉡}$$

[3단계]

㉠, ㉡이 같으므로

$$-1+a=\dfrac{e^2-1}{2} \qquad \therefore a=\dfrac{e^2+1}{2}$$

07 $\displaystyle\int_0^4 \sqrt{e^x}\,dx=\int_0^4 e^{\frac{x}{2}}\,dx=\left[2e^{\frac{x}{2}}\right]_0^4$
$\qquad\qquad =2(e^2-1)$
따라서 구하는 부피는 $2(e^2-1)\text{cm}^3$이다.

08 물의 깊이가 a일 때 용기에 담긴 물의 부피는

$$\int_0^a \ln(x+1)dx$$

$f(x)=\ln(x+1)$, $g'(x)=1$로 놓으면

$$f'(x)=\dfrac{1}{x+1}, \ g(x)=x$$

$$\therefore \int_0^a \ln(x+1)dx=\left[x\ln(x+1)\right]_0^a-\int_0^a \dfrac{x}{x+1}dx$$
$$=a\ln(a+1)-\int_0^a \left(1-\dfrac{1}{x+1}\right)dx$$
$$=a\ln(a+1)-\left[x-\ln|x+1|\right]_0^a$$
$$=a\ln(a+1)-\{a-\ln(a+1)\}$$
$$=(a+1)\ln(a+1)-a$$

따라서 $(a+1)\ln(a+1)-a=6\ln 6-5$이므로
$a=5$

09 x좌표가 $x\,(-1\le x\le 1)$인 점을 지나고 x축에 수직인 평면으로 자른 단면은 한 변의 길이가 $2\sqrt{1^2-x^2}$인 정삼각형이므로 단면의 넓이 $S(x)$는

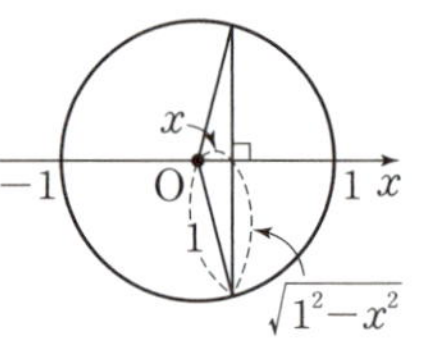

$$S(x)=\dfrac{\sqrt{3}}{4}\times(2\sqrt{1-x^2})^2=\sqrt{3}(1-x^2)$$

따라서 구하는 입체도형의 부피는

$$\int_{-1}^1 \sqrt{3}(1-x^2)dx=\sqrt{3}\left[x-\dfrac{1}{3}x^3\right]_{-1}^1=\dfrac{4\sqrt{3}}{3}$$

즉, $p=3$, $q=4$이므로 $pq=12$

10 그릇의 밑면의 중심을 원점, 밑면의 지름을 x축, y축으로 잡으면 남아 있는 물의 모양은 다음 그림과 같다.

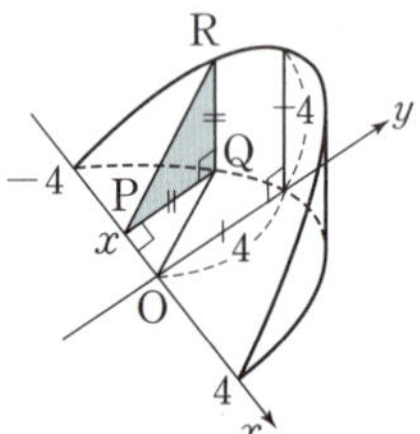

이때 x축 위의 점 $\mathrm{P}(x, 0)\,(-4\le x\le 4)$을 지나고 x축에 수직인 평면으로 자른 단면을 삼각형 PQR라고 하자.

삼각형 OPQ에서 $\overline{\mathrm{PQ}}=\sqrt{16-x^2}$이므로

$$\overline{\mathrm{QR}}=\overline{\mathrm{PQ}}\tan 45^\circ=\overline{\mathrm{PQ}}$$

삼각형 PQR의 넓이를 $S(x)$라고 하면

$$S(x)=\dfrac{1}{2}\overline{\mathrm{PQ}}\times\overline{\mathrm{QR}}=\dfrac{1}{2}(16-x^2)$$

따라서 남아 있는 물의 부피는

$$\int_{-4}^4 \dfrac{1}{2}(16-x^2)dx=\int_0^4 (16-x^2)dx$$
$$=\left[16x-\dfrac{1}{3}x^3\right]_0^4$$
$$=\dfrac{128}{3}$$

11 $\overline{PQ}=\sin x$이므로 정삼각형 PQR의 넓이를 $S(x)$라고 하자.

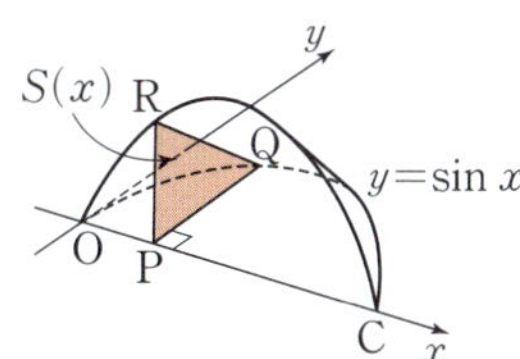

$$S(x)=\frac{\sqrt{3}}{4}\overline{PQ}^2=\frac{\sqrt{3}}{4}\sin^2 x$$

따라서 구하는 부피 V는

$$V=\int_0^{\frac{\pi}{2}} S(x)\,dx$$

$$=\int_0^{\frac{\pi}{2}} \frac{\sqrt{3}}{4}\sin^2 x\,dx$$

$$=\frac{\sqrt{3}}{4}\int_0^{\frac{\pi}{2}} \frac{1-\cos 2x}{2}\,dx$$

$$=\frac{\sqrt{3}}{4}\left[\frac{x}{2}-\frac{\sin 2x}{4}\right]_0^{\frac{\pi}{2}}$$

$$=\frac{\sqrt{3}}{16}\pi$$

12 $0\le t\le 1$일 때 $v(t)\ge 0$이므로 시각 $t=0$에서 $t=1$까지 점 P가 움직인 거리는

$$\int_0^1 |(1-t)e^t|\,dt=\int_0^1 (1-t)e^t\,dt$$

이때 $f(t)=1-t$, $g'(t)=e^t$으로 놓으면

$$f'(t)=-1,\ g(t)=e^t$$

따라서 점 P가 움직인 거리는

$$\int_0^1 (1-t)e^t\,dt=\left[(1-t)e^t\right]_0^1-\int_0^1 (-e^t)\,dt$$

$$=-1+\left[e^t\right]_0^1$$

$$=-1+(e-1)$$

$$=e-2$$

13 $\dfrac{dx}{dt}=t-4,\ \dfrac{dy}{dt}=4\sqrt{t}$

시각 $t=0$에서 $t=a$까지 점 P가 움직인 거리가 10이므로

$$\int_0^a \sqrt{(t-4)^2+(4\sqrt{t})^2}\,dt$$

$$=\int_0^a \sqrt{t^2+8t+16}\,dt$$

$$=\int_0^a \sqrt{(t+4)^2}\,dt$$

$$=\int_0^a (t+4)\,dt$$

$$=\left[\frac{1}{2}t^2+4t\right]_0^a$$

$$=\frac{1}{2}a^2+4a=10$$

$$a^2+8a-20=0$$

$$(a+10)(a-2)=0$$

$$\therefore a=2\ (\because a>0)$$

14 $\dfrac{dx}{dt}=4(-\sin t+\cos t),\ \dfrac{dy}{dt}=-2\sin 2t$

이므로 시각 $t=0$에서 $t=2\pi$까지 점 P가 움직인 거리는

$$\int_0^{2\pi}\sqrt{\{4(-\sin t+\cos t)\}^2+(-2\sin 2t)^2}\,dt$$

$$=\int_0^{2\pi}\sqrt{16\sin^2 t+16\cos^2 t-32\sin t\cos t+4\sin^2 2t}\,dt$$

$$=\int_0^{2\pi}\sqrt{16-16\sin 2t+4\sin^2 2t}\,dt$$

$$=\int_0^{2\pi}\sqrt{(4-2\sin 2t)^2}\,dt$$

$$=\int_0^{2\pi}(4-2\sin 2t)\,dt\ (\because -1\le \sin 2t\le 1)$$

$$=\left[4t+\cos 2t\right]_0^{2\pi}$$

$$=(8\pi+1)-1=8\pi$$

15 [1단계]

$$\frac{dx}{dt}=3\sin^2 t\cos t,\ \frac{dy}{dt}=-3\cos^2 t\sin t$$

에서 점 P의 시각 t에서의 속도는

$$(3\sin^2 t\cos t,\ -3\cos^2 t\sin t)$$

이므로 점 P의 속력은

$$\sqrt{(3\sin^2 t\cos t)^2+(-3\cos^2 t\sin t)^2}$$

$$=\sqrt{9\sin^4 t\cos^2 t+9\cos^4 t\sin^2 t}$$

$$=\sqrt{9\sin^2 t\cos^2 t(\sin^2 t+\cos^2 t)}$$

$$=3|\sin t\cos t|=\frac{3}{2}|\sin 2t|$$

[2단계]

이때 출발 후 처음으로 점 P의 속력이 0이 되는 시각은

$$\frac{3}{2}|\sin 2t|=0$$에서 $|\sin 2t|=0$

$$\therefore t=\frac{\pi}{2}$$

따라서 시각 $t=0$에서 $t=\dfrac{\pi}{2}$까지 점 P가 움직인 거리는

$$\int_0^{\frac{\pi}{2}}\frac{3}{2}|\sin 2t|\,dt=\int_0^{\frac{\pi}{2}}\frac{3}{2}\sin 2t\,dt$$

$$=-\frac{3}{4}\left[\cos 2t\right]_0^{\frac{\pi}{2}}$$

$$=-\frac{3}{4}(-1-1)$$

$$=\frac{3}{2}$$

16 $\dfrac{dx}{dt}=6\cos^2 t\times(-\sin t)=-6\cos^2 t\sin t,$

$$\frac{dy}{dt}=6\sin^2 t\cos t$$

이므로 구하는 곡선의 길이는

$$\int_0^{\frac{\pi}{2}}\sqrt{(-6\cos^2 t\sin t)^2+(6\sin^2 t\cos t)^2}$$

$$=\int_0^{\frac{\pi}{2}}\sqrt{36\cos^4 t\sin^2 t+36\sin^4 t\cos^2 t}\,dt$$

$$=\int_0^{\frac{\pi}{2}}\sqrt{36\sin^2 t\cos^2 t(\cos^2 t+\sin^2 t)}\,dt$$

$$=\int_0^{\frac{\pi}{2}} 6\sin t\cos t\, dt$$

$$=3\int_0^{\frac{\pi}{2}}\sin 2t\, dt$$

$$=3\left[-\frac{1}{2}\cos 2t\right]_0^{\frac{\pi}{2}}=3$$

17 $y'=\dfrac{\sec x\tan x}{\sec x}=\tan x$이므로 구하는 곡선의 길이는

$$\int_0^{\frac{\pi}{4}}\sqrt{1+\tan^2 x}\, dx=\int_0^{\frac{\pi}{4}}\sqrt{\sec^2 x}\, dx$$

$$=\int_0^{\frac{\pi}{4}}\sec x\, dx$$

$$=\int_0^{\frac{\pi}{4}}\frac{\sec x(\sec x+\tan x)}{\sec x+\tan x}\, dx$$

$$=\int_0^{\frac{\pi}{4}}\frac{(\sec x+\tan x)'}{\sec x+\tan x}\, dx$$

$$=\left[\ln|\sec x+\tan x|\right]_0^{\frac{\pi}{4}}$$

$$=\ln(\sqrt{2}+1)$$

18 정적분 $\displaystyle\int_0^1\sqrt{1+\{f'(x)\}^2}\, dx$는 $x=0$에서 $x=1$까지 곡선

$y=f(x)$의 길이이다.

이때 두 점 $(0, f(0))$, $(1, f(1))$ 사이를 연결하는 곡선

$y=f(x)$에 대하여 곡선의 길이가 최소가 되려면 이 두 점

을 잇는 선분의 길이와 같아야 한다.

$f(0)=0$, $f(1)=2$에서 구하는 최솟값은 두 점 $(0, 0)$,

$(1, 2)$를 잇는 선분의 길이와 같으므로

$$\sqrt{(1-0)^2+(2-0)^2}=\sqrt{5}$$

풍산자 라이트